中国农业伦理学导论

Introduction to Chinese Agro-Ethics

任继周　主编

中国农业出版社

北京

内容提要

21世纪,是人类社会快速发展的时代。伴随现代工业文明向生态文明转型期的到来,举国上下为之忧虑的"三农问题",走怎样的道路等诸多时代难题,已经成为上至决策者下至普通百姓共同关注的焦点问题。对此,中国特色的农业伦理学是不可或缺的理论支撑。

本书植根于中国悠久的农耕文明发展史和中国传统伦理哲学思想史,观照现代农业伦理观与中国传统城乡二元结构的耕地农业的非和解关联,对中国农业伦理思想做了系统的总结和深刻反思,从而阐明了中国农业对中国社会从工业化到后工业化的响应,因缺乏正确农业伦理观而引发的严重后果。本书在继承中国传统伦理哲学的基础上,吸收西方学者的有益研究成果,创造性地提出时之维、地之维、度之维、法之维多维结构的农业伦理学体系,尝试从哲学伦理道德的高度,寻求中国农业兴旺发达和永续发展之路,更好地服务于我国农业、农村发展和现代农业建设的需要。

本书为兰州大学中央高校基本科研业务费专项资金项目"中国农业伦理学研究"(lzujbky-2017-55)成果。

序 言

　　中国改革开放以来，取得了举世瞩目的成就，大国崛起势不可挡。不到半个世纪取得如此巨大进展，堪称世界奇迹。探讨这一奇迹的发生背景，当然有多种因素，但加入世界贸易组织（WTO）应居不可忽视的地位。封闭多年的中国社会，通过WTO这扇大门融入国际社会，这是历史的必然，也是中国走向现代化发展的唯一出路。正如邓小平所说："不改革发展死路一条"。封闭的中国融入世界经济，为中国带来了历史性大转折。

　　当时，社会上曾热议加入WTO的利弊。国内有识之士为中国农业捏着一把汗，在国门打开以后，中国农业或将做出巨大牺牲。自秦汉以来中华帝国遵循一条"耕战"的立国之道，这条道路由战国时期的管仲提出，耕以足食，战以强国，商鞅加以完善光大。在皇权社会阶段，中国社会完成了城乡二元结构，贵族居城堡，管理土地和农奴；庶民居乡野，从事农作和保卫城堡。这个社会的农业战略目标汉代确定为"辟土殖谷曰农"，也许这是世界最早也最偏颇的关于农业的定义。汉代是抑制工商，以农耕固国本，与儒家伦理结合的农耕文明的成熟期。"辟土殖谷曰农"的农业固本思想，沿袭两千多年，近代发展为"以粮为纲""自给自足"和"备战备荒"的基本国策。这样一个农业社会，维持帝国高居世界产业和文化的高峰达两千多年。如此稳定的社会格局，为世界文明的发展做出了不可磨灭的历史贡献。但当我们打开国门，面对后工业化的现代化世界潮流时，迎来了多方面的巨大冲击，压力最大的承受方在农业。

国家的整体利益高于一切，要顾全大局。农业受到一些挫折，甚至蒙受难以想象的困难，都应作为历史赋予我们的使命，无怨无尤地承担起来。面对即将到来的困难，我们农业工作者不应存侥幸心理。

果然，说"狼"来"狼"真就来了。油料作物的主力大豆，首先遭受灭顶之灾；其次是棉花，国家保护的杠杆被外棉压折；接着是粮食，我们倾全力保护的18亿亩耕地红线，消耗了大量的水、土、化肥、农药和资金投入，虽保住了粮食产量，后果却是水土资源的损毁与污染，由此殃及食物安全。因地下水抽取超量而引发地面下沉已不是个别现象。更加恼人的是我们主要农作物的生产成本竟比进口产品的到岸价还高。

农业受挫，带来的社会效应令人担忧。农民的收入只有城市居民的1/3左右或更少，而且享受不到与市民同等的社会福利。于是农民纷纷进城打工，农村留下几千万"留守儿童"，缺乏父母和社会的关怀，给社会留下了重大隐患。还有大量的"空巢老人"，需要社会负担。撂荒、半撂荒土地随处可见。于是发生了举国忧虑的"三农问题"。

如何面对这从未有过的复杂、困难局面？回顾既往，我们冷静思考，首先问责的不是哪几届政府，也不是哪几项政策的偏差，而是我国农业伦理观的严重缺失。我们自诩为农业文明古国，有丰富的农业伦理学的正反两方面的经验和素材，但我们却不曾把它们上升到农业伦理观的高度。我们缺乏农业伦理学自觉。在医学伦理学、生态伦理学、工程伦理学和商业伦理学等都早已走上大学讲坛多年时，我国却没有一所农业大学开设农业伦理学课程，到目前为止也没有一部农业伦理学的科学著作。这比我们上面所遇到的困难更加令人担忧。

农业伦理学是研究农业行为中人与人、人与社会、人与生存环境发生的功能关联的道德认知，并进而探索农业行为对自然生态系统与社会生态系统这两大生态系统的道德关联的科学。其终极目的是实现农业现代化，填平城乡二元结构的鸿沟，使农民获得尊严与幸福，使农村繁荣而美丽。

为了寻找解决"三农问题"的钥匙，首先要找出中国农民失去尊严和幸福的根源何在？为此，我们下了十多年的功夫，编著了《中国农业系统发展史》[1]。在编著这部书的过程中，我们发现中国阐述农民福祉和疾苦的文献，从朝廷的圣谕文告，到先贤的鸿言大义，再到细致入微的各类农书，还有充斥坊间的农谚杂籍，多如漫天星斗，难以穷尽。为了从中提取比较系统的教益，我们花了几年工夫编著了《中国农业伦理学史料汇编》[2]。

在上述基础上，有感于时代的要求和家国情怀的历史使命，我们冒昧地踏上中国农业伦理学的起跑线，尝试着于2014年在兰州大学草地农业科技学院开设了《中国农业伦理学》课程，实际是系列讲座。直到第二年，我们怀着忐忑不安的心情，把《中国农业伦理学》有章有节地从头到尾讲了一遍。讲授中发现的诸多问题提示我们，有必要集合大家的力量编写一部中国农业伦理学专著。

我们希望中国农业伦理学专著和相关的伦理观宣传，能引

---

[1] 任继周主编，中国农业系统发展史，江苏凤凰科学技术出版社，2015
[2] 任继周主编，中国农业伦理学史料汇编，江苏凤凰科学技术出版社，2015

起社会对中国农业伦理的觉醒。在全社会正确伦理观建设的基础上，理顺农业与社会系统和自然系统的道德关联，建设中国特色的现代农业，提升整个社会的文明水平，满足后工业文明的要求，则"三农问题"可消弭于无形。

但毕竟我国长期承受农业文明的熏陶，仓促完成了工业化并迅速转入后工业化的世界潮流。这个时段要编著一部农业伦理学，并通过这部著述把握这三个历史阶段的农业伦理学的传承与发展，其难度之大不言而喻。

2017年，我们还是冒险犯难，着手筹备农业伦理学的编著工作。同年，在"中国农业伦理学研究会"筹备会议期间，我们召开了"中国农业伦理学编委会"第一次会议。会上正式成立"中国农业伦理学"秘书处、审稿组、文献组和统稿组，并就各篇章撰写作了初步分工。编委会的成员是在过去几年教学活动及专业交流中，自由凝聚组合而成。他们分别来自清华大学、中国农业大学、北京师范大学、西北农林科技大学、南京农业大学、国家图书馆和兰州大学。这个来自五湖四海的学术集体，学术气氛自由活泼，既有充分的独立阐发，也有敞开的集体讨论。在团结互助、共同提高的和谐气氛中，克服重重理论难点，终于完成这部试水之作。

我们认为中国农业伦理学应是阐发农业系统生存与发展的学科。基于社会公平、正义、和谐、幸福等一般伦理学公理之上，我们针对农业伦理学的特殊语境，提出了几条自然存在、不待证明的农业伦理学公理，作为本书编写的依据。

（1）辩证唯物论和历史唯物论：农业伦理学的方法论。

（2）生命体都属某一生态系统：生态系统内各组分共生。

（3）生态系统有生存权和发展权并有利于环境健康，尊重生态系统的多样性。

（4）农业是一种与环境友好相处的特殊生态系统。

（5）重时宜：时、空和农事活动协同发展。

（6）明地利：土地是有生命的，要养护其肥力常壮不衰，关注土地对农事的时空特征，充分发挥土地的永续效益。

（7）行有度：农业行为不可超越理性阈限。

（8）法自然：农业行为在尊重规律构成的"恢恢法网"之下有序运行，依据自然规律不偏益偏损。

在这一基础上，我们将时、地、度、法四者定位为中国农业伦理学的多维结构。前两者具物理属性，后两者为精神属性，物质的与精神的不可偏废。多维结构的每一个维度都贯彻于农业行为的全时空，存在于农业生产的全方位。其中任何一个维度的缺失，都将导致农业伦理学系统性崩塌。因此，我们将全书分为五大板块，即"时之维""地之维""度之维""法之维"四篇，另外以"绪论"对四维做整合阐述。为便于读者阅读，我们在每一篇的开头以"导言"作为引导，末尾以"小结"对全篇各章主旨加以概括。

在本书即将出版之时，我还要对它的颇有特色的编务工作进行简略介绍，并对参与工作的所有同仁表示感谢。首先感谢各位撰稿人和审稿人的独立思考而又善于理解异见的良好学风，使本书能够博采众长，达到应有的水平。还要感谢国家图书馆的鼎力支持，将本书列为该馆的工作项目之一。前办公室主任张彦同志主持秘书处工作，和郑晓雯、张维共同组成敏捷高效的工作中枢，负责全部庶务工作和书稿的汇总整理，以及全方位地提供参考文献保障和支撑。尤其难得的是执行主编卢海燕研究馆员，她好学敏思、从善如流、果断勤勉，把分散全国各地的编委和审稿组成员联结成一个和谐、团结、流程畅通的工作线，弥补了我这个年老主编精力衰颓之不足，确保本书编审工作顺利完成。感谢我们多年愉快合作的老朋友，中国农业出版社的郭永立编审，她以高度的热情和丰富的经验，给我们的编务和出版工作以全面指导和支持。最后，我还要着重感谢兰州大学这个良好的学术平台，从学院到学校，有求必应，鼓励我们免除顾虑，潜心精进。

《中国农业伦理学导论》是一部后工业文明的试水之作，偏颇失当，甚至舛误之处当难以避免。我们不敢以教材自居，书名缀以"导论"二字，寓有抛砖引玉之意，欢迎赐教，以待来者的诚意。

任继周

序于涵虚草舍 2018年季春

前　言

21世纪，是人类社会快速发展的时代。伴随着现代工业文明向生态文明转型期的到来，绿色农业、生态农业日渐形成我国农业建设和发展的主旋律。与此同时，举国上下为之忧虑的"三农问题"也成为上至决策者下至普通百姓共同关注的焦点。从1978年改革开放至今40年，中共中央以农业农村为主题内容发布的"中央一号文件"已达20个，"没有农业农村的现代化，就没有国家的现代化"。

中国工程院院士、兰州大学草地农业科技学院名誉院长任继周，以其敏锐的洞察力和数十年农业生态系统科学理论研究及实践经验，发出"农业伦理观的缺失是我国'三农'问题长期得不到解决的症结之一"的呼吁。在此思想认识基础上，任继周院士提出"时""地""度""法"的多维结构农业伦理学体系。

为全面系统总结中国传统农业伦理思想，汲取其丰富的历史经验和独特的思想价值，进而更好地服务于我国农业农村发展的现实需要，2017年，在任继周院士的倡导下，我们开始着手《中国农业伦理学导论》（简称《导论》）的编著工作。6月13日，召开第一次工作会议，成立中国农业伦理学编委会，来自清华大学、中国农业大学、北京师范大学、西北农林科技大学、南京农业大学、兰州大学和国家图书馆的专家学者参加了会议。会议确定了《导论》撰写大纲，并就各篇章的撰写做出分工。为确保工作效率和书稿质量，编委会成立了秘书处、审稿组、文献组和统稿组。项目总牵头为兰州大学，秘书处设在国家图书馆。兰州大学和国家图书馆共同将《农业伦理学导论》列入工作项目。

按照编撰大纲，本书共分绪论、时之维、地之维、度之维和法之维五个单元。前三个单元由任继周主笔，度之维由董世魁主笔，法之维由李建军主笔。

主编任继周负责全书整体思路策划、逻辑框架搭建，全书定稿，并承担序、绪论、第一篇时之维、第二篇地之维、第四篇第二章农业界面之法和第三章农业层积之法的撰写，参与第六章美丽乡村之法的部分撰写。

执行主编卢海燕代表主编负责全书撰写计划的组织实施、进度把握，书稿的初审、终审和全书统稿，以及第三编第一章度的普遍性（与方锡良合作）、度之维导言和法之维导言（与李建军合作）的撰写。

董世魁负责第一篇第五章当代后工业化时期的农业伦理观构建、第三篇第四章度在农业系统中的应用的撰写；林慧龙负责第三篇第二章度的量化与表征、方锡良负责第三章农业伦理观之中度法则的撰写。卢风负责第四篇第一章生态系统之法（李建军负责第四节）的撰写；李建军负责第四章动物保护之法、第五章食品安全之法和第六章美丽乡村之法（任继周部分参与）的撰写。郑晓雯承担时之维导言、张维承担地之维导言的撰写。

本书撰写过程中，任继周院士多次组织召开编委会，数次集中讨论，学术氛围严谨而自由，编委们各抒己见，求同存异，终成硕果。

审稿组由卢风（组长）、樊志民、王思明三位教授组成。卢风教授在伦理学、科技哲学等领域著述丰硕，樊志民和王思明教授在中国农史领域研究精深，对农业伦理学多有深邃见地，他们对《导论》初稿认真研读并提出建设性修改意见，确保《导论》出版质量。

本书责任编辑中国农业出版社郭永立编审，经验丰富，工作严谨，对本书出版给予全面指导，使得出版工作顺利实现，在此由衷感谢。

《导论》虽可如期出版，然因其所阐述的问题涉及哲学、伦理学、环境学、生态学和农业科学等多个学科领域，参加撰写人员难免受学科专业知识的局限，出现错误和不足之处在所难免，敬请方家指正。

《中国农业伦理学导论》秘书处

二〇一八年五月

目　录

序言

前言

绪论 ··· 1

第一篇　时之维 ······································· 29

导言 ·· 30

第一章　时在中国农业文化中的特殊含义 ····················· 32

　　第一节　时的物理学特性与时的量纲 ····················· 32

　　第二节　时的农业伦理学协变 ······························· 35

　　第三节　农业伦理观时宜的共性 ····························· 37

　　第四节　农业伦理系统时宜的类别原则 ·················· 39

第二章　农业伦理学的时序观 ································· 41

　　第一节　农业伦理学的时序属性 ····························· 41

　　第二节　农业伦理学的时序阐释 ····························· 43

　　第三节　农业伦理学的时序表征 ····························· 44

第三章　史前时期的农业伦理观 ····························· 49

　　第一节　原始氏族社会伦理观 ······························· 50

　　第二节　中国史前时期农业伦理观发展阶段 ············· 50

　　第三节　中国史前时期对伦理观的重大贡献 ············· 53

第四章　历史时期的农业伦理观特征 ························· 54

　　第一节　奴隶社会的伦理观 ·································· 54

第二节　封建时期的农业伦理观 ………………………………… 56

第三节　皇权社会的农业伦理观 ………………………………… 65

第四节　现代社会转型期的农业伦理观 ………………………… 68

第五章　当代后工业化时期的农业伦理观构建 …………… 71

第一节　农业工业化的伦理学反思 ……………………………… 71

第二节　工业化时期生态伦理观的错位与演进 ………………… 77

第三节　后工业化时期生态伦理观的发展 ……………………… 81

第四节　中国工业化和后工业化社会带来的伦理问题 ………… 86

小结 ……………………………………………………………………… 88

第二篇　地之维 ……………………………………………………… 91

导言 ……………………………………………………………………… 92

第一章　土地的农业伦理观起源 …………………………… 93

第一节　地的农业伦理学内涵 …………………………………… 93

第二节　地的农业伦理学理解 …………………………………… 96

第二章　土地生态的农业伦理学认知 ……………………… 98

第一节　土地生态系统的农业伦理学思想 ……………………… 98

第二节　土地生态的农业伦理学原则 …………………………… 100

第三节　土地生态的农业伦理学价值取向 ……………………… 102

第三章　地理带性的农业伦理学认知 ……………………… 103

第一节　地理带性与适宜性农业生产 …………………………… 103

第二节　地理带性的农业伦理学意义 …………………………… 106

第四章　地境类型的农业伦理学认知 ……………………… 109

第一节　地境类型维的发生学意义 ……………………………… 109

第二节　地境类型维的农业伦理学阐释 ………………………… 112

第五章　地境有序度的农业伦理学认知 …………………… 114

第一节　地境有序度的释义及表征 ……………………………… 114

第二节　农业生产的地境有序度特征 …………………………… 117

第三节　农业生产的地境有序度维持 …………………………… 119

第六章　农业伦理学地之维有序结构的维持 ················ 122

第一节　农业生物的多样性是地之维有序结构的基石 ········ 122

第二节　生态互补性土地利用是地之维有序结构的保障途径 ··· 125

第三节　可持续耕作是地之维有序结构的调控手段 ·········· 127

小结 ··· 128

第三篇　度之维 ···································· 129

导言 ··· 130

第一章　度的普遍性 ······························· 131

第一节　度的概念释义 ························· 131

第二节　度的存在条件 ························· 133

第三节　度的时代审视 ························· 135

第四节　度的哲学升华 ························· 141

第二章　度的量化与表征 ·························· 148

第一节　阈值：涵义与测度 ····················· 148

第二节　环境伦理学容量 ······················ 155

第三节　社会伦理学容量 ······················ 161

第四节　农业伦理学之度的量化表达 ·············· 165

第三章　农业伦理观之中度法则 ···················· 174

第一节　中度法则的文化蕴涵 ··················· 174

第二节　中度法则的三维解析 ··················· 179

第四章　度在农业系统中的应用 ···················· 191

第一节　种植业的度 ························· 191

第二节　畜牧业的度 ························· 200

第三节　渔业的度 ·························· 216

小结 ··· 224

4 第四篇　法之维 ⋯⋯⋯⋯⋯⋯⋯⋯⋯⋯⋯⋯⋯ 225

导言 ⋯⋯⋯⋯⋯⋯⋯⋯⋯⋯⋯⋯⋯⋯⋯⋯⋯⋯⋯⋯ 226

第一章　生态系统之法 ⋯⋯⋯⋯⋯⋯⋯⋯⋯⋯⋯⋯⋯ 228

　　第一节　违背自然规律的教训 ⋯⋯⋯⋯⋯⋯⋯⋯⋯ 228

　　第二节　生态学问世的意义 ⋯⋯⋯⋯⋯⋯⋯⋯⋯⋯ 233

　　第三节　生态系统及其法则 ⋯⋯⋯⋯⋯⋯⋯⋯⋯⋯ 240

　　第四节　走向绿色未来的生态文明 ⋯⋯⋯⋯⋯⋯⋯ 245

第二章　农业界面之法 ⋯⋯⋯⋯⋯⋯⋯⋯⋯⋯⋯⋯⋯ 248

　　第一节　农业系统界面的一般特征 ⋯⋯⋯⋯⋯⋯⋯ 249

　　第二节　界面系统耦合与农业系统发展 ⋯⋯⋯⋯⋯ 250

　　第三节　界面的农业生产潜势 ⋯⋯⋯⋯⋯⋯⋯⋯⋯ 253

　　第四节　界面与系统相悖 ⋯⋯⋯⋯⋯⋯⋯⋯⋯⋯⋯ 259

第三章　农业层积之法 ⋯⋯⋯⋯⋯⋯⋯⋯⋯⋯⋯⋯⋯ 265

　　第一节　前植物生产层的伦理学含义 ⋯⋯⋯⋯⋯⋯ 267

　　第二节　植物生产层的伦理学含义 ⋯⋯⋯⋯⋯⋯⋯ 268

　　第三节　动物生产层的伦理学含义 ⋯⋯⋯⋯⋯⋯⋯ 271

　　第四节　后生物生产层的伦理学含义 ⋯⋯⋯⋯⋯⋯ 272

第四章　动物保护之法 ⋯⋯⋯⋯⋯⋯⋯⋯⋯⋯⋯⋯⋯ 275

　　第一节　中国农耕社会有关动物资源开发的规范性法令 ⋯ 275

　　第二节　中国文化关于动物保护主张的哲学理由和宗教信仰 ⋯ 278

　　第三节　中国动物保护伦理的现代意义 ⋯⋯⋯⋯⋯ 283

第五章　食品安全之法 ⋯⋯⋯⋯⋯⋯⋯⋯⋯⋯⋯⋯⋯ 290

　　第一节　中国古代社会有关食品安全的　规范性法律和准则 ⋯ 290

　　第二节　西方食品安全规制和伦理反思 ⋯⋯⋯⋯⋯ 293

　　第三节　构建现代食品安全治理体系 ⋯⋯⋯⋯⋯⋯ 297

第六章　美丽乡村之法 ·· 302

　第一节　旧耕地农业给乡村社会带来的负面影响 ············· 302

　第二节　美丽乡村建设的社会文化和伦理基础 ·············· 305

　第三节　美丽乡村建设的新时代和新理念 ·················· 308

小结 ·· 312

参考文献 ··· 313

跋 ·· 315

主题词 ··· 318

绪 论

一、中国农业伦理观缺失的悲剧和机遇

中国农业面临许多令人迷惑的问题。例如，为什么在国家崛起的大好形势下，却出现了举国为之忧虑的"三农问题"？为什么我们几十年来从未停止过多种支农活动，却不见城乡差距的明显减缩，反而不时表现得更加突出？为什么我们倾全力维护的18亿亩[1]耕地红线以内的农民收入微薄，甚至种地赔钱，青壮劳动力冒险冲破"盲流"的藩篱而纷纷离开农村？为什么我国农村出现"空巢"现象，只留下老人和儿童？这以千万计缺少父母和社会关怀的"留守儿童"，将给社会留下多少隐患？为什么我国的农产品生产成本比进口产品到岸价还高？更为严重的是，为什么作为立国之本的水土资源被严重耗损甚至被毒化，殃及社会的食物安全？

这些令人困惑的问题显示中国农业的严重失常，必将涉及社会诸多方面，盘根错节，头绪万端，究其根源不应归咎于某届政府或某项政策的得失。中国农业沉疴的症结在于时代性的农业伦理观的严重缺失。我们将农业伦理观的严重缺失冠以"时代性的"定语，就是因为中国农业伦理观的缺失已经具有体现一个时代的特征。

中国自诩为农业文明古国，近两百年来又遭受世界狂风恶浪的撞击，有丰富的正、反两方面的伦理学素材。但我们没有把这些伦理学素材提升为农业伦理观的认知。当医学伦理学、工程伦理学、生态伦理学、商业伦理学等学科早已走上大学讲坛时，我国六十几所农业大学，竟没有一家开设农业伦理学课程。农业伦理学竟不在我国高层农业精英群体视野之内，更谈不到全国上下对农业伦理观的觉醒了。我们说农业伦理观，就是农业伦理学的具体运用的表现。

农业伦理是人类文明最初的萌芽。农业系统从本质上说，就是自然生态系统和社会生态系统的耦合，它本身内涵不容忽视农业伦理关联。这表现为农业行为道德关怀和应承担的责任，其中既包括对自然生态系统的道德关怀，也包括对社会生态系统的道德关怀。农业伦理观是农业本体的内在必然，亦即农业活动本体所有而非外铄。中国农业伦理观的严重缺失是农业本身的短板，导致中国农业呈现跛脚状态，在发展的道路上步履维艰。

农业伦理学是伦理学中的应用伦理学分支。伦理学最浅白的解释如休谟

（David Hume）（绪图1）所说，是"讨论人的举止行为的对与错"[1]的科学，即"人性科学"[2]，他甚至把伦理原则简化为日常感受到的"某种快乐或不快乐"[3]。这个最本初的人类社会关系的思维范畴，可归纳为"以道德为研究对象的独立的科学"[4]。在农业这一特定领域，需要建立适应时代需求的农业伦理学，以保持农业的持续健康发展。

绪图1 休谟（1711—1776）

（引自艾耶尔著；吴宁宁，张卜天译《休谟》）

中国的农耕社会构建了以农耕文明为核心的"中华文化"。农耕文明和皇权政治相结合，以其独具特色的稳定性和包容性，形成"中华文化"的主流。但受时代局限，它所包容的组分过分简单，它的构建过分扁平。出自这一农业系统的农耕文明的伦理学容量（ethical capacity）必然偏执而狭小，这对于由56个民族融合而成的"中华民族"来说，已经有些削足适履，很难自圆其说了。如今我们走出国门，进入后工业化世界，更是望洋兴叹，莫知所从。

中华民族要立足世界，必须跨越从农耕文明伦理观和工业文明伦理观到后工业文明的现代农业伦理观这道障隔。

为了说明古老的农耕文明与后工业文明这道障隔有多么巨大，我们不妨截取唐代大诗人白居易描述的《朱陈村》图景一角，展示给大家看看：

> 徐州古丰县，有村曰朱陈。去县百馀里，桑麻青氛氲。
> 机梭声札札，牛驴走纭纭。女汲涧中水，男采山上薪。
> 县远官事少，山深人俗淳。有财不行商，有丁不入军。
> 家家守村业，头白不出门。生为村之民，死为村之尘。
> 田中老与幼，相见何欣欣。一村唯两姓，世世为婚姻。
> 亲疏居有族，少长游有群。黄鸡与白酒，欢会不隔旬。
> 生者不远别，嫁娶先近邻。死者不远葬，坟墓多绕村。
> 既安生与死，不苦形与神。所以多寿考，往往见玄孙。

[1] [美]雅克·蒂洛,基思·克拉斯曼著;程立显,刘建等译.伦理学与生活[M].上海:上海世界图书出版公司,2008:4.

[2] [英]休谟著.人类理智研究[M].北京:北京出版社,2012:2.

[3] [英]休谟著.人性论[M].北京:商务印书馆,1980:512.

[4] 罗国杰主编.伦理学[M].北京:人民出版社,2014:1.

绪图2　费孝通（1910—2005）
（引自张冠生著《费孝通（上）》）

这是大唐时期农耕文明的生动写照。如果这些唐人与现代社会迎头相撞，其愕然失措的情状难以想象。我们这群在"农耕文明"养育下走来的"朱陈村"的后裔们，虽然历经千年岁月，生活和思维都有了很大改变，但直到近代，农耕文明的阴影仍然不能低估。今人社会学家费孝通（绪图2）20世纪80年代的考察报告还肯定中国是"五谷文化"，其特点就是"世代定居""人粘在土地上""自给自足的传统反映到现在就是，小而全、不求人的封闭经济""形成了人口流动小，不善于而且想回避新事物等特点"[1]。费孝通的调查报告说明，我国传统农耕文明的本质几乎依然如故。这样的社会意识与复杂多样的现代社会格格不入。我国现存的农耕文明与现代社会发生了时代错位的悲剧。今天我们可以欣赏朱陈村的古朴韵味，但它不能移入今日的现实生活。即使我们深深依恋农耕文明原有的田园牧歌式的情调，也必须加以审慎重铸，保留其基因精华，扬弃其陈旧渣滓，才能纳入现代农业文明的框架之内。这是我们无可回避的历史使命。

但我们毕竟带着农耕文明伦理观一路走来，不自觉地经历了两次农业结构大变革。第一次是从20世纪50—80年代，历时约30年，将小农经济变革为大型计划经济。这次农业变革带来怎样的灾难性后果，大家记忆犹新，不必细说。第二次是20世纪90年代到现在，将计划经济改变为市场经济，作为对加入WTO的回应，中国农业从封闭走向开放而融入世界。我国在这次变革中收获颇丰，但也付出了沉重代价，这就是上面我们所说的农业的种种困惑。以上两次农业结构大变革都是不期而遇，缺乏伦理观的自觉应对，教训深刻。

现在我们已经被倒逼着，面临第三次农业结构的大变革，即农业整体的"供给侧改革"[2]。因为中国国民食物结构已经完成了一次食物革命，这次食物革命是在中国食物结构是否需要改革的争论中，悄无声息地完成的。这证明

---

[1]　费孝通著.社会调查自白[M].上海：上海人民出版社，2009:29-30.

[2]　2015年11月11日中央财经领导小组会议上首次提出"供给侧改革"这个概念。习近平说：在适度扩大总需求的同时，着力加强供给侧结构性改革，着力提高供给体系质量和效率。

历史的发展是不因人的意志而改变的。即国民动物性食品已经由"辅食"进入食品的主流。这个动物性的"辅食"消耗量,折合为食物当量,已经是我们传统"主食(口粮)"的2.5倍。对这次静悄悄的食物革命,我们被"以粮为纲"的传统观念"一叶障目",未能及时察觉。我们的农业仍然聚焦粮食,而对比粮食多2.5倍的饲料的需求却未予重视,从而引发了供给侧与需求侧的严重错位。我国居民从各农业发达国家抢购牛奶和奶粉的"壮举"曾惊动世界,从猪肉到鸡爪各类畜产品无不大量进口。吸取以上各种教训,我们农业伦理观的自觉性已经萌动。

新世纪第一个十年,我国面临迎接"人类命运共同体"[1]这个宏伟命题。这就需要与这个宏伟命题相适应的宏大的农业伦理观。

前面我们说农耕文明的伦理观过分扁平,伦理学容量偏执而狭小。如何使它恢宏高大,实现巨大扩容?历史给我们以启示。现代农业是从原始的"草地农业"的"人居—草地—畜群放牧系统单元"演化而来的,这就是本初的人类农业社会结构。后来因为生产和生活的需要,从"草地"中分出部分土地用于耕作,于是衍发了以西欧模式为原型的现代农业。今天我们到西欧农村走走,不难看出这个本初农业社会的影子。他们没有中国聚族而居的农业村落,仍然一家一户地守护着各自的生产和生活的农庄,即遥远的"放牧系统单元"之余绪。但他们的农业现代化已经与社会现代化相偕实现。

农业现代化的涵义是什么?我们曾见到种种有关农业现代化的憧憬和描述,也不止一次地提出过实现农业现代化的政策,但总的来看多是对农业现代化的阶段性进程规划,对农业现代化的整体论述还很少见。我们不妨设想现代化农业应该具备的特征:有科学安全的生产管理、严密高效的加工流通、全程追溯的监测检验,表现为产业先进、农民富裕、生态安全、乡村美丽的现代化农村和农业[2],并有系统耦合的多层结构[3]。这是中国现代社会不可或缺的一翼。这样的农业系统涉及农业的生产、加工、流通、管理、检验、监测、金融、环境管理以及文教卫生等社会服务周全的农业系统。它几乎囊括了绝大部分现代社会系统中众多亚系统。我们古老的农耕文明显然难以应对。中国的传统农耕文明必须加以精心熔铸,才能在中国现代文明的发展中浴火重生。

---

[1] 决胜全面建成小康社会夺取新时代中国特色社会主义伟大胜利——在中国共产党第十九次全国代表大会上的报告 习近平(2017年10月18日)。

[2] 现代农业综合体发展战略研究课题组编.现代农业综合体:区域现代农业发展的新平台[M].中国农业出版社,2017.

[3] 参见本书第四篇第二章"农业界面之法"。

现代化农业将对它所衍生的现代农业伦理学提出新要求，并为之提供丰富的素材。中国农业现代化和它伴生的新型农业伦理学，必然成为中华文化的重要一翼，为即将到来的现代化农业和现代中华文明保驾护航。

我们欣慰地看到中国农业伦理学迎来了千载难逢的机遇。

二、什么是农业伦理学

人类的群居习性和生产、生活需求发生多种关联，有关联就有道德表达与判读，这是形成人类社会文化的动因。农业伦理学属应用伦理学，是研究农业行为中人与人、人与社会、人与生存环境发生的功能关联的道德认知，并进而探索农业行为对自然生态系统与社会生态系统这两类生态系统的道德关联的科学。

对这类关联给以道德范畴的解读，亦即对农业行为的对与错、善与恶、美与丑、公正与偏私、正义与邪恶、和谐与抵牾等进行道德认知，应是农业伦理学的任务。

人群生存在一定的社会生态系统之中，而社会生态系统是以自然生态系统为基质的。农业是人通过农作干涉自然生态系统以获得农产品的过程。农业本质上就是人与自然、人与社会之间的一种关系样式。农业内在地包含人的农业行为准则，即伦理规范。其核心问题是农业对自然生态系统的干涉过程和结果对自然的和社会的道德关联的伦理学解读。它不仅要回答人的农业行为"能"做什么，也应回答人"应"做什么，是为伦理学"正"解；还要回答人"不能""不应"做什么，是为伦理学"负"解。解答的"正"与"负"在伦理学判断中同等重要，但"负"解比"正"解更为隐蔽、更难捉摸，往往被忽略，从而造成屡见不鲜的道德误判。人们对伦理学负解的失落，不知道自己不能、不应做什么，会导致人们狂妄自大、忘乎所以，铸成违天意、逆民心的大错而不自知。因此，我们说"要有能做什么的知识，还要有不能做什么的知识，才是知识的全称；只有能做什么的知识，没有不能做什么的知识，比没有知识更危险"[1]。

农业生态系统科学回答农业行为的是与非，伦理学回答农业行为的对与错。而农业行为的成败，最终取决于农业伦理维度。就农业本身来说，生态系统科学判断是前提，农业伦理学判断是归宿，亦即一切农业行为的结果必须符合伦理学原则。农业伦理学对农业系统有最终裁决权。

[1] 任继周.草业科学论纲[M].南京:江苏科学技术出版社,2012:扉页题词.

（一）农业伦理学认识论

农业伦理学是研究农业行为道德的科学，是伦理学的一个分支。

农业伦理学除了对社会公理的认知，如公平、正义、仁爱、诚信、善恶、幸福这类道德的客观标准以外，还应结合农业行为的内涵，以伦理学的语境，列出农业伦理学公认的基本道德语言，并加以简约诠释。这也是本书讨论农业伦理学的公理依据。

（1）辩证唯物论和历史唯物论：农业伦理学的方法论。

（2）生命体都属某一生态系统：生态系统内各组分共生。

（3）生态系统生存权和发展权：农业行为应照顾相关生态系统的生存和发展的正常运行，尊重生态系统的多样性。

（4）农业是一种与环境友好相处的特殊生态系统，需维持所依存环境的持续健康：农业生态系统不对所处环境发生损害。

（5）重时宜：时、空和农事活动协同发展。

（6）明地利：土地是有生命的，要养护其肥力长盛不衰，关注土地，充分利用当地条件，发挥土地的永续效益。

（7）行有度：农业行为不可超越理性阈限。

（8）法自然：农业行为在自然的"恢恢法网"之下有序运行，尊重自然规律不偏益偏损。

农业伦理学属规范伦理学。任何道德标准，需规范伦理学加以辩证认知。例如，"盗亦有道"，提出了"盗"的道德准则。但盗的"善"与"恶"，或"对"与"错"，只适用于强盗集团这类"特殊社会"的内部，不具有普适意义，因而不能成立。所谓"特殊社会"，其实质就是某些特殊利益集团，这在我们日常生活中并不少见。如果这类"盗亦有道"的伦理观也被承认，那就会出现伦理学的自相背反的双重标准而危害社会，因而用伦理学原则加以规范是必要的。

当公认的伦理观所蕴含的道德标准被社会认同以后，就自然形成伦理行为的社会规范，亦即社会成员共同遵守的道德契约，这属于规范伦理学范畴。

规范伦理学对道德的认知，有三类主要认识论，即功利论、道义论和美德论。

1. 功利论（utilitarianism） 或称为目的论或后果主义。功利论不考虑一个人行为的动机与手段，仅考虑其行为的结果的善与恶。认为人应该做出"最大善"的行为，而且其中每个个体都被覆盖。其代表人物有杰里米·边沁（Jeremy Bentham）（绪图3）和约翰·斯图尔特·米尔（John Stuart Mill）（绪图4），他们认为人类行为的唯一目的是求得幸福，促进取得幸福的成果就是判断人的一切行为的标准。公元前5世纪的亚里斯提卜（Aristippus）、前4世纪的伊壁鸠鲁（Epicurus）、中国的墨子的伦理学中含有类似的思想。

绪图3　杰里米·边沁（1748—1832）　　　　绪图4　约翰·斯图尔特·米尔〔1806—1873〕
（引自杰里米·边沁著；程立显，宇文利译　　　（引自［英］杰里米·边沁著；程立显，宇文利译
　　《论道德与立法的原则》）　　　　　　　　　　《论道德与立法的原则》）

功利论往往被曲解为以局部效益取代整体效益，致使农业系统行为发生偏私，效益分配欠公允。从人类社会的出现，直到工业化时代，这一被曲解的伦理观曾占据世界思想主流，即所谓"丛林法则"。弱肉强食，适者生存。科学的达尔文主义和社会实用主义为这一思潮提供了理论支撑。

2. **道义论**（deontologism）　或称动机论、义务论。是以实施此类行为的原初动机为判读其行为的道德尺度。他们认为行为之道德准绳，不考虑、也不应当考虑结果，只要看其行为的动机的善与非善；对于具体人品的判断，只要看这个人的行为善良与否。其道德判读尺度不是看该项行为是否带来有益的结果，而是以某种普遍的道德标准为依据。这种理论在中国可以儒家孟子的利义之辩的"舍生取义"为代表。西方的代表人物是康德（Immanuel Kant），他认为人必须为尽义务而尽义务，而不能考虑任何外在因素。在西方宗教界，道义论则以"神诫论"[1]的面目出现。只要人们服从神所颁布的系列律令，不论可能的结果如何，其行为都是正义的，其实施者都是善良的。

3. **美德论**（virtue theory）　美德论伦理观不关注结果和动机，它更关注如何通过人的个人修持，发展人的内在道德品质而达到"好人"或"圣

---

[1]　神诫论认为人只要信奉上帝或神，服从上帝或神颁布的一系列道德命令，其行为就是正义的。

贤"[1]的境界。这类美德的形成，在佛家和道家为出世的个人的修持、觉解。管子《心术下》中关于"心中之心"更加简明地表述了这种道德意境的微妙关联。前一个"心"为理性之心，即功利目的之心；后一个心为非理性的直觉之心，即善美之意境。这是从理性之心达到非理性直觉之心，化入美德论的真境。中国广为流传的子路结缨而亡、俞伯牙为钟子期摔琴、介子推避封被焚等春秋末年的故事，都是美德论伦理观的代表。美德论认为伦理学素质一旦进入化境，其美丑、善恶的认知不待思索油然而出。美德论以行为者为基础(agent-based)[2]，首先重视的是人的美德。美德在道德的概念和理论中发挥了核心或独立的作用[3]。古代中国文化中的"世界大同"，今天的"人类命运共同体"或可属美德论伦理观的社会伦理范畴的简洁表述。

上述三类有关道德的认识论，各有特色，农业伦理学者多以前两者为主要的道德判断标准。

（二）农业伦理学的规范伦理学判读

依据伦理学所论证的"道德"与"非道德"的判定为原点，对各类社会农业行为做出哲学认知，是为规范伦理学的农业判读。它对具体的农业行为进行"应该"或"不应该"即"善"与"恶"的规范。农事活动所采取的农业行为符合科学规律和取得应有价值是"应该"的前提，否则就是不应该的。如排涝本身是"应该"的，但"以邻为壑"、损害相关方利益，就是不应该了。即使是应该的，在应该范畴之内还有"度"的区别。例如，资源的适度利用，再生性资源的适度开发。更进一步，还有农业投入和红利分配的公正与否，都属"应该"与否的判读。这一段话说明了道德判断的三个层次：应该与不应该，适度与不适度，公正与不公正。

一般地说，"应该"做的事符合科学规律，是有正面价值而无害相关方的，因而是道德的，是道德判断的前提。反之，属非道德的。但规范伦理学的道德行为含有认知系统，即明确其道德适用的阈限和在此阈限内的系统定位。所谓道德的适用的阈限，就是道德的适用的范畴，越过这一范畴即归于无效，即真理越过其界限一小步就是谬误[4]；所谓道德系统定位，就是明确道

1　参见扬雄《法言·孝至》："年弥高而德弥劭。"

2　Michael.Slote. Morals From Motives[M].New York : Oxford University Press, 2001:chapter 1.

3　Gareia.J.L.A." Virtue ethics" ,in The Cambridge Dictionary of Philosophy(2nd edition)[M]. R.Audi. 1999:960.

4　中共中央马克思恩格斯列宁斯大林著作编译局.列宁选集　第四卷 [M].北京:人民出版社， 2012:211.

德标准与其相对应的上下左右位置，道德规范只有找到属于自己的正确位置才是有效的。

道德系统的上下位之分就是我们所常说的大道理管小道理，是道德的从属关系。小道理就是下位道德，应不违上位道德，即我们常说的下级服从上级，这样的小道理才能成立，这一道德的上下位差的关系，已成共识，无需赘言。

道德系统的左右位之分就是道德规范之间的平行关系。如社会系统A与社会系统B之间的道德规范是平行的，两者没有从属关系。如果把社会系统A的道德系统强加于社会系统B，则为非正义的反道德行为。例如，中国20世纪80年代以前选拔人才以家庭出身居首位标准，就是社会政治系统入侵了教育系统，违背了教育系统选拔人才的规范，使大量英才被埋没。又如20世纪80年代一度提出教育产业化，就是以商业系统的规范入侵教育系统，伤害了教育质量。在农业范畴内最常见的是耕地农业系统入侵草原畜牧业系统、林业系统、水域系统等。历史上这类道德入侵的非正义行为在不同政治集团、不同民族、不同宗教和国家之间常有发生。例如，欧亚大陆游牧民族与农耕民族之间的斗争，地中海周围基督教集团与穆斯林集团之间的斗争，都有社会系统A与社会系统B之间的伦理观互相抵牾的内涵，可绵延数世纪之久，甚至引发种族灭绝，造成人间悲剧。

如上所述，规范伦理学的道德系统至少含有三重意义：一是应该——道德的，否则非道德的；二是应该+适度，道德的，否则非道德的；三是应该+适度+公正，道德的，否则非道德的。如将道德系统做一组合，在我们的话语系统里，应该与不应该，属一位；应该+适度，属二位；应该+适度+公正，属三位。例如，某地适宜发展苹果，应该种植苹果属一位；怎么种植，如品种选择、种植技术等属二位；苹果作为产品收益的公平分配属三位。这一道德系统的全部才是道德的全称，只取其局部，或位次关系被颠倒，难以做出道德判断。

在日常行为中，多有依据不全称的道德位次判断而定取舍，往往发生"道德武断"或"道德偏见"，这类非正义判断。违反了农业伦理原则的"道德武断"或"道德偏见"，总是有利于社会强势一方，表现为非正义行为。

人类社会巨系统，由若干不同等级的大小系统构成。这些不同等级的大小系统，通过它们之间的系统耦合而发生系统进化，推动社会发展，这是人类社会的大趋势。社会总是以进步方利益为取向，并在同保守方的不断妥协中取得发展的。

但我们不要忘记恩格斯所说，道德始终是阶级的道德，它或者为统治阶级的统治和利益辩护[1]。就历史大趋势来说，多数统治者应代表社会进步取向，社会才能保持发展趋势。但不应忽视，在某些特殊历史时期，社会可能短时期内为保守集团所控制，制定适于保守集团利益的道德规范，阻碍社会进步。这类短期非道德行为必将为历史所淘汰。

道德规范的底线是法律。某些行为违反道德原则，妨碍社会秩序，对社会造成危害，逾越了道德底线的，需要以相关的法律来制约。这已溢出道德范畴。

三、我国规范农业伦理观发展阶段

任何行为以道德标准认定的善与恶，都受当时文明发展阶段的约束，往往有很大程度的主观判断因素，与伦理学的正当与不正当的认知未必完全吻合。

（一）原始氏族社会

没有私有财产，在氏族领袖领导之下，保护生存领地，抵御外来氏族侵犯，渔猎采集所得的生活必需品平均分配，本氏族集群成员接受氏族集群的保护（绪图5、绪图6）。氏族领袖享有对本氏族领导的权力，氏族成员有服从领袖、维护集体的义务。因没有私有财产，当然氏族领袖也不享有财物特权，但可能拥有某些领袖个人的生活特权，一如兽群中对食物和异性的占有权等。但总体上看是自在的领袖与被领导的群体构成命运共同体。

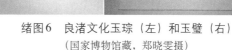

绪图5　良渚文化氏族生活模拟图
（引自：[英]杰里米·边沁著；程立显，
宇文利译《论道德与立法的原则》）

绪图6　良渚文化玉琮（左）和玉璧（右）
（国家博物馆藏，郑晓雯摄）

[1] 中共中央马克思恩格斯列宁斯大林著作编译局.马克思恩格斯选集 第三卷（3版）[M].人民出版社，2012:471.

（二）奴隶社会

大约夏代末期到殷商时期，华夏地区由氏族社会进入奴隶社会。奴隶社会的奴隶主有了私有财产，就有了私有财产所有权和使用权，以及与此相适应的奴隶社会的道德规范。奴隶属奴隶主的私有财产，一如无生命的土地草木和有生命的牛羊牲畜，无代价地供奴隶主任意使用并提供兵役等多种劳作，直到被杀来用作祭祀的牺牲。奴隶社会的道德规范为统治者的权威无限的霸主性和被统治者对统治者绝对服从的奴性。但是奴隶被奴役的同时，奴隶主有保护奴隶免于被其他奴隶主掠夺残害的责任。这在奴隶时代是自发性与强迫性相结合。

（三）封建社会

西周时期华夏进入封建社会，封建时期的伦理系统也与之俱来。这个伦理系统依照血缘亲疏和对邦国贡献的大小，分封土地和附属于土地上的劳动者给下一级领主。受封者享有世袭封地的全部权益，承认上级领主的宗主权，对上级宗主有纳贡义务，接受其礼乐规范，以表达对封建社会组织体系的遵守。从西周到东周末年，历时771年（前1027—前256年），在历史长河中只当瞬间，但对中华农业伦理学的影响至大且久。现举其荦荦大者：其一，以"礼乐"治国为特征，建立了井然有序的宗法社会。礼乐以其明显的等级差别连缀群体组织系统。其家族血缘关系就是社会系统的框架，同姓不婚，在系统以内的个体需自觉地认同个人在群体中的位置，于是形成了稳定的伦理系统。这个伦理系统赋予成员以封建构架为整体的群体意识和道德规范，群体高于个人；其二，对群体智慧的尊敬情怀凝聚归结为"圣人"，是为一切美德的化身，如历史上传说的"三皇五帝"，从而开启了中华民族的造神论的历史阀门；其三，建立了城乡二元结构的农业社会，城邑贵族统率乡野、分配社会产品。乡野农民从事生产和劳役，供养和保护城邑。城邑具有政治和经济特权。统治城邑就意味着统治全国。凭借这一结构样式，有效维系了分散农户与庞大帝国的稳定发展，在工业化以前无疑这是适应时代需求的良好社会格局，维持邦国绵延久长；其四，通过长期农业实践，建立了以《月令》和阴阳历法为代表的农业时序，不仅将华夏农业生产推进到较高的科学水平，还是凝聚族群的凝合剂。奉某一朝代的"正朔"是最高道德范畴（绪图7）。为后来两千多年社会稳定和领先世界的生产水平奠定了基础。

上述各项成就向我们揭示：正是植根于城乡二元结构的农业系统的农业伦理系统，建立了中华民族生命共同体。在这个生命共同体内部虽然也曾多次出现多种矛盾，但毕竟和谐共处的凝聚力量大于对抗分裂的力量，为后来的伟大中华民族做出了奠基性贡献。

绪图7　河南濮阳出土的蚌塑龙虎墓
（反映了早期先民对天象的观察和理解　国家博物馆藏）
（闫岩摄）

（四）皇权社会

秦始皇结束了封建时代，建立了皇权社会，皇权社会的伦理系统随之发生并逐步发展，至汉武帝时期以儒家为代表的"三纲"和敬天地、法祖宗的皇权伦理趋于完善。皇权对所属下级政权的生命财产拥有生杀予夺之权，下级对上级政权则有绝对服从的义务。打破了封建社会隔级的宗主关系的规范，皇权可周延全民。皇权社会中，在城乡二元结构日趋固化的基础上，存留了比较完整的封建社会伦理观和某些奴隶社会伦理观的影子。

（五）现代社会的农业伦理观[1]

1840年鸦片战争以后国门洞开，工业革命的大潮随着帝国主义强权涌入中国。经过近两百年的动乱，直到1949年新中国成立，我国仓促进入工业化时代和后工业化时代。这一时期可以分为三个阶段：1840—1949年为第一阶段，1949—1980年为第二阶段，20世纪80年代后期进入第三阶段。

1840—1949年第一阶段。皇权社会由式微到瓦解的大转型时期。世界为弱肉强食的"丛林法则"主流思想所支配。古老的皇权社会彻底崩溃。帝国主义强权与地方军阀豪强蜂拥而起，全国陷于动荡不安之中。作为皇权社会精神支柱的农耕文明和城乡二元结构虽然仍顽强生存，但随着农村的凋敝和城市的畸形发展、政权的破碎，城市对农村控制力度大为削弱，东西方多种思潮在中华大地冲撞奔突。尽管社会上层对传统农耕文明提出种种质疑，声势浩大的五四运动也没有撼动其根基。旧社会底蕴深厚的农耕文明仍为深水潜流，其农业伦理更是水波不兴。但在世界工业化潮流催动下，巨大的历史动力已在酝酿积聚之中。

1949—1980年为第二阶段。这一阶段社会进步势力成功地继承和发展了我国以传统的耕战论和城乡二元结构固有的鸿沟，反其道而用之，以农村包

---

[1]　任继周,胥刚,齐文涛.中华农耕文明伦理观的历史足迹及城乡二元结构伦理溯源[J].中国农史,2013(6):3-12.

围城市，完成了建立国家新政权，养活了国家政权机器，农业为国家工业化提供了最初的积累。传统的农耕文明爆发了最后的光芒。但新中国成立后不久即推行了农业合作化政策[1]。从农业伦理学角度加以审视其破绽突出。首先，20世纪50—70年代，急速废除小农经济，实施农业集体化，小农生产的农业系统自组织功能丧失无余，不但未能建立新的大农业生态系统，反而将源自汉代的"辟土植谷曰农"升华为"以粮为纲"[2]的国策，排斥民间工商业者，从而隔断了农区与牧区、种植业与畜牧业、农产品加工流通走向市场化的系统耦合链条，背离了社会发展潮流。这使农业生态系统失序，导致生态与生产双双受损。为了巩固集体农业的计划经济，将城乡二元结构空前固化，限制农民在城乡之间的迁徙，不仅农业结构的系统耦合作用不能发挥，也延缓了国家工业化、城镇化的进程。广大农村的卫生、教育以及有关社会福利没有享有与城市同等发展的机遇，酿致全国性大饥荒的灾难性后果。追究这一时期农业系列失误，原因固然有多种，但总源头不能不归咎于农业伦理维度的严重缺失。

20世纪80年代后期开始进入第三阶段。1978年中国共产党十一届三中全会以后，中国执行改革开放政策，30多年走完了发达国家300年的工业化道路，并高速转入后工业化时期。我国农业得到了国家工业化带来的多方面反哺。我国加入世界贸易组织（WTO）以后，农业的孤立状态基本改变，发挥了农业生态系统的开放的原本属性，在多方面开展国际耦合的作用，农业生产现代化程度大幅度提高。中共中央对农业也予以空前重视，从1982—1986年连续五年发布以农业为主题的中央一号文件。此后更连续多年发布以"三农"（农业、农村、农民）为主题的一号文件，凸显农业在中国现代化过程中"重中之重"的地位。但较长时期内，沿袭旧规，背离农业伦理学原则，造成不应有的损失。其一，号召农民"离土不离乡"，保留了城乡二元结构的核心价值。其二，"以粮为纲"的耕地农业系统依然延续，追求粮食超阈限高产，不得不求助于超量施肥、超量灌水、超量用农药，过度垦殖，导致水土资源污染，殃及食物安全。同时因农业投入过多，导致农产品的生产成本高于进口产品的到岸价，丧失农产品的市场竞争力。其三，粮食以外的其他行业，尤其是林业和草牧业没有得到相应的发展。

---

[1] 1951年9月，中共中央召开了第一次互助合作会议，讨论通过了《关于农业生产互助合作的决议（草案）》开始推行农业合作化，到1956年达到合作化高潮。

[2] 1960年3月19日，中共中央转发农业部党组《关于全国农业工作会议的报告》，这个报告指出，我国的社会主义建设已经进入一个新的阶段，在这个新阶段中，我国的农业应当是：以粮为纲，"粮、棉、油、菜、糖、果、烟、茶、丝、麻、药、杂"12个字统一安排，全面发展多种经营。

事实证明，城乡二元结构和"以粮为纲"的耕地农业这两条绳索不彻底解脱，中国农业就难以健康发展。而这两条绳索正是延续数千年的农耕文明纲领所在。

直到2006年，中共十六大以后，提出取消农业税、城市反哺农村等措施，上述积弊初步缓解[1]。至2012年中共十八大，采取取消农村户籍试点、牧草入田等有力措施，中国广大农村和农民才得以摆脱笼罩在农民头上达三千年之久的阴影，终于出现现代农业伦理学的曙光。

回顾这一段艰苦跋涉，前后历时70年，历经重重磨难，无非就是为了跨越横亘于农耕文明与现代社会文明的这一历史障隔。

在以上五个不同的社会环境中，其道德标准大有区别。但其农业伦理规范的发生与演化，通过城乡二元结构和耕地农业这条草蛇灰线，仍然有迹可寻。

四、中国农业伦理观的基本特征

中国农业伦理观具有怎样的基本特征？从总体上来说，人在自然生态系统与社会生态系统的系统耦合中的主导作用逐步觉醒。小农户与生境的系统耦合，体现为农业生产的自组织过程。农业生态系统内部各个组分之间时空序列中物质的给予与获取或付出与回报，体现为效率和效益及其伦理学评价。

农民作为自然生态系统的组分之一，从自然生态系统内部驱动自然生态系统发展。人既改变着农业生态系统的生存环境，同时也影响着人类自身，即"驯化"与"被驯化"相偕发生。如初民熟悉了草食动物的习性，逐步把草食动物驯化为家畜，初民自身也被草食动物和它所处的环境所"驯化"而形成了适应这样环境生存的人，并以主动放牧管理的方式与畜群和环境和谐共处，协同进化。人与野生动植物多个子系统之间互相融合的系统耦合，成为新的系统，以新的规律持续发展，使系统协同进化不断发展。由此类推，人类文明不论进入怎样发达的时代，我们都处在与环境的协同进化之中。这个环境包含了农业生态系统中自然因素和社会因素。农业伦理学为我们做出人类对其自身行为和对所在生存环境关联的正确解读。

中国对农业和环境的关系最初的认知是萨满教的泛神论，至殷商时期"天"的概念逐步建立。人们对于"天"有神秘感，把"天"作为茫茫宇宙的总称，而以"天时"为"天意"的体现。农业社会对环境的理解即对"天"

---

[1]　如取消农业税，明确提出城市反哺农村。

的理解，大体分三个层次逐步开展。

1. **第一个层次是对天的敬畏**　远在殷商时期，社会在泛神论的基础上，综合出天的概念。《尚书·尧典》记载："乃命羲、和，钦若昊天，历象日月星辰，敬授人时。"《尚书·益稷》记载："敕天之命，惟时惟几。"古代的"时"是指人在适当的地点和适当的时间做适当的事。"时"是人的行为与时空环境的美好协和。用"时"概括天、地与人的关系，表达了人类脱胎并延伸了原始文明的对天的敬畏之心。由此衍生了生民与天时之伦理观，是为天人和合。

绪图8　荀况（约前325—前238）
（引自华人德主编《中国历代人物图像集（上）》）

管子把天人关系归纳为："得天之时而为经，得人之心而为纪。"所谓"得天之时"就是人们适应了环境的时空特征的各类活动。所谓"得人之心"就是人类社会群体适应社会时空特征的各类活动，逐渐形成对所处环境的共同认知，即今天所说的思想认同。后起的古代思想家多有论述。荀子（绪图8）说："故养长时则六畜育，杀生时则草木殖，政令时则百姓一，贤良服。"这就是说动物饲养、植物繁殖、行政管理都要符合"时"的要求。孟子说："不违农时，谷不可胜食也；数罟不入洿池，鱼鳖不可胜食也；斧斤以时入山林，材木不可胜用也。谷与鱼鳖不可胜食，材木不可胜用，是使民养生丧死无憾也。"这些论述都表达了农业社会人与天的时空机缘密不可分的伦理关联。

2. **第二个层次是人与天的交流**　先民认为天是有意志的，天人之间可以互相交流。即所谓天人感应。春秋时期的《国语·周语上》记载"天道赏善而罚淫"，这里举出一系列不善之举："不帅天地之度""不顺四时之序""不度民神之义""不仪生物之则"，而受上天谴责，部族湮灭。族人的"绝后"是天降最重的惩罚。相反，心怀忠信顺势而动，则系统耦合相对完善，上天赐予福祉。周秦之际《洪范》出，以五行、征兆、五福六极[1]等比附天道。墨子从反面论证："五谷不熟，六畜不遂，疾菑戾疫，飘风苦雨，荐臻而至者，此天之降罚也，将以罚下人之不尚同乎天者也。"汉代董仲舒对阴阳五行说集

---

[1]　五福六极，出于《尚书·洪范》：五福：一曰寿，二曰富，三曰康宁，四曰攸好德，五曰考终命；六极：一曰凶短折，二曰疾，三曰忧，四曰贫，五曰恶，六曰弱。

其大成，以五行[1]演绎世界万象。这类思想一直延续至近代。例如，遇灾害年景，皇帝下罪己诏，以祈求天的宽恕。至今仍流行拜佛祈福、遇旱祈雨[2]等迷信活动。所谓天人感应其实质是人对天的认知和祈求，是一种主观的单向"交流"，是人本思想的无奈流露。也寓有人类自我约束，下自平民上至天子，敬畏天谴的积极意义。

3. **第三个层次是依照客观规律对天的适应性利用** 认知天的客观存在，管子说："如地如天，何私何亲"（《管子·牧民》）。"天不变其常，地不易其则，春秋冬夏不更其节"（《管子·形势》）。荀子更进一步，"从天而颂之，孰与制天命而用之。"对天有了比较客观的认知。认为"天行有常，不为尧存不为桀亡"（《荀子·天论》）。荀子说"星坠木鸣，国人皆恐。曰：'是何也？'"荀子回答："无何也……而畏之非也。""夫星之坠，木之鸣，是天地之变，阴阳之化，物之罕至者也。"（《荀子·天论》）是"可怪而不可畏"的自然规律。然后他列举了一系列农事、政令、人伦的三类乱象称为"人祅"，都是人的行为与社会规律和自然规律之间的系统相悖[3]的结果，违反了农业伦理学原则而获咎。这个观点至今仍不过时。

中华古文化中天地人息息相关如此缜密，故常以天地人并称为"三才"[4]。《周易·坤卦·文言传》"天地变化，草木蕃。天地闭，贤人隐。"表达天地人"三才"共兴衰的伦理关联，但缺乏三者上下位的层次认知。老子（绪图9）说"道大、天大、地大、人亦大。域中有四大，人居其一焉"（《老子》第25章）。他把天、地、人和道并称为"四大"，更进一步阐释"四大"的依存关系："人法地，地法天，天法道，道法自然"（《老子》第25章）。老子认为人的存在受"地"的规范，地的存在受"天"的规范，天的存在受"道"的规范，而道最后受"玄之又玄，

绪图9 老子像

---

1 五行：木、火、土、金、水。

2 晏子曰："君诚避宫殿暴露，与灵山河伯共忧，其幸而雨乎！"于是景公出野居暴露，三日，天果大雨，民尽得种时。也许这是中国祈雨的最早记载。参见张纯一.晏子春秋校注[M].北京：中华书局,1954(2006年重印):22.

3 任继周.草业科学论纲[M].南京：江苏科学技术出版社,2012:292.

4 《周易·系辞下传》"有天道焉，有地道焉，有人道焉"，或为"三才"说的源头。

众妙之门"的"自然"的规范[1]。值得关注的是老子对"四大"的论述是以人为原点逐层推演，由人而地、而天、而道，而道就是自然本体，四个阶梯性位次。老子从人的生存出发探讨宇宙的运行规律，契合农业伦理的人本思想。他把道这个自然规律置于伦理结构的最高层，将中华文化的伦理系统推上历史的高峰。自然的内涵随着科学进步而不断丰富，将"自然"置于哲学思辨的最高层，日益为当代思想界所认同。

五、中国现代农业伦理观的本体与多维结构

中国现代社会的启蒙与发展过程，推动中国农业走上现代农业的漫长征程。从1840年直到今天，仍然踯躅于这一艰难旅途之中。中国现代农业伦理的主要任务在于如何挣脱城乡二元结构和与之俱来的耕地农业系统的束缚，在现代社会的发展中完成现代农业和与之相应的伦理观的构建。

（一）构建正确的农业伦理观

农业系统的生存和发展之关键在于对系统耦合的正确农业伦理观。任何生态系统都具有开放性，通过系统的界面输出冗余物质（多以"能"代表）、吸纳短缺物质。不同生态系统之间通过物质交换发生系统耦合而导致系统进化，产生高一级生态系统，提高生产力。这是系统发展的主流。但系统耦合的同时，必然有未能输出的部分物质滞留于系统以内，这一部分物质的积累过量时，将妨碍系统耦合和系统进化，是为系统相悖。因此，系统耦合与系统相悖如一个硬币的两面，必然同时发生。

生态系统的多样性、构成界面组合的多重性和普遍性，为人类社会留下一个永恒的话题。即通过系统耦合获益较多的一方倾向于系统开放；而系统进化中系统相悖的非受益方或受害方，则抵制系统开放。前者表现为推动社会前进的积极势能，而后者则表现为阻碍社会前进的消极势能。进步与保守两股势能处于无休止的斗争之中。在社会处于正常状态时，维护系统开放者常居社会主导地位，为强势方，体现社会发展的不可抗拒的历史趋势；而反对系统开放者常居社会被动地位，为弱势方，甚至成为时代牺牲品。只有当两者矛盾达到不可调和的系统崩溃边缘时，弱势方起来打破系统现存秩序，使社会陷于无序，社会生产力暂时受挫，直到弱势方转化为强势方，来推动社会的发展，恢复社会的正常秩序。社会的这类从有序到无序再到有序的过

---

[1] 任继愈.老子绎读[M].北京:北京图书馆出版社,2006:56.

程，可以中国历史上农民起义导致朝代更替为例。农业伦理学的任务在于推动系统开放的同时，对弱势方给以理解和关怀，以适当手段协调双方利益，消解系统相悖的积累，消泯社会发生无序状态于无形，而不是压服弱者。今天我们经常遇到的经济制裁、贸易壁垒等多种纷争，乃至绵延不绝的战争的根源应与此有关。

这类消解系统相悖的积累，消泯社会发生无序状态于无形的伦理学观，正是促进社会进化而导致的社会进步理性思维。历史上曾一度被误认为是调和社会矛盾、阻碍社会革命和社会发展的阻力。

（二）系统耦合、界面及伦理学容量

系统耦合既然如此重要，我们对形成系统耦合及其界面的理论应有所了解。系统的界面具有将各个子系统互相分隔又相互联通的双重功能。其分隔作用保持了不同子系统的本质特征；其联通作用使相关系统之间的能量、物质（或异化为价值）和信息，通过界面这个"反应灶"，发生系统耦合，导致系统进化而解放系统生产力。现代农业结构复杂，包含了复杂的界面群，内含自然生态系统A的和社会生态系统B的伦理学关联。A为自然生态系统之间各个组分的物质（价值）交换的付出与回报的合理性的伦理诠释，B表达为自然生态系统与社会生态系统耦合过程的付出与回报的合理性的伦理诠释。总的来说，就是各级子系统的相阵群集的伦理关照。这就涉及伦理学容量，即对系统的相阵群集中的所有系统的伦理学涵盖能力。

现代社会发展迅速，农业伦理学既包含了自然生态系统农业化的结果和过程的农业伦理关怀，也包含自然生态系统与社会生态系统的系统耦合过程的伦理关怀。因而，处理如此复杂系统的伦理关联，必须有与之相适应的伦理学容量，才可避免伦理关怀的死角。而伦理关怀的死角不仅阻碍社会发展，还往往酿致社会乱源。

伦理学容量对农业系统是不容忽视的伦理学概念。例如，我们传统的农耕文明伦理观，对其他生态系统不予关怀，甚至加以排斥。农耕文明作为一种完整的文化形态始于汉代，由皇权政治与儒家文化相结合而成，是以高标农耕为本、抑制工商为特色的。在这一主导思想下，毁林开荒、水面圩田、开垦草原，自在意料之中。当下为了生态保护，过度动员牧民搬离草原、疍民离开水域、鄂伦春人撤出林区等，使多民族的生存环境剧变、文化多样性受损等等误区，都是因为耕地农业为基础的农耕文明的伦理学容量太小，没有把有关农业系统纳入伦理关怀范畴所致。至于对工商文明、航海文明等，更是加以抵制而渺如参商，全然无缘。农业伦理学容量不足，必然限制某些

系统的发展，阻滞农业的现代化进程。

（三）中华民族农耕文明的地域特色：和而不同

中华农耕文明主要发祥于黄河（绪图10）、长江流域，地处欧亚大陆东部，受东南季风区控制。虽常因季风到达的迟早、强弱而致旱涝不均、冷热不调，但不失其变中不变的基本规律。在变与不变之中，更加丰富扩展了伦理学思维。其生物的繁衍、物候的变化以及以此为依存的人文表达，成为中华农耕文化构成的本初元素。这类文献记载最早、最系统的出现在黄河流域的《礼记·月令》[1]。《礼记·月令》详尽记录了这一地区的农事物候和人文情景。人依据气候的变化、时序的更替，做艰苦细致的管理，力求生存安全。凡属地块的划分，作物的选育、种植与倒茬，畜禽的种类和数量，年景的估测，等等，进行季节的、年际的甚至年代际的精心设计，中产人家寄以"耕读传家久"的期盼。中华民族精耕细作的农业传统由此形成，农耕文明也以这一群体为传承主线。

绪图10　流经青海省贵德县的黄河，流速缓慢清澈见底，有"天下黄河贵德清"之称

（郑晓雯摄于青海省海南藏族自治州贵德县）

其他如江淮流域的水稻蚕桑水产养殖区，岭南地区的林田水产区等，虽各有其时令序列特征，维持各个地区农事的正常运行，但仍与中原地区求同存异，保持了和而不同的中华民族文明特色。

---

[1]　此处管子对道的论述颇类汉以后语言，或为后人所伪托。

（四）中华传统农业伦理构架

在如此广袤和生态多样性的国土上，把众多个体农户组织为中央集权的大帝国，需要有宽严适度、灵活有效的政事管理系统，其核心就是周延"天下"的伦理构架。以儒家三纲伦理系统为主轴，附以法家的策术，佛、道两家的内省修持，构建了"内法外儒"，和"在朝为儒、为法，在野为道、为佛"的伦理模式，统御天下而卓有成效。这是社会上层收获的农业伦理学异化之果，虽属社会伦理学范畴，但与社会经济基础的农业有千丝万缕的关联，或可以"上层打个嚏喷，基层就感冒"为喻。

农业伦理学的研究对象，聚焦于农业伦理系统非异化部分的基底。此乃农业伦理学构建的基石，亦即农业伦理学本体。但社会的城乡二元结构导致城市的脉动，无时无处不牵动着农村的动向，农村多为被动承受方，很少发言权。

（五）中华造神论与西方神造论辩证认知

中华造神论与西方神造论深刻影响各自农民和农村精神生活和组织建设，这是农业伦理学绕不过去的问题。

中华民族的史前时代，民间流传着民族起源的种种传说。至封建社会，出于社会上层统治者的需要，升华为了伦理观的"造神论"。将上古史前时代的生活、生产和管理经验集中到一个人身上，称之为"圣人"，是为"造神论"的肇始。就是后世常用的"托古改制"。所谓三皇五帝、朝代禅让、圣人治世、天下大同说等等学说，都源出于此。尽管在当时历史时期的圣人并非实有，但大体符合历史进程。正如鲁迅所说："至于上古实状，则荒漠不可考，君长之名，且难审知，世以天皇地皇人皇为三皇者，列三才开始之序，继以有巢、燧人、伏羲、神农者，明人群进化之程，殆皆后人所命，非真号矣。降及轩辕，遂多传说，逮于虞夏，乃有著于简策之文传于今。"钱穆在《近代对上古史之探索》一文中，从人类历史文化演进视角进一步说明："中国古代历史传说，极富理性，切近事实，与并世其他民族追述古史之充满神话气味者大不相同。如有巢氏代表巢居时期，燧人氏代表熟食时期，庖牺氏代表畜牧时期，神农氏代表耕稼时期。此等名号，本非古所本有，乃属后人想象称述，乃与人类历史文化演进阶程先后符合。此见我中华民族之先民，早于人文演进，有其清明之观点与合理的想法。"这类"本非古所本有，乃属后人想象称述"的名号，应是大大小小的氏族首领经过漫长的部族兼并后的历史升华。华夏民族的杰出人物系列，如有巢氏、燧人氏、伏羲氏、女娲氏

绪图11　女娲像

（绪图11）以及神农、黄帝等，受到顶礼膜拜，甚至把一个时代的创新发明，都归附于这些人，因而成为具有神的功能的非常人，即所谓的"圣人"。中华农耕文明"造神论"伦理于此生发，而且流传久远，至今仍有难以遏制之势。

西方则把世间万物归之于神的功能，如一神教的基督教，认为上帝创造世界万物；希腊的泛神论赋予众多的神祇掌管世界，而且有一个"神谱"组成的神的网络*。尽管这些神祇都是人间社会的映射，但他们是先验的、不容改动的。因此，可以称为"神造论"伦理观。

这里不应忽略"造神论"与"神造论"的根本区别。前者是以人为本的世界观的准科学思维的归纳，后者是以神为依托的宗教思维的演绎。诚如厄恩斯特·迈尔（Ernst Mayr）所说，"宗教和科学的根本区别是，宗教一般都有一套教条（多半是"天启"教条），对这些教条没有任何其他可供选择或通融解释的余地。反之，科学则实际鼓励有可供选择的其他解释，并乐于用一个学说来取代另一个学说。"[1]。中国的"造神论"与西方的"神造论"之根本区别，甚至可以提高到科学的与非科学的高度来表述。至少如钱穆所说，是

知识链接

《神谱》，纪元前8世纪希腊诗人赫西俄德撰写，讲述从地神盖亚诞生一直到奥林匹亚诸神统治世界这段时间的历史，内容大部分是神之间的争斗和权力的更替。希腊的12主神：宙斯（Zeus），掌管天界；赫拉（Hera），婚姻的保护神；波塞冬（Poseidon），大海之神；哈得斯（Hades），财富之神；德墨忒耳（Demeter），农业女神；阿瑞斯（Ares），战争之神；雅典娜（Athena），智慧女神和女战神；阿波罗（Apollo），太阳神；阿佛洛狄忒（Aphrodite），爱、美之神；赫尔墨斯（Hermes），商业之神；阿耳忒弥斯（Artemis），女猎神和月神，青年人的保护神；赫淮斯托斯（Hephaestus），铁匠和织布工的保护神。

---

*　标"*"处有相关知识链接，以下同。
[1]　恩斯特·迈尔著；涂长晟译.生物学思想发展的历史[M].成都：四川教育出版社,2010:16.

"清明之观点与合理的想法",值得赞许。

但在现实社会中,也不应忽略两者的辩证融通。在人类社会认识水平的某一发展阶段,造神论与神造论可能失去障隔,打开通道。造神论在人类认识水平受到局限或误导时,可陷入个人崇拜的"信仰"首位的伦理学误区。而信仰首位伦理观正是宗教之所以为宗教的主要特征。当造神论的个人崇拜达到宗教般的顶礼膜拜的"信仰"极致时,造神论逻辑地衍生了神造论的宗教意识。至此,造神论与神造论终于合流。中国"文革"的十年混乱即为证明。对于当下世界,华夏文明伦理应恪守造神论的人本思想内核,警惕其蕴藏的个人崇拜宗教倾向的泛滥。

但做更深一层的形而上学考察,以历史唯物论和辩证唯物论做最后审视,造神论与神造论争论的核心在于信仰和理性何者居首。而"道法自然"的"自然"作为最后真理,包容信仰和理性,应为双方所共同认同,或可消弭绵延数千年的信仰与理性何者居首的纷争。

(六)中华现代农业伦理学的多维结构

任何学科都有各自的多维结构[1]来体现其学科的结构与功能的核心价值。中华现代农业伦理学也不例外。

现代农业伦理学的核心价值在于农业生态系统生存权与发展权。农业系统的生存权体现为农业生态系统的持续健康,是为经;农业系统的发展权体现为农业系统的外延发展,是为纬。在这个农业伦理学经纬结构的基础上,需构建农业伦理学大厦的"四梁八柱",即多维结构。其中的维性知识贯穿伦理系统存在的全时空,具有规范、联通伦理系统的功能。我们认为农业伦理系统的多维结构由时、地、度、法四者构成。

1. 其一曰时,重时宜 时是客观存在而又不见形容的物质形态之一。只有当时与具体事务协变时[2],才体现其存在和功能。当它与农业行为协变时,显示时在农业伦理学的存在和功能。在农业伦理学中最广为人知的是"不违农时",这是中华民族对农业伦理的本初认知。从周礼的《秋官·司寇》《礼记·月令》,到诸子百家、坊间杂籍,有关时宜的论述浩如烟海。其基本原理是生态系统内部各个组分都以其物候节律因时而动,无论自然生态系统或社会生态系统都无例外。农业生态系统本身由多界面的复杂作用协调运行,其

---

[1] 任继周,林慧龙,胥刚.中国农业伦理学的系统特征与多维结构刍议[J].伦理学研究,2015(1):92-96.

[2] 任继周."时"的农业伦理学诠释[J].兰州大学学报(社会科学版),2016(4):1-8.

时序之精微缜密，为现代科学所难以穷尽。我们将"时"的农业伦理观归纳为现代农业系统的"时序"——任何生态系统都是有序运行，一旦失序就呈现病态，如全然无序则生态系统趋于崩溃；"时段"——某一时的区限内所发生的农业事件的片段，如历史时段的划分和它们之间的质的蜕变；"时宜"——农事的时间适当契合点；"际会"——由时、地和相关事件三者协同发展的和合状态，是在农业生态系统中众多子系统的"和而不同"协同进化的完美时宜表述，或可称为各类农业伦理要素的时宜升华，可导致外溢效应，扩大某一事件的影响，即我们常说的"风云际会"。际会常有而不常驻，是农业伦理智慧的体用所在。

现代农业系统趋于全球一体化，直至涉及生物圈整体，其时序之繁复更远甚于以往，对天时的遵循敬畏之情为农业伦理之首要。

2. **其二曰地，明地利**　施德于地以应地德。土地为陆地生物滋生的载体。农业生态系统的初级生产无不仰赖于土地。土地既是农业生物的载体，也是农业生物的产物。农业系统的盛衰优劣，土地肥瘠可为表征。华夏族群从诗经时代起，即对土地多有歌颂。《易经》给以理论升华，称为"地势坤，……厚德载物"。周代已有"地官司徒"之专职官吏。管子《地员篇》对土地类型学已有系统论述。中华民俗常以土地为神祇而顶礼膜拜，对厚德载物的土地自应厚养以德。

先民对自己的生存地境由不自觉逐步趋于自觉，对土地的伦理学认知由混沌到清晰，其伦理学解读发展为四重要义：一为地境的地理地带性之伦理学认知；二为地境的类型学之伦理学认知，三为地境的生态学之伦理学认知，四为地境的土地耕作之伦理学认知。其农业伦理学内涵逐层加深、日趋细密、环环相扣，构建了完整的地的农业伦理学系统。在农业伦理学系统中，农业地境的类型学位居中枢。将土地类型学把握准确，农业伦理学的其他三层自有立足处，从而使农事活动融汇圆熟，无所干葛。这是农业伦理学的多维结构中，地为四维之一的枢纽所在。农事活动中一旦类型维有所缺失，则农业必将漏洞百出、破败难收。

我们尤须关注由于地的多重伦理学内涵而衍发的农业多层结构的蕴含。此为将结构简单扁平的传统"耕地农业"伦理发展为结构宏大厚实的现代农业伦理的动因，也是现代农业文明对传统农耕文明的重大发展，应高度重视。

3. **其三曰度，行有度**　在农业伦理学中最广为人知的是"帅天地之度以定取予"。生态系统具有开放性，即农业系统有物质输出与输入的功能。农业活动从而有付出与收获。其中取予之道，应使农业系统能量和营养物质在一定阈限内涨落，保持相对平衡。亦即常在合理差异之内，以维持系统健康，实现生态系统的营养物质的合理循环。我们常以熵变来衡量其有序度。一旦农业系统能量和营养物质入不敷出，突破涨落阈限，农业系统的生机即趋于衰败。中国小农经济时期，依靠农民的精耕细作，农业系统具有较为完善的自组织能力，农业系统的生机历久不衰。进入计划经济和市场经济以后，这种自组织能力丧失，原来小农时代的农业系统的生机陷于迅速衰败之中。因此，由中小农户农业结构到现代农业规模的农业结构，在转移过程中应探索其适当的步"度"规范。

但度在各类社会系统和自然系统中有着更广泛的蕴含。度是无所不在但又不见形容的中性特殊量纲。当"度"与有关事物发生协变时才显示其存在和功能。这一点"度"虽属非物质属性，但协变功能有类于有物质属性的"时"的特征。"度"可以是具体可度量的量纲，也可以是难以度量的主观阈限，即无量纲的"度"。几乎任何事物，无论物质的还是精神的，都可以"度"量之。例如，物质领域的高度、硬度、温度、酸度、碱度等可以不同的量纲加以度量。但有些事务如家畜的肥瘦、大小，年景的丰歉，农事运行的顺逆等都是无量纲的"度"。在精神领域，如在一定情境下表现为高尚、恬淡、荣誉、羞辱以及急躁冒进、迟钝保守，等等，也都内含无量纲之"度"。当"度"与农事结合时，就显示其农业伦理学的含义。最明显的事例就是对自然资源的无度掠夺，以"征服自然"的"豪迈"心态，高喊"人有多大胆，地有多大产"的极其失度的口号，凸显了"度"对农事成败的决定性因素。因此，"度"在农业伦理学中是不容忽视的元素。

4. 其四曰法，法自然　依自然之法精慎管理。"人法地，地法天，天法道，道法自然"。一个"法"字，统领管理之道。法存在于人对农业伦理的正确理解和思维之中。农业管理包含土地和附着于土地的人民，以及农业生产和产品分配的全过程。其中繁复的技术和社会关联需要周到的伦理关怀，而伦理关怀的手段则为层层伦理法网。因此，要保持农业系统的有序运行，不能离开"法"的护持。法的准绳为农业系统中可循的"序"，而法的操作则在于把握"序"的某一节点，即"度"。法为农业系统序与度所构建的网罗概括。

但中国农业从发生之日起，就内涵城乡二元结构的胚芽。这个胚芽随着历史的进程逐步巩固。城乡二元结构的伦理系统的恢恢巨网无所不在。它指引农业生产者做出无私奉献，曾经引导中华民族走过辉煌历程。但为农业伦理服务的法，实质为社会伦理系统的"序"，它不同于刑名之法的法律。农耕文明萌芽之时，法就因"礼不下庶人，刑不上大夫"的思维方式而被扭曲，以非正义形式跛脚而行，但在当时情境下其社会功能表达为利大于弊。当社会进入后工业化时代以后，城乡二元结构已经成为农业发展难以容忍的重大障碍，也难为社会正义所容。我们面对世界经济一体化大潮，各类不同规模、不同层次的农业系统耦合无所不在。时代要求我们突破城乡二元结构，给中国农业伦理学以足够的容量，以众多系统的界面为节点，在不同界面伸出链接键，使系统耦合逐步延伸，将各个子系统逐步连通为整体，以充分利用时代机遇取得发展，显现为现代农业的"法力无边"。

总结上述有关法的论述，可以归结为农业伦理之法的核心是保持事物有序运行的公平与正义，维护农业系统生存与发展的基本权益。至于有条文可籍的法律之法，应为伦理学之法的溢出效应，不属农业伦理学之法的范畴。

概括农业伦理学的四维结构，其中"时"与"地"具有物理学属性，而"度"与"法"则为非物理学的精神属性。农业伦理学从物质和精神两个方面，渗透于农业生产的全过程。农业伦理学中物质的和精神的内涵应予同等重视。我们应深刻反思以往农业发展历程中重物质而轻精神的历史教训，亦即缺乏伦理观导致的时代性失误。任何一个维度的缺失都将危及农业整体。我们应尊重现代科学知识，恪守四维纲要，立足农业系统的牢固基石，引导我国农业走上康庄大道。

小　　结

在漫长的历史进程中，中华民族经过了原始氏族社会、奴隶社会、封建社会和皇权社会，迎来了工业化和后工业化的现代社会。农业伦理学面临时代的新考验。三百年来，人们借用达尔文物竞天择理论，推演为排他性竞争的世界思潮主流。随着社会工业化的发展，在不同利益集团之间竞争愈演愈烈，终于发生了两次世界大战，成为人类亘古未有的自相残杀的悲剧。在这一主流思想影响之下，人类挟其强大的科学技术推动社会工业化的同时，对自然界施以无情掠夺。反映于农业的时代烙印则是掠夺式经营的工业化农业。科学、技术与产业资本三个维度霸占了农业整体，农业的伦理维度被淡忘。人们主要依靠巨额资本和现代科学技术对农业进行工业化改造，超量使用农药、化肥、激素、抗生素等化学物质给农业以深刻重塑。其外在效果是降低农产品价格，增加了产量，以简单的工业化手段，截取农业生态系统的片段予以强度干预，导致农业的畸形怪胎。1949年美国"生态伦理之父"奥尔多·利奥波德（Aldo Leopold，1887—1948）（绪图12）。积毕生的观察与思考，著《沙乡年鉴》（Sand County Almanac，1949），深刻揭示工业化的生态弊端，提出"大地伦理"的思想，是为后工业化时代的启蒙钟声。其后，蕾切尔·卡森（Rachel Carson，1907—1964）（绪图13）于1963年发表了《寂静的春天》(Silent Spring)，进一步引起社会关注。到1972年联合国人类环境会议召开的斯德哥尔摩会议，"联合国人类环境宣言"(United Nations Declaration of the Human Environment)才普遍察觉其世界意义。又过了20年，联合国于1992年在巴西里约热内卢召开世界环境发展大会，会上提出《联合国气候变化框架公约》(United Nations Framework Convention on Climate Change)。此后，以环境发展为主题的全世界峰会成为每年必开的例会，并提出下一步具体任务，把全球防治污染纳入全球性常规议程。因此，我们不妨认为从1949年《沙乡年鉴》的出版，到1992年《联合国气候变化框架公约》的

绪图12　奥尔多·利奥波德
（1887—1948）

宣布，前后历时近半个世纪，为世界从工业化到后工业化的过渡期。此后世界进入后工业化时代。与此同时也发生了与之相适应的"深层生态学"，从理论上阐述了后工业化时代的理论依据。

　　以后，联合国气候变化框架公约参加国[1]每年开会，中国积极参与并付出不懈努力，促成发表多次宣言[2]，制定温室气体减排方案。但全球气候变化是一长期过程，很难短期见效；何况环境污染类型复杂，并非温室气体一端；而且国际不同利益集团常有抵牾，步履维艰。可见环境改善，有待全球合力，长期坚持。中国巨大的农业系统应为改善环境的有力推手。

　　值得我们思考的是从1949—1992年，全世界从工业化到后工业化转型的约半个世纪中，也正是新中国成立、进入工业化的高速发展时期。我们常说中国30年走过了西方资本主义世界300年的路程。但世界工业化的一切收益和苦果也必然在短时期内集中表现

绪图13　蕾切尔·卡森
（1907—1964）

于我国建设和发展中的各个方面。尽管工业化启动时，不少人提出"不要走西方先污染后治理的老路"，但是社会发展、本质上是生态系统的发展过程，其基本规律是难以回避的。我们在获得巨大效益、换来辉煌成果的同时，应该有责任处理工业化遗留的苦果。这也是我们应负担的伦理学历史责任。

---

[1]　United Nations Framework Convention on Climate Change，UNFCCC.

[2]　如《京都议定书》(1997)、《德里宣言》(2002年)、《哥本哈根协议》(2009年)。

问题是我们如何认识已经发生的苦果。不幸的是，我们经常看到用农耕文明的优点来批判工业文明的缺陷。工业文明毕竟是人类文明进步的重要阶段，较之农耕文明，有明显的进步，其历史贡献是不容否定的。当世界工业化文明已经进入后工业化文明转型期的时候，中国还在全速进行工业建设，世界先进国家的污染工业转向到中国，甚至允许工业垃圾向中国转移。中国还没有来得及对后工业文明有所认知，更不会以此为基础对工业文明的利弊加以反思。因而，出现以农耕文明批判工业文明的反历史倾向是可以理解的。但只有以后工业化文明为基础，反省、解决工业文明的缺陷才是历史前进的正道。这是一个顺应历史潮流还是与历史逆向而动的伦理观的考验，不容再度发生历史性错位。

至此，我们应该明确，科学技术本身是无罪的，罪在农业伦理学的缺失，特别是"度"与"法"的缺失，使农业行为缺乏自觉约束。人们甚至妄图以工业理念和手段来取代农业本身的伦理学法则，这种做法将贻害无穷。

我国在数千年的农耕文明的历史长河中徜徉漫游，经历了惊涛骇浪；近200年来，又遭遇来自远海的巨浪撞击，古老的农耕文明遭遇从未有过的震撼。尤其近70年来，我国为了迎接新时代的需求，经历了两次不期而遇的农业结构改革，由于缺乏农业伦理的贮备和自觉，蒙受巨大损失。

中国从传统小农经济的农耕文明，利用30多年的时间快速完成了西方国家300多年的工业化过程，并进入后工业化时期，这里必然存在特有的艰难过渡时期。这一过渡时期内，社会工业化进程中的丰富成果和众多缺陷必然同时显现，无疑他们将集中转化为伦理观问题。

面对这一特殊过渡时期的严峻考验，经过艰苦探索，我们终于找到了自己的出路，这就是21世纪创造人类命运共同体的思想架构[1]。在这个思想指导下，古老的农耕系统必将为现代农业系统所取代，传统的农耕文明势必融合新的因素，蜕变衍发为新的社会文明和现代化新农业。新的农业伦理学必将应运而生，成为现代社会文明的一翼。

中国现代农业伦理学必将与中国现代农业文明相偕发展，两者如影随形、不可分离，共同臻于大成。否则，必将导致社会的时代性伤痛，这已为历史所证明。

我们提出"时""地""度""法"的农业伦理学四维结构，希望它能全方位呵护中国新农业系统的健康、持续生存与发展，并在发展过程中逐步完善而助力新的中华文明的成长。但本书毕竟是缺乏前例的试水之作，有待国内同道通力合作，不断完善。

---

[1] 决胜全面建成小康社会夺取新时代中国特色社会主义伟大胜利——在中国共产党第十九次全国代表大会上的报告 习近平（2017年10月18日）。

第一篇

时之维

导　言

　　"时"是人类感知事物存在和变化的一种方式，它与事物相伴相生，是造就一切事物必不可少的维度之一。"时"，绝对中性，毫无偏私，可与任何事物发生协变而成就事物。如果将"时"这一维度从事物中抽离出去，那么该事物也将不复存在。"时"，具有很强的方向性，只能向前不可后退。李白在《宣州谢朓楼饯别校书叔云》诗云："弃我去者，昨日之日不可留。"道出了千百年来人们对时间已逝、无法重回的感叹。

　　在自然环境中，自然生物似乎比人类更守"时"——时至而生，时过则竭。农业是人类利用自然生物的生长规律来解决自身生存问题而做出的努力。农业生物的生长发育，农业生产的吉凶顺逆，农业系统的兴衰消长，无不与"时"息息相关。春种、夏长、秋收、冬藏，人之事稼穑，必须依时而作、适时而动。

　　"时"与整个农业活动兴衰成败的紧密联系，使得"时之维"成为理解农业、规范农业的首要维度。农业系统中的"时"不仅指"时间"，更有蕴含其中的"规律"。当人类面对生态环境日益恶化、耕地逐渐耗竭的窘境，深刻体会人与自然之间的复杂关系，并通过伦理哲学的升华来对农业进行更深层次的指导是非常必要的。而"时之维"正是开启农业伦理的第一道大门。

　　"时"这一维度本无偏私，但是在人的行为的参与下，便有了"适时"与"违时"之分。这是对人类与自然相处过程中的行为的善、恶以及正义、非正义的判断，这便是伦理。农业是人类在顺应自然的前提下改造自然的行为，"时"也因此演化成为"时宜"。所谓"时宜"，就是人行为的"时"机与事物自身规律的"时"序是否相吻合，人的农事活动对自然生态的"时"机是否有最大程度的尊重。"不违农时"是时宜的表现之一，它要求人的农事活动必须顺应自然，不得违背自然，是对农业"时"序规律的伦理要求。尊重自然，将伦理关怀普及万物，充分实现人的农业活动与自然的和谐统一，是中国农业伦理学的深刻内涵，这也使得"不违农时"成为理解中国农业伦理学的基本出发点。

　　如果说"时宜"是充分尊重自然，不违逆自然规律的客观状态，"际会"就是要发挥人的主观能动性，准确地认识和捕捉到最佳"时宜"的节点。当人的农事活动与"时宜""地利"达到和谐契合时，就是农业生产的完美"际会"。"时宜"与"际会"共同搭建了"时之维"的清晰脉络。

　　本篇在分析"时"在中国农业文化中的特殊含义和农业伦理学的时序观

基础上，详细阐述了从原始社会人类文明的萌芽期到现代社会的转型期，整个中国农业伦理观的历史嬗变过程。并从后工业文明的角度对工业化时期的伦理观进行了理性的反思。正是由于中国农业伦理观具有非程式化的、不固定的、能够依"时"而变的发展变化特性，才使得中国农业伦理学更加科学、可信、可行。

第一章　时在中国农业文化中的特殊含义

时在中国文化中是个大概念，称为天时。《管子·禁藏》篇，"夫为国之本，得天之时而为经，得人之心而为纪"，时是天意的体现，时与人心相骈，是立国之本。时体现一个时代的运行（图1-1）。

图1-1　管子像
（引自华人德《中国历代人物图像集》）

时在农业活动中，无所不在，无时不在。如《王祯农书》所载"盖二十八宿周天之度，十二辰日月之会，二十四气之推移，七十二候之迁变，如环之循，如轮之转，农桑之节以此占之。""不违农时"的蕴意在中国深入人心。

古人的体会是有依据的。任何事物的存在都是时间、空间和物体（或事件）三者的耦合体，失去时的维度，事物将不复存在，时的本体更无从显现。时总是渗透于万事万物之内，相携共生，从不单独面世。时真是"生而不有，为而不恃"[1]，它勤恳地守候事物发生的始终。时的伦理学品格为忠诚无我。

第一节　时的物理学特性与时的量纲

一、时的物质特性

时的物理特性是无象无位、无始无终、无尽永前的。所谓"无象无位"就是时不具任何形象。既然没有形象，当然也就无需位置，不占有任何空间；所谓无始无终，就是没有开始，也没有终结，时是永恒的。"无尽"指时间永不短缺和枯竭，"永前"指时间的增量常为正向，不会负向重返。它的这一属性，在常态下，即牛顿力学条件下，它是绝对中性的，拒绝任何干扰。

---

[1] 任继愈.老子绎读[M].北京:北京图书馆出版社，2006: 22.

因为任何事物当它出现的同时，就带有时的印记，可以说就被时所纠缠而不得解脱。它必然处于一定的时空之内而受时所挟持，并不由自主地开始单向运动。它从原点出发，渐行渐远而无可挽留，更不能折返。因而时给人以冷酷无情的印象。正因为它具有不受干扰，永不回头，而且绝对的客观中性，才可能为我们提供可信赖的信息而不容篡改。时是一切人和事的忠诚见证者。

二、时间观念的产生

　　因为时是无象无位的，所以我们无法辨识。于是人们把时的延续过程加以刻画作为记忆符号，这个符号我们称为"间"。"间"是"时"的人为分割的时序段落，是时的刻度。于是无始无终、无位无象的"时"，因"间"的刻度而具象，这就是我们通常所说的"时间"。这就使人类有了一个细化思维的维度。

　　人类对抽象的"时"给以具象的"时间"思维。这是人类文明的一大进步。我们无法想象，假如世界失去时这个维度，将是何等混沌而无序。

三、时的量纲

　　"时间"概念既然给予"时"以思维的维度，就需有一个度量的量纲。时的量纲（dimension）的制定是用适当的工具测定的时间单位系统。时有了公认的量纲，大家就可以据此而进行资料的生产或思想的交流。

　　随着时代的进步，可供使用的计时工具不同，不同的时代计时系统也有差异。

　　现在时间的国际基本单位是秒（s）[1]。在此基础上，时间划分为毫秒（ms）、秒（s）、分钟（min）、小时（h）、日/天（d）、周（w）、月（m）、年（a），等等。

　　中国古代没有现在的计时工具。周代以前计时器为"漏"（图1-2）。将"漏"分为"昼夜百刻"[2]，是中国最古老、使用时间最长的计时制。每"刻"约相当于14.4分钟，与沿用至今的每刻15分钟近似。

---

[1]　1967年召开的第13届国际度量衡大会对秒的定义是：铯133原子基态的两个超精细能阶之间跃迁时所辐射的电磁波的周期的9192631770倍的时间。

[2]　参见（汉）许慎《说文解字》（卷十一下）"昼夜百刻"，一刻等于14分24秒。

汉代以后，出现圭表制（图1-3），圭为有刻度的平板，表为圭上的立柱，以表的日影在圭上移动的长度及方位计时。"寸阴"[1]之说即源于此。将一昼夜分为12个时辰，每一时辰均分为2，称为"小时"，即通常说的单位"时"。自深夜零时起，依次为子（23：00至翌日1：00）、丑（1：00～3：00）、寅（3：00～5：00）、卯（5：00～7：00）、辰（7：00～9：30）、巳（9：00～11：00）、午（11：00～13：00）、未（13：00～15：00）、申（15：00～17：00）、酉（17：00～19：00）、戌（19：00～21：00）、亥（21：00～23：00）。为便于夜间值班，而将夜间从戌时至次晨寅时的10个小时分做五段，即为五更[2]。

图1-2　广东博物馆藏"铜壶滴漏"
（蔡卫群摄）

图1-3　故宫太和殿前的日晷
（郑晓雯供稿）

尽管计时标准有多种，而且习惯以"时"与"间"两者复合词"时间"来称谓。但我们必须明白这都是时的刻度的表述，而不是时本身。

然而时间并非不可认知，只是它以与其他事物运动协变的方式显现。下面在时的伦理学诠释中将进一步阐述。

---

[1] 参见（南朝梁）周兴嗣《千字文》"尺璧非宝，寸阴是竞"。

[2] 戌时为一更（19：00～21：00），亥时为二更（21：00～23：00），子时为三更（23：00～01：00），丑时为四更（01：00～03：00），寅时为五更（03：00～05：00）。

第二节 时的农业伦理学协变

前面我们说过任何事物都是"时-空-事件的三维耦合体"。当农业活动进入"时-空-事件的三维耦合体"后，就发生时与农业活动的协变[1]。从时与农业活动的状态，可认知农事活动所表现的时的过程，从而认知时的存在。时在与农事活动的协变中，表现了它丰富的伦理学内涵，时序即其主要表现样式。

一、农业时序及农时不可违

农业生物的生长发育，各类农事活动过程，农业社会的运动节律以及农民的日常生活和工作，都有一定的时间序列，我们称为时序，时与农业活动的常规节律密切关联。它表达农业生物和农事活动与天候和地境的和合的自然规律，实为时段的相对间隔和绝对延续的模式。我们常说的不违农时，就是各类农业活动与时序相携而动。

时序包含了农业生物与农艺作业的协和的节点a组合的延续和间断，同时也表达了农艺作业与社会行为的节点b组合的延续和间断，即节点a与节点b之间的协和过程c。由此可见时序是农业生产过程节点a、b、c三者之间的客观程序。这个程序是农业生态系统所包含的自然系统和社会生态系统之间的自组织过程。所谓自组织过程，就是三者在运行中"尝试错误（trial and error）"的成果。与其说是主体行为，毋宁说是被动承受。

对时序的这一认知是很重要的理论基础，即时序基本不是人类设计的产物，而是人类对客观认知的积累，简单地说，就是经验。人们所能做出的最高的成就只能是经验模型，这就是在序这个领域人类"创新"的顶级。因此，人类只能在已经"尝试错误"成果的基础上，做出适合农业生产的决策，或称"设计"；亦即对已有的时序的适应性安排，而"时序"本体是不能设计、更不能创造的。因为a、b、c三者协调的过程至为精妙，远超目前人类能够达到的科学水平。

我们还必须谦虚地牢记"人法地，地法天，天法道，道法自然"，这一系列"法"字构建了人、地、天更高一层的序。人受"地"的规范，地是以地

---

[1] 协变（covariant）：物理学术语，时不为外力所影响，而可与有关事物协同变化。本文定义为：时以其不变的本质与可变的地境和农业活动构成耦合体，从而呈现时的可识性并演绎其农业伦理学意涵。

质年代为计时单位的。地受"天"的规范，天是以天文年代，即光年为计时单位的。它们之间的a、b、c三者协调所得的"序"之繁复，就更难想象了。我们农业系统之序应为人、地、天之"序"，相对于"人法地，地法天，天法道，道法自然"所构成的巨时序，只是很微小的组成部分。

这就使我们进一步认知，人文系统的农业伦理学中敬畏天时的理论根据是多么深厚。华夏文明称之为"不违农时"。

遗憾的是，居然有些因无知而疯狂的人，要修改"时序"以求创新，导致时序混乱、颠倒，曾为社会带来多少悲剧。

二、农业伦理的时宜与际会

适应时序的农业活动，即适时、适地、恰切的农事活动，称为"时宜"。时宜表达了农业活动的正当性，即理性。但在时宜中，还有一种高于正当的时间节点，我们称为"际会"。际会表达事物发生将导致大于时宜效应的溢出效应，即这样的活动将发生更大、更久、涉及面更广的效应。农事活动的际会，刻画了农业活动以宇宙万事万物为参照系相对应的轨迹的特殊节点。宇宙间各类事物存在彼此相关的多种际会。际会涵盖了时、地和相关事件三者协同发展的和合的绝佳状态。

我们对际会不妨理解为时序含有诸多节点，节点与节点之间的时段，可能遭遇农事发展过程的顺利或艰难，表现为际会的顺逆。《周易》也许是人类对际会的杰出构想，它以节的断续和排列，形象地表述各类际会的顺逆关联，并赋予德与非德、善与非善的多重解读。《周易》"极天地之渊蕴，尽人事之终始"[1]。以事物的生发消长为"始终"，推究事物发生的始末际会。先民没有足够的形而上学理论支撑，多取诸自身生命的繁衍生存为譬喻，体悟宇宙生化之道，即所谓"父天母地"，由此认知"一阴一阳之谓道"，"道"化生万物；"天地之大德曰生"。因生生不息而旧物得以翻新，这就是"日新之谓盛德，生生之谓易"。于是阐发为具有鲜明"时"的语境，"日新"的盛德和"生生"不息的序列动态过程，并延而广之为宇宙的脉动之象。所谓脉动既含有相对的间断性，又具有绝对的连续性。由此衍发为以天地为依归的义理，"昔者圣人之作《易》也，将以顺性命之理，是以立天之道曰阴与阳，立地之道曰柔与刚，立人之道曰仁与义。"当天父地母各得其位时，万事万物就"保合太和，乃利贞"，达到宇宙和谐的至善境界。

---

[1] 参见（宋）胡瑗《周易口义》疏曰："以言乎远则不御"之注语。

三、和而不同是际会的必要条件

在农业生态系统中这一至善境界是众多子系统的"和而不同"的适当构建和耦合。这里"和"与"同"是两个很关键的思维范畴。《国语·郑语》中史伯有一段很精彩的论述："夫和实生物，同则不继。"用今天的语言来说，不妨以生态位作比喻。生态位不同的事物，可以发生系统耦合而结合，由结合而生发，是际会之胜选；生态位相同的事物则因生态位的重合而相悖或相斥，由相悖、相斥而离散，而消亡，是际会之败选；如果通过生态位的分离，形成多样的群体，则是际会之成事。世界万物的生发延续，无不依赖际会。生态系统的健康发展，就是生态系统内部各类"和而不同"的生物群相关联的际会序列。因际会具有时的属性，而时是变动不居的，故在农业生态系统中际会常有而不常驻，是事物存在过程的断与续的节点。因此，农事活动需要把握节点，适时而动，不违农时。这是农业活动不可须臾缺失的大法。时序中包含的际会与天地同在、与宇宙共存，是中国农业伦理学中一切行为的总依归。

第三节　农业伦理观时宜的共性

农业伦理观中对时的共性的认知，即时宜的普适性。农业伦理的时宜具有以下普适原则。

一、农业伦理的际会原则

前面我们说到农业行为与时、空三维连续体的完美时宜，是为际会。时宜为我们提供掌握际会的契机。因此，力求建立农业活动的时间、地点和行为的耦合体，是亘古不变的铁律。我们在论述际会的吉或凶、泰或否、良或不良、善或非善、宜或非宜的伦理学评估时，总是以时间为主轴，将地点和行为加以串联，而不是三者并列。农事活动尤应构建以时间维为主轴的"三维耦合体"。因此，时宜所指的时间尺度的刻度，即节点，处于关键地位，亦即不同的时期，有其不同的时宜内涵。

农业伦理不违农时的原则。不违农时就是把握际会。这是中华民族对农业伦理的本初认知。从周礼的《秋官·司寇》《礼记·月令》，到诸子百家的宏富论述，更推及坊间杂籍，与时宜有关的论述浩如烟海，其基本原理为生态

系统内部各个组分都以其物候节律因时而动、协同发展。农业生态系统本身有多界面的复杂的协调运行，其时序之精微缜密，为现代科学所难以穷尽。现代农业系统趋于覆盖全球，直至涉及生物圈整体，其时序之广大繁复更远甚于以往，对天时遵循敬畏之情为农业伦理之要旨。

二、农业伦理时宜的趋同原则

农业社会之所以成为一个肯定的式样而被认知，正是由于对于天时的共同遵循。这种遵循时序的共性，源于农业时序的趋同性，而表现为农业时序节律。农民习惯遵循节律的社会活动，体现为农业社会的众多的节日。而节日都有一定的农业伦理学内涵，因此，节日就是民俗的标志。节日系列构建了中华的历法[1]这个时序量纲的恢恢巨网。它不仅作为时间量纲，构建了广大幅员之内的分散农户的农业生产和生活秩序，还提供了认知农事际会的时间坐标。节日连缀了诸多际会，有助于推行政令、管理生产、组织各项社会活动提供保障，有效地推动了以农立国的中华帝国的有序运行。如把历法比作人与自然、人与社会和谐相处乐章的总谱，而节日则是乐章上的众多音节和音符。显然时序、节日和际会已经成为中华文化滋生的温床。

但我们必须认知，与趋同相偕而生的则是趋异。趋同与趋异是同一思维不可分割的两面。当我们运用趋同原则处理农业伦理问题时，应允许其趋异的可能与存在。即在不同的时段，不同的地域可存在另一个颇多差异的农业伦理系统的趋异聚合。这是农业伦理的趋同与趋异的相生相克，生态系统多样性的辩证法。对异己的伦理观必欲排除而后快，将导致社会的不稳与纷争，如历史上频发的宗教战争，以及某些意识形态之争，都属此类排异行为。

三、农业伦理学的时宜尺度原则

农业是自然生态系统人为农业化的过程，其时间阶段的尺度单位，都对应于自然生态系统和社会生态系统的特定时段特征，因而可分为不同尺度的时宜观。

大尺度的时宜观意指时宜的历史阶段性，即时宜因时代特色而分异。此一历史时期的"适当"也许为彼一历史时期的"非当"，此一历史时期的

---

1 任继周.中国农业史的起点与农业对草地农业系统的回归——有关我国农业起源的浅议[J].中国农史，2004(3):3-7.

"善"也许为彼一历史时期的"恶"。上古以血缘关联的小型氏族群聚为基础，如族群规模过大，则食物源难以支撑。其伦理观必然植根于小规模的、较为简单的族群血缘关联，即氏族社会。在集体至上的原则下，他们在为本氏族谋取福利的同时，遵循丛林法则，盛行族群之间的抢掠和征服。率领本族群取得胜利者被崇拜为民族英雄，树立为道德榜样。史前时代的领袖人物都是这样涌现的。随着氏族群体的繁衍与兼并，强大部族逐步扩大而形成邦国。由于自然环境和生产、生活方式的分异，而产生不同的社会伦理系统。如进入游牧社会和农耕社会并存的历史时期，发生了各自不同的较为繁复的伦理系统。

至于中小尺度的农业伦理观，以《礼记·月令》为例，年分四季，季含三个月；月半为一节气，年有二十四节气；节分三候，五日一候，年有七十二候。各个年、季、节、候相应的农事和农业社会的相关活动构成农业伦理的时序。《月令》中所记述的时序源于黄河流域，且多有不甚恰当的神秘附会，但其思路遵循了中小尺度时段的农业伦理的际会认知。按照所列时序开展活动虽未必全然恰当，但如农事行为违反其时序则常致灾殃。

时的协变，因社会环境的改变，其协变所发生的质量存在巨大差异。按照未来学家阿尔文·托夫勒的概念，以交通工具的改变为例，工业社会初期的协变质量是农业社会的5倍、中期为20倍、后期为240倍，而后工业化时期则高达900倍。这表明社会的发展是以几何级数飞跃发展的。

第四节　农业伦理系统时宜的类别原则

农业系统类别众多，但可归纳为游牧部族及农耕部族两大主要类别。

游牧部族在逐水草而居的基础上，利用广阔的草原地域，逐渐形成适于游动的、以族群生存为基础的"人居－草地－畜群放牧单元"。这是人群与地境、生存资料协同发展的原始农业生态系统。人类最基本的伦理观的原胚即由此形成。他们以放牧系统单元为基础，族群之间兼并盛行，逐步连缀而成大小强弱不等的群聚。族群也随着放牧系统单元的分合而多变，在广袤草原上游移飘忽不定。为了自强自卫，自然形成类似军旅生活的军团组织和适应这一社会管理的伦理系统，其社会伦理观以尊重集体、服从领袖、崇尚丛林原则、尚武掠夺、彰显个人和集体的勇武开拓为荣。其自然伦理观则敬畏自然，对天地万物无不视为神灵。对自然界的自然之物，如山峦、林木、草地、土地、鸟兽，等等，无不具有神秘感而加以崇敬，从而对于自然生态系统客观上具有崇敬爱护意识，于是多神论的萨满教普遍盛行于各个游牧部落。这

是人类宗教的最初形态。随着历史的演变，游牧族群逐渐扩大，发生了多层管理的上下级关系，至成吉思汗时代，在萨满教的基础上产生了"长生天"的最高神权，为众神之首，以支持大可汗的绝对思想领袖的神权地位。

农耕部族则在土地较为肥沃、交通较为方便的大小河流沿河阶地[1]，开阡陌、修田园、建民舍、筑城郭，以大小河流的流域为基础，形成较为稳定的大小不等的村社群聚和与之相对应的较为细致的伦理系统。这是中华农业伦理观的主流，我们将在以下各章展开阐述。

其他部族，如疍民的水上部族，达乌尔、鄂伦春以及岭南地带的林间部族，各有其独具特色的伦理观，其覆盖面虽小，但应予尊重。

---

[1] 钱穆.国史大纲[M].北京:商务印书馆，2010:28.

第二章 农业伦理学的时序观

第一节 农业伦理学的时序属性

一、农业生产时序的常态属性

农事活动时序有其基本规律可循，是其常态性。"春生夏长，秋收冬藏。月省时考，岁终献功。"这类基本规律应该牢记而且要按时检查，切忌打乱其正常时序，陷生态系统于无序状态。农业是以生物生产为基础的，而生物的生长发育是有其时序规律的，这种时序规律是生态系统内众多生物的时序协同进化的际会所在，很难完善模拟，更不能改造。这个生态系统的大时序规律网络，由子系统的时序规律所构成，而子系统内部又有若干生物的时序结构。一如一部大的机器，它的运转由许多零部件配合运转而实现。其中一个零件运行失准，会使整部机器失效。何况生态系统内部的互相关联的灵敏程度远胜于无生命的机器。如"月省时考"，保持其运转正常，则"岁终献功"，得到预期的效果。这是"不言之令，不视之见"。顺应自然，成果可以预期；如打乱其时序，必将手忙脚乱，到处派工作组，劳而无功。《礼记·月令》篇，论述了各个季节逐月应该做什么，尤其发人深省的是还列举了不应该做什么。其具体建议或有未当，但其正反两方面的思想方法颇有可取之处。

荀子说："群道当则万物皆得其宜，六畜皆得其长，群生皆得其命。故养长时则六畜育，杀生时则草木殖，政令时则百姓一，贤良服。……春耕、夏耘、秋收、冬藏，四者不失时，故五谷不绝而百姓有馀食也。"[1]这是从正面阐述农时的重要性。而墨子则从反面对逆时而动者提出警告："春则废民耕稼树艺，秋则废民获敛，此不可以春秋为者也。今唯毋废一时，则百姓饥寒冻馁而死者，不可胜数。"[2]墨子的这段话说得极其深刻，至今对我们仍有所启示。

对农业生产的时序规律的掌握，需熟悉其生态系统中众多系统耦合的际会。而际会的出现受相关因素的制约，因为制约因素是多变的，际会也是难以捕捉的，这需做艰苦细致的长期研习，不能期望一蹴而就。

---

[1] 参见《荀子集解·王制第九》，王先谦.荀子集解[M].北京:中华书局,1954(2006年重印):105.

[2] 参见《墨子·非攻中第十八》，孙诒让.墨子间诂[M].北京:中华书局,1954(2006重印):82.

二、农业系统生态保护的时序属性

生态健康需要及时维护，其实践性很强。早春季节，"命祀山林川泽，牺牲毋用牝。禁止伐木。毋覆巢，毋杀孩虫、胎、夭、飞鸟，毋麛毋卵。……毋变天之道，毋绝地之理，毋乱人之纪。"否则，靳丧自然，伤及物种的繁衍，就是"绝地之理""乱人之纪"，犯了伤天害理的罪过。仲春之月应"毋竭川泽，毋漉陂池，毋焚山林"。因黄河流域多春旱，其目的在于保持土壤水分。初夏时节野兽产子，"驱兽毋害五谷，毋大田猎"，即使野兽为害五谷，也只要驱赶不要猎杀。

图1-4 《蒙古秘史》
（引自额尔登泰，乌云达赉赟《蒙古秘史》）

对于耕地农业来说，孟子有一段广为人知的话，"不违农时，谷不可胜食也；数罟不入洿池，鱼鳖不可胜食也；斧斤以时入山林，材木不可胜用也。谷与鱼鳖不可胜食，材木不可胜用，是使民养生丧死无憾也。养生丧死无憾，王道之始也。"

游牧民族的伦理观体现了对自然资源的爱护和周到。例如，游牧民族按照时节利用草地放牧，以保持草畜两旺*。他们把野生动物视作自然界仓库中的食物，猎取要有时**、有度***，不能随意浪费。"若夫射猎，虽夷人之常业，然亦颇知爱惜生长之道，故春不合围，夏不群搜，惟三五为朋，十数为党，小小袭取以充饥虚而已"[1]。《蒙古秘史》记载"途中会有很多猎物，记住打猎时要有远见，只当猎物作补粮，禁止手下随心杀害。"[2]违者处以适当刑罚（图1-4）[3]。

知识链接

《察哈尔正镶白旗查干乌拉庙庙规》：放羊人在夏季早晨太阳出来时出牧，到晚上太阳落山时归牧，冬春季早晨太阳升到半个乌尼杆子（用于支撑蒙古包伞形结构的木棍）高时出牧，下午太阳到陶脑（蒙古包的天窗）下指高时归牧。放牧人放牧时要注意查看四季的草色，选择最好

[1~3] 参见任继周.中国农业伦理学史料汇编[M].南京:江苏凤凰科学技术出版社，2015:358.

的水草放牧。遵守这个规定如果繁育增长牲畜，根据放牧人增殖的程度赏给马、牛。如违犯这个规定不执行，就取消那个人的吃穿，让他自力过活。参见任继周.中国农业伦理学史料汇编[M].南京:江苏凤凰科学技术出版社，2015:363.

知识链接

《元典章·三十八·兵部》：在前正月为怀羔儿时分，至七月二十日休打捕者，打捕呵，肉瘦皮子不成用，可惜了性命。野物出了践踏田禾么道，依在先行了的圣旨体例。如今正月初一为头至七月二十日，不拣是谁休捕者，打捕人每有罪过者，道来。圣旨，钦此。参见任继周.中国农业伦理学史料汇编[M].南京:江苏凤凰科学技术出版社，2015:358.

知识链接

《喀尔喀吉鲁姆·1746年条约》：实巴噶塔因奇喇、桑衰达巴、楚勒和尔诸墓以上各地附近之兽不得捕杀。捕杀者按旧法典处置；……每月之初八、十五、十八、二十五、三十概不得宰杀牲畜。若有违犯宰杀者，见者即可夺取其宰杀之畜收归己有，并至法庭作证；不得杀死健康（无病、未残废、无残疾）之马、埃及鹅、蛇、蛙、海番鸭（婆罗门鸭）、野山羊羔、百灵鸟及犬。若有杀死者，见者可夺取其一马。参见任继周.中国农业伦理学史料汇编[M].南京:江苏凤凰科学技术出版社，2015:361.

第二节 农业伦理学的时序阐释

关于农业伦理学的时序阐释，较早见于文献记载的是春秋时期的《周礼·秋官司寇第五·柞氏/薙氏》"柞氏掌攻草木及林麓。夏日至，令刊阳木而火之。冬日至，令剥阴木而水之。若欲其化也，则春秋变其水火。凡攻木者，掌其政令。薙氏掌杀草。春始生而萌之，夏日至而夷之，秋绳而芟之，冬日至而耜之。若欲其化也，则以水火变之"。这段话的译文为"柞氏负责伐除草木及山脚的树林；夏至那天，命令剥去山南边树木（接近根部）的皮而后放火烧；冬至那天，命令剥去山北边树木（接近根部）的皮而后放水淹；如果想使（伐除草木后的）土质变化改良，就在春秋季节用水渍火烧的办法来进行。国家需要砍伐树木，由柞氏掌管其政令。薙氏负责（农田）杂草防除：春天（地里）杂草刚长出来，用犁头把草翻埋到土里，夏天用锄头把草锄死，秋天用镰刀刈割杂草使其不能结籽，冬天用铁锹深翻土地把杂草掩埋地里沤肥；如果想使（除草后的）土质改良，就用水渍火烧的办法来进行"。

这段文字记录了中国春秋时期"刀耕火种"农业用地的管理政令，其核心思想是用"顺天时"的遵循敬畏之情来管理农田用地，实现林业和农业生产的可持续发展。在这些农业生产管理中，始终体现着时间维度上的有序性，即根据一年四季气温、降水之度的变化，来进行林木和杂草的管理，从而改善农业生态系统的有序结构。同时，也根据林木和杂草生长之度的变化，进行适度的田间管理，促进农业生产的有序发展。如果进一步用农业伦理学的原理阐释，只有在时间维度上保证农业生产管理的适度原则，才能维持农业生态系统的有序发展。

第三节　农业伦理学的时序表征

一、系统时序性的表征

尽管中国传统伦理观中有较多关于农业生产的时序性论述，但是农业伦理学的时序特征的科学阐释还需借助现代科学理论，即耗散结构理论。该理论认为，时间维度上的有序结构是开放系统（负熵）的主要特征之一；一个远离平衡态的开放系统，在外界条件发生变化达到某一特定阈值（度）时，量变可能引起质变，系统通过不断地与外界交换能量与物质，从原来的无序状态转变为有序状态（序），这个过程就是系统随时间变化的"涨落"过程（图1-5）。当系统处于平衡态或接近平衡态，"涨落"是破坏其稳定有序的一种干扰；偏离平衡态的开放系统通过涨落，在越过临界点（度）后系统自组织成耗散结构，非线性作用使系统的"涨落"放大而达到稳定有序的状态。从这个科学阐述来看，时间维度上"度"决

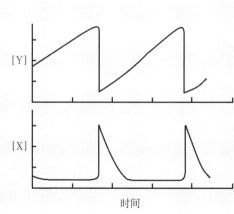

图1-5　开放系统随时间变化的"涨落"过程
[引自[比]伊·普里戈金（I. Prigogine）、[法]
伊·斯唐热(I. Stengers, 1987)]

定了"序"，只有"适度"，才能"有序"。

对于有序度的时间问题，普里戈金(I.Ilya.Prigogine)（图1-6）等在其著作《在时间与永恒之间》(Entre le Temps et l'Eternité)中写到"时间问题——时间流的维持、产生和消灭——一直处于人之焦虑的核心。许多推测对新奇思想提出了疑问，确认了因果之间无情的联系。多种多样的神秘学说否定了这个变动不居的不确定性世界的实在性，界定了逃离生命苦难的理想的存在。我们知道，在古代，时间的轮回思想有多么重要。但是，如同季节的循环或者人类的世代更替一样，这一向源点永恒的复归本身就被时间之矢打上了烙印。从来没有什么推测或者学说确认为与无为之间的等价性；在发芽、开花到死亡的植物与死而复生、变得年轻以至复归为种子的植物之间；或者在长大和求知的人与返老还童，变为胚胎，最后变为细胞之间"。

图1-6 普利戈金（1917—2003）
（引自[比]伊利亚·普里戈金著；曾国屏译《未来是定数吗？》）

以生物个体为例，普利戈金的耗散结构理论阐明，生长阶段系统的有序度不断增加，从一种有序状态变化到更高级的有序状态；成熟阶段系统继续维持有序状态；衰亡阶段系统的有序度下降，短期内局部熵积累过多，出现病态甚至死亡。这是生物界中普遍存在的时间维度上"度"决定"序"的关系，即在生命过程中由于熵变大小（度）而产生的有序和无序变化。因此，薛定谔(Erwin Schrödinge)（图1-7）在《生命是什么？》一文中论及"生命之所以能够存在，就在于从环境中不断得到'负熵'……有机体是依赖负熵为生的"。在正常生理过程中，有机体

图1-7 埃尔温·薛定谔（1887—1961）
（引自沃尔特·穆尔著；班立勤译《薛定谔传》）

内部借助新陈代谢的作用，把细胞或机体中陈旧、多余的或有害的物质分解，把衰老、垂死的或受伤的组织成分拆除，释放其中的能量（正熵），使有机体内部有序结构不断遭到破坏，由有序趋向无序。但与此同时，有机体又通过合成代谢从外界吸收物质和能量，引进负熵，建造自身结构所需要的组织成分，以替代被拆除的组织成分，产生新的更高层次的有序状态，使无序趋向有序，从而使有机体保持正常的生命活动。生命过程不仅仅表现为终究要死亡，从有序走向无序，但在生存与死亡的过程中，它要完成繁衍后代和自身生存的自然使命，必须从环境中得到负熵以保持生命力。

二、农业生态系统时序性的表征

作为人与自然共同组成的复合生态系统——农业生态系统，也像有机体一样存在时间维度的有序结构，系统如果受到外界的过度干扰，内部有序结构不断遭到破坏，就会由有序趋向无序。但自然赋予生命力的复合生态系统从外界吸收物质和能量，引进负熵，使无序趋向有序，从而使其保持正常的运转状态，这就是适度原则下的协同作用或协同效应的结果。中国最早提出本于自然的"天人相协"，尔后发展成为"天人合一"，就是协同思想的最佳体现。"整体和谐""有机统一体"是中国协同思想的基本特征。英国著名的科技史家李约瑟（Joseph Needham）（图1-8）认为，中国科学思想的一个独特贡献，就是确立"自然有机体论"（nature organism）或"自然的有机概念"（organic concept of nature）。耗散结构理论的创立者普里戈金在其著作《探索复杂性》（Exploring Complexity）中写到："只要对于中国文化稍有了解，就足以使访问者感受到它具有一种远非消极的整体和谐。这种整体和谐是由各种对抗过程间的复杂平衡造成的。一种类似的情景将以非平衡下的物理定律的当然结果而到处呈现出来"。普里戈金还指出："中国传统学术思想是着重于研究整体性和自发性，研究协调与协同。现代科学的发展符合中国哲学思想。他预言西方科学与中国文化对于整体性、协同性理解的很好结合，将导致新的自然哲学和自然观"。"道法自然""天人合一"思想是中国两千多年的哲学

图1-8 李约瑟（1900—1995）
（引自[英]西蒙·温切斯特著；潘震泽译《爱上中国的人：李约瑟传》）

思辨之最高境界，强调了人与自然复合系统在时间维度上的有序结构。这个哲学思想由《周易》发端，一直延续至今。

三、中国传统农业生产中的农业时序观

中国传统农业遵循的"顺天时"的基本原则就是农业伦理学的时间维度有序度的最好诠释，这个基本原则不仅阐释了独具东方特色的耕作技术体系，而且还充分体现了农业生产中的生态伦理甚至是德性伦理。据《周书·苏绰传》记载："夫百亩之田，必春耕之，夏种之，秋收之，然后冬食之。此三时者，农之要也。若失其一时，则谷不可得而食。……若此三时不务省事，而令民废农者，是则绝民之命，驱以就死然。……三农之隙，及阴雨之暇，又当教民种桑、植果，艺其菜蔬，修其园圃，畜育鸡豚，以备生生之资，以供养老之具"（图1-9）。这是个体农家在"道法自然""天人合一"规范下的生活写照。

图1-9 苏绰像（498—546年）
（引自华人德《中国历代人物图像集》）

2016年11月30日，中国的"二十四节气"被正式列入联合国教科文组织《人类非物质文化遗产代表作名录》，是"顺天时"的最佳表征。它是中国先秦时期开始订立、汉代完全确立的用来指导农事的补充历法。通过观察太阳周年运动（图1-10），认知一年中时令、日照、物候等方面的变化规律，总结形成时序观念，以此科学指导农业生产活动，如"雨水""谷雨""小满""芒种"等。在汉代，古人用阴阳五行的运动来解释二十四节气的流转。在一年四季中，春夏时节阳气上升、阴气下降，万物生长；秋冬时节阳气下降、阴气上升，万物凋零。南宋时期，将审美的元素加入二十四节气文化之中。二十四节气的内涵进一步丰富，表现了中国人对生活的思考。生活不仅是物质层面需求的满足，更有精神层面的需求满足。受人与自然和谐观念的影响，中国古人认为人的生活状态与时序变动相适应时，方能维持平衡。所以，节气文化中又进一步生发出养生内容。从农业伦理学来看，二十四节气是中国先民长期经验的积累成果和智慧的结晶，体现了时间维度上气温（高低）和降水之度（多少）造就的农业活动之时序。

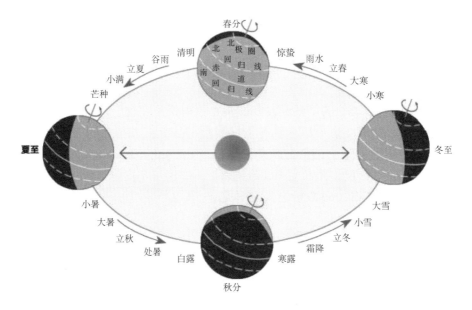

图 1-10　中国的二十四节气

二十四节气充分体现了季节更替和作物候节律的对应关系，即中国传统文化中的时宜性。同样的，中国历史上北方（新疆、青海、甘肃、内蒙古、黑龙江、吉林）和西南（西藏、云南、四川、贵州）牧区的牧养民族总结出了随季节变化不断迁徙的"逐水草而居"的牧业生产方式。这种生产方式是现代季节畜牧业的雏形，即随不同季节牧草和水源的可获性在不同牧场（如新疆的春-夏-秋-冬牧场的四季畜牧业、内蒙古的冬-春秋-夏草场的三季畜牧业、青藏高原的冬春（冷季）-夏秋（暖季）草场的两季畜牧业）间移动家畜，以保证家畜的正常生长与繁殖。这种牧业生产方式充分体现了农业伦理学时间维度的有序结构，即时间维度上的气温（高低）和降水之度（多少）同样决定了牧业生产活动之时序。

第三章　史前时期的农业伦理观

农业是自然生态系统被人为农业化的产物。而人类社会发展是有阶段性的，因而人在不同的历史阶段有不同的农业伦理观。社会发展阶段是不可逆的，因而农业发展的阶段和它所附丽的农业伦理观也是不可逆的。某些旧的伦理观尽管有其可取之处，但如企图照搬则属非当。这种伦理观的发展过程尽管有时较快即短节间，有时较慢即长节间，但总体是渐变的、正向发展的。所谓渐变就是旧新伦理观的交替是"方生方死，方死方生"的蜕变过程。这一过程的本质就意味着新的伦理观从旧的伦理观中衍发而生。其中必然含有旧的伦理观基因，这就是新旧伦理观的继承与发展的必然链接。以往的农业伦理观中有生命力的"基因"得到保留与继承，但不会是整个伦理系统的复制，这是蜕变的实质。"周虽旧邦其命维新"，这是指旧有的优秀基因的传承与发展，而不是旧秩序的重复。

纵观我国农业发展历史的农业伦理观，可把农业的发展史分为史前时代、历史时代两大部分。在历史时代又分为前工业化时代、工业化时代和后工业化时代几个阶段（图1-11）。以此类推，农业的时宜观更替多样，难以备述。而农业伦理学也随着不同历史阶段的演进而嬗替。

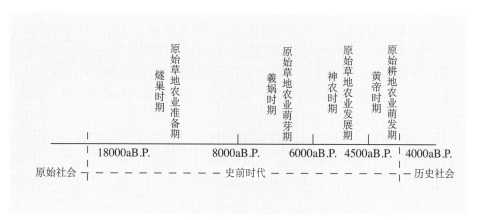

图1-11　华夏族群原始社会的历史分期
（引自任继周《中国农业系统发展史》）

第一节　原始氏族社会伦理观

原始氏族社会处于人类文明的黎明时期。这时没有私有财产，氏族群体在各自的领袖领导之下，保护领地，抵御外族侵犯，一如兽群在兽王统领之下占有自己的领地。所不同的是人群具有区别于兽群的社会性。氏族成员将渔猎采集所得交由氏族领袖平均分配给本族成员（图1-15）。氏族领袖对本氏族领导的权力为自发形成。因没有私有财产，当然氏族领袖也不存在享有财物的特权，但可能拥有某些领袖个人的生活特权，如兽群中对异性的占有权等。但总体上人是平等的。在中国相当于夏代以前的原始部族社会，大约经过了14 000年（距今18 000—4 000年），在这一漫长的黎明时期，从石器时代到陶器时代，积累了不少生活、生产和管理经验。后来学者比今拟古，发生许多美好

图1-15　原始社会生活场景
（郑晓雯摄）

传说以寄托对前景的幻想。如果说这一时期对农业伦理学有什么贡献，那就是积累了原始社会的伦理习俗，如对氏族领袖绝对服从、崇敬英雄、抚育后代等。这些都是有益集体的伦理元素。至于失去劳动力的老人或病人，因食物的短缺多被遗弃，或自杀或被协助自杀。例如，美洲的印第安人，当部落迁移时，将老人和病人留在原地，留一些水和食物，如果病情好转能够行动，就追赶部落。但这些弱者多半就地死去，或死在追赶部落的路上。西伯利亚的库科奇人、北美的印第安人等多处部落老人选择自杀或被协助自杀。如西伯利亚的库克人，"被自杀"者受到称赞，向他祝福来世幸福，老人的妻子将其紧抱膝上，另外两人将"被自杀"者勒死。更普遍的是被直接杀死[1]。

第二节　中国史前时期农业伦理观发展阶段

一、燧巢时期*

大约在更新世晚期到全新世早期，人类处于野蛮时期，以血缘关系组成

---

[1]　[美]戴蒙德著;廖月娟译.昨日之前的世界[M].北京:中信出版社，2014:168-170.

小型氏族群聚，以渔猎采集为生。如图1-11所示，从18 000aB.P.—8 000aB.
P.之间，跨越时段约1万年。这时的人类已掌握用火，进入熟食阶段，被公认
为是人类文明的启蒙阶段。据华夏地区传说，称为燧人氏和有巢氏时期，可视
为华夏文明的开端（图1-12），形成了自发的氏族首领与被领导的伦理关系。

图1-12　燧人氏取火雕像，
　　　　　河南商丘燧皇陵前
（李红军摄）

图1-13　伏羲像
（刘焕章创作，胥刚摄）

二、羲娲时期

在纪元前10000年到3000年前后，末次冰期结束，全球洪水泛滥。进入
传说中的历史创世纪时期。华夏民族以伏羲（图1-13）、女娲夫妇为代表，进
入羲娲创世纪阶段（10000aB.P.—6000aB.P.），跨度约4 000年。即传说中的女
娲炼石补天，相当于西方诺亚方舟的传说，这是中国"造神论"与西方"神
造论"最早的分异。伏羲被认为是华夏先祖从蒙昧走向文明社会的转折点。

知识链接

《尚书大传》记载："遂人以火纪，火，太阳也。阳尊，故托遂皇于
天。"《韩非子·五蠹》记载："民食果蓏蚌蛤，腥臊恶臭，而伤害腹胃，
民多疾病。有圣人作，钻燧取火，以化腥臊，而民说（通"悦"）之，使
王天下，号曰燧人氏。"《太平御览》卷八七从其说。人工取火有多种方
法，但钻木取火法为历史所接受。有关钻木取火最早的记载，应为孔子，
他说："钻燧改火，期可已矣"。

构建了"草地－畜群－人群"和谐相处的伦理学格局。渤海湾地区发现了红山文化，长江三角洲发现河姆渡遗存，已经栽培水稻并养猪。华夏多个各自独立发展的氏族集团逐步扩大，但土地归属的概念并不突出。

三、神农时期

大约在6000aB.P. ～ 4500aB.P.，继羲娲时期之后。时间跨度约1 500年。地球仍然处于末次冰期以后的暖湿期。先民在原始放牧畜牧业的基础上，开发了一些农耕土地，种植牧草或作物。渤海湾出现红山文化，及其后继的龙山文化，黄土高原出现仰韶文化，长江流域出现良渚文化和大溪文化。此为农业伦理观的启蒙期。

四、黄帝时期

在4500aB.P.—4000aB.P.，历时500年。在这一阶段，华夏文化史发生了一次影响久远的重要

图1-14　神农执耒画像石

事件，即炎帝与其内部势力强大的黄帝族群发生战争。结果黄帝取得领导权，炎黄两大氏族融合，在黄土高原和华北地区建立了强大的邦国，是为"炎黄民族"称谓的由来。炎黄族群在众多游牧民族的包围和侵扰中，开辟部分农耕地块，是为含有耕地的草地农业的肇始。为了治理这一特大邦国，产生了远较羲娲时期更完备的管理系统。其伦理学特征可归纳为氏族与居留地的土地归属观的深化认知；建立了邦国管理系统；在周围游牧民族的包围和强力干扰中，初步发展了当时含有耕地的草地农业和相关的多层管理系统；随着这一系统的逐步完善和俘获的大量战争俘虏，发生了奴隶制度的萌芽；新的生产和生活方式，催生了较高的生产水平和文化水平。黄帝领导的炎黄族群经历尧、舜、禹的禅让过渡阶段，使社会政权平稳过渡，社会在稳定发展中，文化和生活水平获得巨大提高。这时家畜和作物种类，以及生产和生活工具已基本具备。中华农业经营区域的格局（参见本书第二篇第三章第三节）也已基本形成，以黄帝氏族为主体的邦国社会已经居于黄河流域的统治地位。为夏朝政权的建立和奴隶社会奠定了基础。这一时期或可称为氏族社会到奴隶社会的过渡期。

第三节　　中国史前时期对伦理观的重大贡献

中国史前时期历经燧巢时期、羲娲时期、神农时期及其后继的以黄帝为代表的炎黄融合期，历时约18 000年，农业发展取得巨大进步，人类从野蛮时期逐步进入文明时期。在这一漫长的史前阶段，炎黄族群对华夏文明及其所内涵的农业伦理观做出了重大贡献。

其一，在共同与异族和洪水等自然灾害的斗争中，炎黄部族充分融合，形成团结和谐的炎黄民族，为后世中华文明及其伦理观的发展奠定了牢固基础，对中华民族的成长壮大作出不可磨灭的历史性贡献。

其二，实现了史前时期女权社会向男权社会的过渡。羲娲时期华夏民族的创世纪阶段，女权还居社会的主导地位，但男性伏羲氏已是生产的主力。后经长期过渡，尤其战争频繁、炎黄融合阶段，遂完成了从女权社会到男权社会的转移过程。

其三，黄帝时期建立了较为完备的邦国体制，其间产生的代际和平禅让制度，创立了人类政治文明的范例，在人类文明发展史上大放异彩，迄今为世人所赞美称道。

其四，随着邦国制度的建立，农耕制度的兴起，民族与土地的归属感破土而出，民族与居住地的精神依恋日趋牢固。这一特征贯穿于中华数千年农耕文明中，成为后世中华民族凝聚力不可或缺的源泉。

其五，中华文明的"造神论"初露头角。洪荒年代，面对洪水的危害，女娲炼石补天以止洪水下注，燧人氏钻木取火保留火种，使人类进入熟食阶段并为世人照明。后世炎黄民族习于将一切推动社会进步的创造发明和世间善举归功于一位"圣人"，是为"造神论"的滥觞。"造神论"对华夏民族的影响至深至远。

其六，华夏民族形成了"龙""凤"图腾。华夏族群的北半部形成以多种动物特征组合的"龙"图腾。长江流域则形成以孔雀为基础的"凤"图腾。二者均非实有，产生于想象中，以便易被各个已有图腾族群者所接受。这体现了华夏文化求同存异的高度智慧。"龙""凤"图腾至今仍为全球各地中华族裔所尊崇而流行不衰，可见其凝聚力之强大而久远。

第四章　历史时期的农业伦理观特征

华夏农业文明的历史长河，经过了漫长的历史过程，从更新世开始，到全新世黄帝时期的末期，从史前时代到历史时代，自觉或不自觉地，在农业社会（包括种植业、养殖业、渔业等）中探索了遵循农业伦理学中"度决定序、序表征度"的辩证关系，才使中国农业文化永续发展、延续至今。

第一节　奴隶社会的伦理观

奴隶社会脱胎于采集渔猎和游牧的原始农业社会，大约发生于黄帝时代末期，到殷商武丁时期（前1250—前1150年前后）。这一时期奴隶主统治以家庭为生产和生活单位的奴隶，经营小片土地，只有少量私有财产，渔猎和种植所得产品统归奴隶主所有。奴隶主视奴隶为个人私产，有生杀予夺的绝对权力。活人殉葬之风盛行，将俘获的外族成员作为奴隶，部分从事劳役，甚至可随时宰杀烹食，如畜养的牛羊。在广大草原地区出现少量耕地农业。为了适应耕地农业的需要，部分族群的生活方式从草地农业的游牧生活转为定居农耕。其时游牧业仍占有绝大比重，属于草地畜牧农业和耕地农业的复合农业系统。在广大草原畜牧部落中杂有少量农耕聚落，城邑与乡野的区分还不甚明显，奴隶社会的城乡二元结构伦理观处于萌芽阶段，但已经显露特色。

其一，各个农耕族群占有较为稳定的地域，土地和人群的部落归属概念进一步强化。随着土地与附着其上的人口不断增长和凝聚，这种部落归属观念逐渐演化为融合了血缘、地缘和文化等因素的乡土、宗族和邦国等群体观念，萌生浓厚的故土意识。有了较为庞大的居住聚落。如辽宁牛河梁遗址，发现聚落之中有家庭结构和公家聚会场所，还有女神庙（图1-16）及女神头像（图1-17）等，显示当时处于女权社会。特别值得注意的是发现多种玉器（图1-18），为华夏文化崇尚玉器的滥觞。

其二，女权社会向男权社会转变，伏羲与女娲夫妇可并称为羲娲时代[1]即为明证。

---

[1]　任继周.中国史前时代历史分期及其农业特征[J].中国农史，2011(1):4-14.

其三，有了较稳定的夫妻关系组成的家庭，财产私有概念初步形成。

其四，初现男耕女织的社会分工。其社会的道德意识局限于生活资料的占有与分配，部落之间争取生存与发展的领地被视为全族群成员的义务。"丛林法则"进一步体现。

图1-16 辽宁牛河梁遗址女神庙遗址

（引自郭大顺主编《牛河梁遗址》）

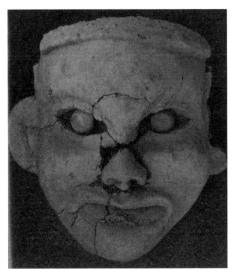

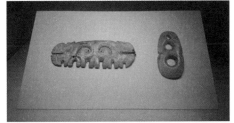

图1-17 辽宁牛河梁遗址女神头像

（引自郭大顺主编《牛河梁遗址》）

图1-18 辽宁牛河梁遗址出土的多种玉器

（国家博物馆藏，郑晓雯摄）

其五，部族的英雄人物在人与自然的抗争以及族群斗争中产生，并逐步成为部族的代表人物。部族伦理关系有较强的自发性，部落领袖在奴隶主与一般奴隶的各项习惯性分层关联的网络式伦理系统中，尚不具备礼仪范式和清晰契约问责性质。但已发生奴隶主的大小高低层次，组成了较为庞大的族群管理结构，处于人类文明的原始萌芽阶段。此为后继的封建等级制和巩固其高层领导权威的"造神论"的伦理学基础。

其六，华夏族群对玉器有所偏爱，有大量玉器、陶器和青铜器遗存，并有冶炼铜的遗址。辽宁牛河梁遗址出土的"卷龙"（图1-19），全身卷曲如环，吻前突出形似猪首，被认为是我国"龙"的最早雏形。1971年，内蒙古赤峰市翁牛特旗三星塔拉出土的"碧玉龙"，身体弯曲如拼音字母C，头部带有猪吻，与"卷龙"造型颇有相似之处。因此也有学者认为，"碧玉龙"是在"卷龙"的基础上演变而来的[1]（图1-20）。"碧玉龙"是目前我国现已发现的体积最大的龙形玉器，为红山文化的代表，有"天下第一玉龙"之称。

图1-19　红山文化卷龙
（辽宁牛河梁遗址出土，国家博物馆藏，闫岩摄）

图1-20　红山文化碧玉龙
（1971年内蒙古翁牛特旗赛沁塔拉出土，国家博物馆藏，郑晓雯摄）

第二节　封建时期的农业伦理观

一、西周礼乐时期（前11世纪中期至前771年）

奴隶社会的后期，即商朝末期，西周取代商朝建立了封建王朝，是为礼乐时期之始。其伦理系统的高层自认为受命于天，故周王为"天下"共主，

可直辖较多的土地和相关属地的奴隶。封建伦理的特征就是将所属的"天下"的土地和附属于土地的庶民分封给不同等次的贵族，以血缘亲疏关系为主，兼及对王朝有贡献的有功人员。共主享有宗主权，即所谓"普天之下莫非王土，率土之滨莫非王臣"。享有宗主权邦国的最高统治者与所辖族群发生伦理关系，是为以"君父""臣子"相称的君臣关系。这种君臣关系不能越级，如属于诸侯的大夫只与其直属上级诸侯有君臣关系，士只与直属大夫有君臣关系，与越级封主无涉。按照血缘关系和对邦国贡献的大小，设公、侯、伯、子、男五级。诸侯对受封属地及其子民享有世袭所有权。诸侯以下可逐级分封为"大夫"及"士"。大夫和士无权再度分封，只能任命家臣协助属地管理。诸侯之君称公，其下设卿[1]，是为"授土授民，分封建制"的封建一词的由来。此时城乡二元结构已形成，贵族居城堡，管理乡野土地与附着于土地的农民，并掌握产品的分配权。农民居乡野，在贵族管理之下，保卫城堡安全并从事生产与负担劳役[2]。正如后世孟子所追述："无君子，莫治野人；无野人，莫养君子"。此为城乡二元结构的萌芽[3]。城邑中的贵族即君子，和乡野中的野人即庶民，两者构建了生存共同体，互为依存，并自发地发生相应伦理学关联。这类伦理学关联的发生与发展过程逐步趋于完善，诠释日益周密。

以贵族为主导的庶民在强大王朝政权的保护下，遵循比较稳定的伦理系统，过着男耕女织、日出而作、日入而息的自给自足的生活。如有盈余则"日中为市"，以物易物互通有无，是为商品流通的雏形。此时已有纺织、酿造、冶炼、雕琢等手工业者出现，社会开始了农、工、商业的初步分工。随着社会产业结构的发展，管理范围的扩大，管理层次的复杂，社会需要伦理系统来规范人际关系。这就是长幼有序、亲疏有别的家族式的伦理关系。"家族制度过去是中国的社会制度。"[4]这个社会的轴心是个人在家族中的地位。社会的伦理结构就是个人家族地位的扩大和演绎。这种家族等次关联的形态就是"礼"。礼维系封建道统的尊严，辅以粗糙的强制性刑罚，维持了邦国秩序的正常运行。孔子对这一时期的追述："道之以政，齐之以刑，民免而无耻；道之以德，齐之以礼，有耻且格。"还说："不敬无礼，无礼不立。"甚至说到

---

[1]　楚国称令尹，或相，秦曾称庶长、不更。卿之官职，有司徒、司马、司空、司寇等，分掌民事、军事、工事、法事。

[2]　参见任继周.中国农业系统发展史[M].南京:江苏凤凰科学技术出版社，2015.

[3]　参见任继周等.中华农耕文明伦理观的历史足迹及城乡二元结构伦理溯源[J].中国农史，2013(6):3-12.
　　任继周等.中华农耕文明伦理观的历史足迹及城乡二元结构伦理溯源（续）[J].中国农史，2014(1):13-20.

[4]　参见冯友兰.中国哲学简史[M].北京:北京大学出版社，2013:21.

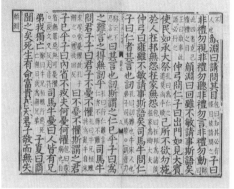

图1-21 （三国·魏）何晏撰（唐）陆德明释
文《论语集解·颜渊》
（元岳氏荆溪[嫠]家塾刻本，国家图书馆藏）

极致："非礼勿视，非礼勿听，非礼勿言，非礼勿动。"（图1-21）他显然把道德并列的礼系统，置于"刑"系统之上。他认为礼关乎社会结构的立废和人类文明的兴衰，而"刑"只是对僭越于礼的行为处罚，是礼的辅弼。礼是"大夫"以上等级的人的行为准则，而乡村庶民则归刑罚管理范畴。社会上层伦理表述的"礼"甚至承载了宇宙观，"夫礼，天之经也，地之义也，民之行也。天地之经，而民实则之"，认为依靠礼可以经天纬地、安邦定国。无疑，礼是当时农耕社会伦理系统的最终表述。所以司马迁说"礼者，人道之极也"。我们不应忘记"礼不下庶人，刑不上大夫"的社会阈限。此为"庶人"与"大夫"的伦理学分野，亦即乡村与都邑的伦理学分野。封建社会的礼，是贵族之间的关系准则；维系国家政权，也只需要取得贵族之间的关系协调，与庶民无关。

礼需乐来彰显其形态，歌颂其权威，遂"礼乐"并称，有其丰富的伦理学内涵。"乐章德，礼报情"。古代的乐，当以彰显伦理系统为主旨。《礼记·乐记》多有申述。"乐由中出，礼自外作。乐由中出，故静；礼自外作，故文"，即乐为内涵，礼为外烁，礼乐同体，则道统彰显。"乐至则无怨，礼至则不争。揖让而治天下者，礼乐之谓也"，在农耕文明中"礼乐不可斯须去身"。因为："乐者敦和，率神而从天；礼者别宜，居鬼而从地。故圣人作乐以应天，制礼以配地。"乐应于天，这里赋予乐以更多伦理承载，除了人际关系之外，还有天地人关系的协调。

乐虽有诸多性能，但有一个核心思想不可忽视，即"乐者，审一以定和"。《尚书·舜典》有"八音克谐，无相夺伦，神人以和"。乐需要"审一以定和"，不得僭越失位。即乐的和谐，必须经过审慎地选定"一"的音来"定调"，才能"八音和谐"、各得其所。这个"一"的含义是什么？笔者以为就是适合当代的伦理准则，这是礼乐的根基所在。礼乐并立，后世称为"礼乐时代"，但其根底还是伦理系统的礼。用今天的话说，把礼作为总路线，乐则是实践总路线的方法论。

诗经时代是华夏封建社会盛期的农业生存形态，充分体现了顺应自然、利用自然的特色。农事活动必须顺应时节，以求温饱；农业生产贴近自然，索取有限。其生产和生活与年岁的丰歉、季节的更替相适应。农产品略有盈余则在固定地点和时间，施行物物交换以通有无，即所谓"日中为市"。在较为稳定的留居地形成较为稳定的村社形式和较为严密的伦理系统。其自然伦理观为敬天覆地载之恩，珍惜自然的恩赐，对四季[1]的运行、地方的位点[2]都赋予玄学的诠释而存敬畏之意。对于象征时序的节日崇敬有加，因小农经济接触的自然资源半径较小，贮备有限，养成了节约自然资源的俭朴美德。其社会伦理观可概括为敬天地法祖宗，制订了一系列伦理纲常和由此而形成的乡规民俗。出于生产和生存的需要，产生了以礼乐为标志的较为严密的伦理系统以加固族群的凝聚力，是为后世儒家所憧憬的礼乐时代。即使陶渊明这样洒脱的诗人，也在《命子》诗中对儿子谆谆告诫"肃矣我祖，慎终如始"（陶渊明《命子》其六）。"悠悠我祖，爰自陶唐"（陶渊明《命子》其一），血脉在农业伦理影响深远。封建社会在礼乐伦理秩序的润泽下，过着亲近自然的"天人合一"的生活。这就是为后人所称道的世风淳朴的"诗经"时代。

但有差别就有矛盾，贵族庶民之间的不平已经显露，如"雨我公田，遂及我私"的公私和"君子所履，小人所视"的君子小人之分；而且"小人"看着君子的优越处境，而"眷言顾之，潸焉出涕"，"小人"对没完没了地忙于公差，发出"王事靡盬，忧我父母"[3]的呼声。

擅长稼穑的周族在游牧部族的强大压力下，虽不断完善其封建体制，以求得生存与发展。但相对于游牧民族仍处弱势地位，至周幽王（前770年），西周王朝灭于游牧部落的犬戎。西周立国虽仅275年，但它所建立的封建制度和与之相偕发生的伦理系统，却对后世中华文化产生了长远而深刻的影响（图1-22）。

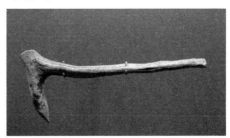

图1-22 鹿角镢，商末至西周中期农业生产工具，反映了当时的农业生产状况
（首都博物馆藏，郑晓雯摄）

徐光启在《农政全书》中指出："盖周家以农事开国，实祖于后稷，所谓配天社而祭者，皆后世仰其功德，尊之之礼，实万世不废之典也"。西周塑造的统治结构、生活模式、文化传统与伦理观念，成为中国社会数千年虽历经战乱纷争而绵延不断、持续发展的稳

---

[1] 《史记·太史公自序》："夫春生夏长，秋收冬藏，此天道之大经也。弗顺则无以为天下纲纪。"后人由此衍生出许多社会学涵义。如春季禁游猎、伐木，问斩定于秋季等。

[2] 四方分别为青龙、白虎、朱雀、玄武，象征东西南北，并由此衍生为二十八宿。

[3] 参见《诗经·小雅·北山》。盬，gǔ，停止。靡盬，意为没有停止。

固根基。而建立在这一耕地农业基础之上的城乡二元社会结构，其历史作用影响久远。

王国维在《殷周制度论》一文中，高度评价周人在中华文明形成发展与政治文化传统构建过程中的奠基作用，如确立嫡长子继承制、宗族庙数制度和近亲禁婚等制度，制礼作乐、范定后世，建立起一个融合政治、文化与伦理、道德为一体的社会共同体。这种共同体旨在"纳上下于道德，而合天子诸侯卿士大夫庶民以成一道德之团体"[1]。此文从文化与政治演替角度，阐述殷周之际的制度变革和周人的政治构建与文化奠基意蕴，但其忽视了周人先祖以农事开国立基的基础作用和历史影响。礼乐时代，是为中国社会的农业伦理观奠基期，其若干核心伦理观至今仍不失为中华文明的闪光点。

这一时期西周的农业社会的城乡二元结构明显显示其伦理学特征。

（1）上述伦理座次，统归居城郭的贵族独占。即所谓"刑不上大夫，礼不下庶民"，而孟子则对两者的关系进一步明确，"无君子莫治野人，无野人莫养君子"，居城市的君子应"治野人"而被供养，与居乡野的"野人"则被管束而供养君子。城乡居民社会地位截然割切。城乡二元结构的初期，贵族出于对新事物的关心，亲自参与或派人监督检查奴隶劳作。

（2）土地所生产的农业产品由贵族占有并掌握其分配权。

（3）奴隶所生的子女，作为农业产品之一，成为贵族财产，可转让给其他部族，但不变其奴隶身份。

（4）处于乡野的奴隶无限承担贵族所需的各项劳作。

在封建社会的礼乐时期，以"礼乐"为伦理系统主要文化载体，农民生活节律较为迟缓，所承担的赋税义务（大约为十一税赋）较为宽松。这一时期的生活和生产情景被后人理想化，称颂为"诗经时代"。当然这主要是贵族们的感受。至于处于最底层奴隶劳动者，处于后世儒家所说的"劳力者治于人"[2]的被动地位，奴隶们的呻吟之声仍不绝于耳[3]。

二、东周农业伦理观大转型时期（前770—前221年）

西周被游牧民族排挤出镐京，从周平王元年东迁，史称东周；到周赧王

1　参见王国维.王国维文集（第4卷）[M].北京：中国文史出版社，1997：43.

2　参见《孟子》"劳心者治人，劳力者治于人"。

3　《诗经·魏风·硕鼠》篇中的愤懑呼号。

五十九年为秦所灭，历时515年。这一历史阶段统称春秋战国时期，这是中国城乡二元结构及其伦理系统大转型的关键时期，按其社会伦理观实质可分为春秋和战国两个时期。

（一）春秋时期（前770—前476年）

春秋时期，即周平王元年到周敬王四十三年，历时294年。周王朝逐步消亡。随着土地私有制的发生，生产力发展[1]，尤其工商业的迅速壮大，助长了封建社会内部士族地位的提高，城乡二元结构进入成长期。以士族群体为基础的社会精英才思迸发，干政欲望亢奋。他们活跃于诸侯国城邑之间，孕育了战国时期百家争鸣的主力。其间有几项标志性事件值得关注。

（1）城邑数量激增，规模扩大。春秋初年有诸侯国140多个，每个国家的首府都是或大或小的城邑。后期诸侯国大兼并，主要大国首都更是空前繁盛。例如，齐国首都临淄工商业繁荣，居民近万户，是当时的特大城市。工商业者和社会精英奔走其间，为获取利禄的渊薮。

（2）使用金属货币。春秋时期，晋国大量铸造金属货币。侯马晋国遗址还清理出一处规模宏大的造币厂[2]。

（3）施行新的赋税制度。鲁宣公十五年（前594年）实行初税亩，是为中国田税的开始。鲁成公元年（前590年），作丘甲，按土地面积征收军赋（甲），合税、赋为一。新赋税制度的建立，对国家的治理与稳定至关重要，"耕战立国"的基本规模于兹形成。

（4）产生新的地主阶层和与之相应的"士"群体。公有土地所有制废除，土地买卖盛行，经济繁荣，私人讲学之风大盛，社会精英崭露头角，形成百家争鸣的主力群体。

（5）此时草地畜牧业在农业中仍占主要比重，草地畜牧业六畜滋生，牛为主要农业动力，马因战事、礼仪之需，被定为六畜之首[3]*。养马有功的非子被周王封为附庸[4]，是为秦国雏形。范蠡教人致富之道"子欲速富，当畜五牸"[5]。

1 冶炼工艺发达，如存世的吴、越青铜剑，冶铸淬炼，合金技术，皆世所罕见。煮盐、冶铁、漆器、铁质工具和农具、齐国的丝织品、楚国的漆器等都有专门工匠。被后世尊为建筑和木匠祖师的"鲁班"就生活于此时。
2 孔祥毅.晋商学[M].北京:经济科学出版社，2008:2-10.
3 《周礼·夏官·职方氏》:"河南曰豫州……其畜宜六扰。"郑玄注:"六扰:马、牛、羊、豕、犬、鸡。"参见:郑玄注;贾公彦疏.周礼注疏[M].北京:北京大学出版社，1999年:873.
4 附庸，低于侯国的小领主。受周王室之封，非子成为秦国的首届领袖。
5 史记三家注 卷一百二十九 货殖列传第六十九，猗顿向范蠡秋致富之道，范蠡告诉他"子欲速富，当畜五牸"五牸，泛指各种繁殖母畜。

上述诸种社会发展特征，说明封建制本身已经失去生存土壤。以周王为共主的封建体制和附丽于此的伦理系统自然走向"礼崩乐坏"的末路。随之诞生了中国城乡二元结构新的伦理特征。

（1）城市工商业者数量在社会中占有不容忽视的地位，他们促进了社会繁荣富庶，在生产流通的实践活动进一步推动了城乡二元社会的交流融通，其社会权益与价值观逐步取得社会认可。

（2）新生地主阶层对所据有的庶民统治更为严密，城乡二元结构趋于复杂。

（3）农业中的耕地农业渐居主流，但草地农业仍占较大比重[1]。至汉代鼎盛时期，耕地面积仅占4%～6%，春秋时期耕地农业当然更低于此。草牧业为重要经济元素，如卜式因牧业致富而为齐国的相国。郑国弦高贩牛在偏僻的山道上巧遇秦国发大兵偷袭郑国，弦高将打算到成周贩卖的12头牛，献给秦军统帅，谎称郑国国君得知贵军来郑，特遣我献牛劳军。秦军知道郑国有备，中途灭了滑国而返，没有按预谋去伐郑国*。可见草畜业当时普遍而繁盛。

（4）社会秩序从混乱向稳定过渡，但"天下"仍然列强纷争，远未稳定。

（5）封建伦理系统虽然日趋式微，但封建时期贵族陶铸而成的君子之风仍有明显残留，如历史上广为流传的子路结缨而亡、俞伯牙为钟子期摔琴、

知识链接

马为六畜之首，反映出早期农业发展过程中草地畜牧业的基础地位，后来随着耕地农业的发展，马更多地应用于战事、交通和礼仪等方面，更多地向国家、军队和贵族等方向发展。而牛在耕作农业的基础作用逐渐突显，文化习俗中对"牛"也更加重视，如立春日，天子扶犁而行、亲耕籍田、迎春祭祀、鼓励农耕，民间亦有糊春牛、打春牛之习俗。牛作为最重要的生产资料得到了农户和官方的重视，而牛所具有的勤劳踏实、任劳任怨、安分守己等性格特征也随着日复一日的耕作活动日益深入民心，成为农耕文明传统及其伦理道德观念的重要组成部分，也使得城乡二元结构渗透到普通民众的意识深处。

---

[1] 至汉代鼎盛时期，耕地面积仅占4%～6%，春秋时期耕地农业当然更低于此。参见：任继周.中国农业系统发展史[M].南京:江苏科学技术出版社，2015:4.

介子推避封被焚，尤其战场上仍然坚持君子之风的"礼仪之兵"[1]，不杀俘虏、不穷追败军等这类为今人视为迂腐的事例并不罕见[2]。

（二）战国时期（公元前475—前221年）

从周元王二年以齐桓公挟周天子以会盟诸侯开始[3]，到公元前221年[4]秦灭六国结束，历时254年。周代礼乐时代至此彻底结束*，各诸侯径自称国，完成了从封建时代到皇权时代的社会大转型，社会呈现全新面貌。随着耕地农业的逐步发展和土地私有化的完成，巨室望族和它所带动的民间讲学之风大盛，学派蜂起，史称为百家争鸣。其中齐国管仲（前719—前645年）的"耕战论"脱颖而出，将"耕"与"战"并列。耕以图存，战以强国**。商鞅相秦，将管仲的"耕战论"进一步发展[5]，将土地与军旅组织密切结合，管理严密，天下效尤，耕地农业大盛。"秦地半天下""积粟如丘山"，楚国"粟支十年"，齐国"粟如丘山"，燕、赵二国也是"粟支数年"。甚至韩国的宜阳县，也"城方八里，材士十万，粟支数年"。大势所趋，诚如管子所概括，"使万

知识链接

《左转》僖公三十三年春，秦师过周北门，左右免胄而下。超乘者三百乘。王孙满尚幼，观之，言于王曰："秦师轻而无礼，必败。轻则寡谋，无礼则脱。入险而脱，又不能谋，能无败乎？"及滑，郑商人弦高将市于周，遇之。以乘韦先，牛十二犒师，曰："寡君闻吾子将步师出于敝邑，敢犒从者，不腆敝邑，为从者之淹，居则具一日之积，行则备一夕之卫。"且使遽告于郑。郑穆公使视客馆，则束载、厉兵、秣马矣。使皇武子辞焉，曰："吾子淹久于敝邑，唯是脯资饩牵竭矣。为吾子之将行也，郑之有原圃，犹秦之有具囿也。吾子取其麋鹿以闲敝邑，若何？"杞子奔齐，逢孙、扬孙奔宋。孟明曰："郑有备矣，不可冀也。攻之不克，围之不继，吾其还也。"遂灭滑而还。

---

[1] 如《淮南子·氾论训》"古之伐国，不杀黄口，不获二毛，于古为义，于今为笑，古之所以为荣者，今所以为辱也"，参见：刘文典.淮南鸿烈集解[M].北京:中华书局,1989:431.

[2] 春秋时期战争中的道德之举如"鞍之战""泓水之战"等故事都出于这一时期。

[3] 在今山东省菏泽市郓城县西北。

[4] 另说，从韩赵魏三家分晋开始算起直到秦始皇统一天下为止，即公元前403—前221年。

[5] 参见（西汉）司马迁《史记·商君列传》"以卫鞅为左庶长，卒定变法之令。令民为什伍，而相牧司连坐。"

室之都必有万钟之藏""使千室之都必有千钟之藏"[1]。农耕与城郭同时兴旺，为城乡二元结构建立了广泛基础。其农业伦理观特色突出。

（1）土地私有化已经通行"天下"。土地和附着于土地的居民由属于天下"共主"的周天子，转化为诸侯及大夫私家所有，土地和奴隶可以买卖。周朝封建伦理观的社会基础遭受致命打击。独立国家概念肇始于此。

（2）独立的"士"知识阶层大显于世。"学以居位曰士"[2]，附丽于地主阶层的和工商业的士人大开私人讲学之风，出现史称的"百家争鸣"思想解放时代。"士"这一阶层的兴起和发展，某种意义上起到了沟通城乡二元社会、防止社会阶层过分固化和调节社会结构的作用，内在地巩固了传统农业社会城乡二元结构*。

（3）各个诸侯国变革图存，为了壮大各自中央集权政体，法家的严刑峻法、鼓励耕战及其相关伦理观逐渐在百家争鸣中突显，尤其秦晋两大国鄙弃礼仪教化，以法家的"法、术、势"为政策内核，实施军功爵制，为各国效尤，成为战国时期的政治特征。

（4）春秋时期的伦理古风沦丧。战争规模扩大并日趋残酷。春秋时期难得一见的屠城灭国之事战国时期屡见不鲜[3]。兵家诡道风行于世，习朴拙、重道德的伦理观不再具有社会约束力。

（5）随着城邑规模的扩大和工商业的发展，城乡二元结构已居中国历史主流，居处乡野的广大农奴在社会伦理系统中进一步被边缘化。

知识链接

三家分晋是指中国春秋末年，晋国被韩、赵、魏三家瓜分的事件。被视为春秋之终、战国之始的分水岭。

知识链接

管仲说："夫富国多粟，生于农，故先王贵之。凡为国之急者，必先禁末作文巧，末作文巧禁，则民无所游食，民无所游食则必农。民事农则田垦，田垦则粟多，粟多则国富，国富者兵强，兵强者战胜，战胜者地广"。参见：黎翔凤.管子校注（中册）[M].北京：中华书局，2004:924.

---

[1] 参见《管子》"使万室之都必有万钟之藏，藏镪千万；使千室之都必有千钟之藏，藏镪百万。"
[2] 金少英.汉书食货志集释[M].北京：中华书局，1986:12
[3] 如秦赵长平之战，秦坑杀降卒40万，赵国丁壮几乎悉数灭绝。

（6）聚集于城邑的统治阶层为了满足其耕战要求，建立了空前严格的户籍制度，将所属土地和附丽其上的居民凝固为一体，实现全民皆兵。商鞅变法主要内涵之一就是父子兄弟成年者必须分居，以户为单位保证兵源、税源。户籍制度使城乡二元结构更为稳固，从而为小农经济基础上的中央集权统治提供了持久有效的伦理支持，为下一阶段的皇权社会奠定了历史基础。

第三节　皇权社会的农业伦理观

从公元前221年秦统一六国到1949年中华人民共和国成立，历时2 170年。城乡二元结构将众多小农户与中华大帝国熔铸为生存共同体，逐步完成了从封建时代到皇权时代的伦理观蜕变和定型。此后中华农业伦理观不同时期虽各具特点，但从未失去其城乡二元结构的共同特征。此为中央集权大帝国所必需的，以耕地农业为基础、城乡二元结构为轴心的农耕伦理观。

皇权时代的农耕伦理观从秦朝的皇权农耕伦理系统初建期，经过汉代的皇权农耕伦理系统成熟期，迄于1949年中华人民共和国建立，尽管历经诸多动乱和政权更替，但其二元结构为社会基础的农耕伦理观的本质从未改变。其中包含几个历史阶段。

知识链接

"士"这个阶层，以其对民生、社会和家国的关切，经常能够将民生疾苦和吁求上达统治阶层，又能将统治意志和社会政策等下传给普通民众，起到沟通城乡、君民的作用；同时借助于文化、政治等考核遴选机制为个体发展提供必要的上升渠道，为统治阶层源源不断地输送新鲜血液，从而防止社会阶层的过分固化；尤其是在连年征战、社会动荡或政治昏庸、民怨沸腾的时局中，"士"阶层起到传承文化、凝聚精神、表达民意和干政与政的作用，学而优则仕，在个人的穷达之际，"士"或独善其身，或兼济天下。上述特性，使得"士"这个阶层起到了社会调节器与减震阀的作用，内在地巩固了城乡二元社会结构的强大弹性机制和自组织功能，使得传统农业社会虽然历经动荡、征战或灾祸，而仍能不断恢复和发展。

一、秦朝的皇权农耕伦理系统初建期

秦始皇统一六国后，采取多项强化中央集权大帝国的创举，如废封建、立郡县，书同文、车同轨，建立以咸阳为中心的"驰道"系统和纵贯西部的"直道"系统，开凿贯通珠江流域与长江流域的运河等，这些都对中央集权帝国具有长远的战略意义。

但秦始皇为统一天下的胜利所陶醉，急于求成，压缩社会的伦理学容量，实施了一系列有违于伦理原则的谬误措施。

（1）穷兵黩武。秦建国后10年内连年征伐，几乎每年灭一国，西通西域，南伐百越，未能与民休养生息，平民或辗转死于沟壑，或饿殍相望于途，国力大伤。

（2）大兴巨型工程。战国末期社会苦于长期战乱，资源匮乏，民生极度贫困，而秦代除上述大举交通、水利建设以外，还穷全国之力，大修阿房宫、建始皇陵墓。其穷奢极欲为历史所仅见。

（3）严刑峻法，施行"族诛"[1]"连坐"[2]等亘古未有之酷刑。诚如贾谊所说"重以无道：坏宗庙与民，更始作阿房之宫；繁刑严诛，吏治刻深；赏罚不当，赋敛无度。天下多事，吏不能纪；百姓穷困，而主不收恤"[3]。

（4）"以吏为师""焚书坑儒"，社会伦理学容量剧烈压缩，伦理系统陷于断裂。集大权于一身的皇权虽可为所欲为于一时，但难以维持久远。源于战国时期绵延数百年的社会思想活跃之风，至秦代为之丕变。

二、皇权伦理观的成熟稳定期

从汉代到清朝，历时二千多年，此为中华农耕伦理观维持最久的历史阶段。

汉朝汲取了强秦败亡的教训，汉高祖开国之初即宣布"约法三章"："与父老约，法三章耳：杀人者死，伤人及盗抵罪"，汉初历代帝王采取"黄老"之学，施行简政措施，予民休养生息。期间只有孙叔通从高端整顿朝廷礼仪，建立高层伦理秩序；颁布抑制工商令，从底层安定农业社会秩序。经过五代

---

[1] 一人犯罪，全族被诛杀。

[2] 公元前356年，商鞅"令民为什伍而相收司连坐，不告奸者腰斩""匿奸者与降敌同罚"。

[3] 参见（汉）贾谊撰；阎振益，钟夏校注.新书校注[M].北京：中华书局，2000:15.

皇帝、六十五年的休养生息，至汉武帝时国势大盛。他一改先祖传统，对外大举用兵，扩展版图直达中亚。对内采取"罢黜百家、独尊儒术"的伦理建设，佐以法家的严刑峻法，皇权政体逐渐形成礼法并用的格局，中央集权得到空前巩固。

全面考察汉武帝形成高度中央集权的皇权国家，其基本要义有三，即以皇权神授、大一统和三纲为特色的伦理系统。

（1）皇权神授说。董仲舒改造儒家学说，杂以阴阳家理论，构建天人感应、君权神授说，一方面确立了皇权不可撼动的地位，另一方面又以灾异谶言规劝君王统治者自我约束，以保证统治的持久稳定。

（2）巩固大一统的城乡二元结构，抑制工商业，完善户籍政策。皇权政治认为活跃的工商活动，会诱导民众脱离农耕之业，世人游离于农耕社会，冲击耕地农业为基础的城乡二元结构；富商巨贾等豪强交接王侯，富可敌国，挑战中央集权[1]。董仲舒针对现状提出了"限民明田、以赡不足、塞兼并之路"的建议，使得劳动力与土地资源稳定结合，城乡二元结构得到进一步巩固。

（3）支撑大一统的思想建设，执行"罢黜百家、独尊儒术"的思想建设。东周以来，传统封建体制瓦解，百家争鸣，导致师异道、人异论，百家之言宗旨各不相同，天下莫知所从。汉武帝采纳董仲舒元光对策的建议"春秋大一统"是"天地之常经，古今之通谊"，他建议诸子百家之"不在六艺之科孔子之术者，皆绝其道，勿使并进"，进一步将儒家思想简约化为"三纲五常"[2]的伦理框架，巩固中央专政。从此儒家独居显学地位，以法家为儒家之辅弼，并行于世，其他各家逐渐失势。

（4）建立了支持大一统的国家教育系统。中央设太学，地方各郡国设立学校，完善教育系统。太学是儒学教育官方化的标志，将"五经"[3]定为国家教材，确保儒家思想垄断教育。先秦时代中华就有重视教育的传统。夏称校、殷称序、周称庠，诚如朱熹所说："学则三代共之，皆所以明人伦也，人伦明于上，小民亲于下"[4]。汉代加以完善，"里有序而乡有庠，序以明教，庠则行礼而视化焉"；按人生不同阶段施以适当教育，"八岁入小学，学六甲五方书

---

[1]　如《汉书·食货志》中专门分析了商人兼并农人，迫使农人不得不流亡的状况，详细阐发"重农抑商、轻徭薄赋"的必要性与举措。

[2]　三纲五常，汉代董仲舒综合各家学说提出"君为臣纲""父为子纲""夫为妻纲"和"仁、义、礼、智、信"五项为人处世的道德标准。

[3]　"五经"指《诗》《书》《礼》《易》《春秋》。

[4]　朱熹.四书章句集注[M].北京:中华书局，1983:255.

记之事，始知室家长幼之节；十五岁入大学，学先圣礼乐，而知朝廷君臣之礼"，之后一步步进入庠序、少学、太学，太学中的优秀人才将授以爵位、命以重任，是为"先王制土处民富而教之"。这一套空前完善的国家教育制度，将"宗法人伦、尊卑有序、经世济民、修齐治平"等观念意识融入到个人成长以及人伦日用之中，从思想观念深处拱卫了帝国的城乡二元社会结构。

（5）依赖法家强化大一统政治建设。汉代虽号称以儒教立国，但倚重法家官僚系统掌握政权，重酷刑，以强化中央集权。汉书酷吏传共14人，号称独尊儒术的武帝时期就占10人。后世称汉代为内法外儒，不为无据。

至此，汉武帝以城乡二元结构为基础，借助儒家的伦理系统、法家的权术手段，构建了完善的中华皇权时代农耕文明的伦理框架，将巨量分散的农户与中央集权的大帝国的政权凝聚为生存共同体，生气勃勃延续几千年，创造了历史奇迹。这一时期，社会伦理学容量显著恢复，伦理系统的巨大功能在此充分显现。

第四节　现代社会转型期的农业伦理观

中国社会的变迁长期停滞于小农经济的皇权阶段。1840年鸦片战争以后，国门被强权打开，工业革命的世界潮流随着帝国主义的强权涌入中国。经过近两百年的动乱，直到1949年新中国成立，我国仓促进入工业化时代，农业伦理观也经历了转型期。这一时期可以分为三个阶段：1840—1949年为第一阶段，1949—1980年为第二阶段，20世纪80年代后期进入第三阶段。

一、社会转型期的农业伦理观

1840—1949年为第一阶段。皇权社会由式微到瓦解的大转型时期。封闭的中华帝国在内忧外患夹击之下，世界为弱肉强食的"丛林法则"主流思想所支配。古老的皇权社会彻底崩溃，再无皇权朝代更替的可能。帝国主义强权与地方军阀豪强蜂拥而起，全国陷于动荡不安之中。作为皇权社会精神支柱的农耕文明却难以根除。旧社会的社会基础，超稳固的城乡二元结构虽仍然顽强生存，但随着农村的凋敝和城市的畸形发展，贫富差距扩大，城市对农村控制力度大为削弱。东西方多种思潮在中华大地冲撞奔突。尽管社会上层从全方位地对传统农耕文明提出质疑，但底蕴深厚的农耕文明仍为深水潜流，其农业伦理观更是水波不兴。但在世界工业化潮流催动下，巨大的历史动力已在酝酿积聚之中。

1949—1980 年为第二阶段。这一阶段成功地继承和发展了我国传统的耕战论，赋予城乡二元结构以新的含义，依靠农村包围城市，建立国家新政权，农业为国家工业化初步积累做出了巨大贡献。传统农耕伦理系统爆发了最后的光芒。但对农业伦理学本身加以审视则教训颇多。首先，将源自汉代的"辟土殖谷曰农"升华为"以粮为纲"的国策，倡导地方自给，从而隔断了农区与牧区、种植业与畜牧业、农产品加工流通走向市场化的系统耦合链条，背离了社会发展潮流；以农业集体化取代小农户经营模式，小农生产的农业系统自组织功能丧失无余，正确的农业生态系统未能及时建立，农业生态系统的失序，导致生态与生产双双受损，尤其水土资源遭受严重破坏，"三农"问题与"三牧"问题联袂发生；其次，将源自奴隶社会的城乡二元结构空前固化，限制农民在城乡之间的自由迁徙，不仅农业结构的系统耦合作用不能发挥，也延缓了国家工业化、城市化的进程；广大农村的卫生、教育以及有关社会福利没有享有与城市同等发展的机遇。追究这一时期农业系列失误的原因，忽视农业伦理维度难辞其咎。

　　从 20 世纪 80 年代后期进入第三阶段。20 世纪 80 年代中国共产党十一届三中全会以后，我国执行改革开放政策，大约 30 年走完了发达国家 300 年的工业化道路，并急速转入后工业化时期，呈现大国崛起的崭新面貌。我国农业得到了国家工业化带来的多方面反哺。例如，我国加入世界贸易组织（WTO）以后，世界一体化大潮打破了我国农业的孤立状态，激发了农业生态系统的开放的原本属性，在多方面开展国际耦合的作用，农业生产现代化程度大幅度提高，牢固的城乡二元结构受到巨大冲击，城镇化速度加快，农业面貌焕然一新。但任何事物的发展都有两面性，即所谓"祸兮，福之所倚，福兮，祸之所伏"。从农业伦理学视角加以审视，其祸与福的转化过程颇有值得反思之处。

　　在社会工业化过程中，经济发达国家投入大量资本，以其强大的动力和机械从事农业生产，不顾农业的时序，攫取巨大经济效益。最明显的事例就是推行工业化的"设施农业"，而置农业伦理于不顾。例如，为了追求超阈限的谷物增产，在春旱频发的我国季风地区过量抽取地下水，致使地下水源枯竭，地面下沉；过量灌溉引起土地盐渍化。在短时期内过量使用化肥以求高产。因单一粮食作物连作，不能合理倒茬，破坏了农业生态系统的时序，病虫害加重，又不得不大量使用农药。由于化肥与农药的大量使用导致水土资源污染，殃及食物安全。违背农业伦理，过度人为干预，甚至把农田当作工厂。以工业手段实施"设施农业"，在特定社会环境下，制造人工季候，生产反季节产品，满足市场需求，未可厚非。但不能据此得出应该走"农业工业化"的道路。农业有农业本身的伦理法则。农业的时序和际会特征不可忽视，

其中蕴含了社会的与自然的长期演化形成的农业发展伦理关联。用之，则可持续生产，长盛不衰；反之，则流弊丛生，必然招致社会灾殃。不容违反的农业伦理学法则，于此再次得到验证。

中共中央在1982—1986年连续五年发布以农业为主题的中央一号文件。2004—2018年更连续十五年发布以"三农"（农业、农村、农民）为主题的中央一号文件，可见农业在中国现代化过程中"重中之重"的地位。即便如此，"三农"问题依然成为举国为之忧虑的焦点。直到2001年，中共十六大以后，提出取消农业税，城市反哺农村等才走上消减城乡二元结构之路。[1]至2012年中共十八大，着手取消农村户口试点等有力措施。前后历时70年，城乡二元结构造成的恶果才得到有效遏制，走向新的未来。

二、农业时宜的市场化属性

在新的历史时期赋予了对农业时序新的内涵，即农业时序的常态属性、生态保护的时宜属性、地带性的时宜属性和农业时宜的市场化属性。

全球一体化的时代，农业已经远离了自给自足的需求格局，农场所生产的产品主要是面向市场需要，时宜原则已经成为农业经营的伦理范畴。农产品的时宜特征可概括为三方面。

（1）农产品需满足消费者季节性和个性需要的时宜阈限，即通常所说的时令消费要求，当令蔬菜、水果等食品是大家最熟悉的时令消费品。产品的需求既有季节性也有地区性和个性的需求特色，如夏季的凉爽用品，如凉席、草帽、蒲扇等；冬季的保暖用皮毛产品等。这些产品都有或长或短的时宜时段。

（2）农产品需满足从生产到市场的时宜阈限，即产品从产出到市场需要的时段可能保持其商品特性而不变质的时间阈限。商品的时宜阈限越长，越有利于占领并扩大市场。

（3）农产品需满足从产品到用户的贮藏时段的时宜阈限。大宗农产品的生产必须考虑长期、稳定供应市场，为了克服产量的季节性和歉年与丰年之间的波动，往往需要长期贮存。有时为了特殊目的，如战备需要，需要跨年度的时段贮藏。这就需要从播种、收获、加工、贮藏多环节的科技管理。

上述农产品时宜属性的保持或突破，离不开市场的流通和交换过程的现代化。现在"互联网+N"的公式，应是满足现代农业伦理系统时宜要素的重要手段。

---

[1] 如取消农业税，明确提出城市反哺农村。

第五章 当代后工业化时期的农业伦理观构建

后工业化时期是指一个工业化经济体或工业化国家所经历的工业化发展时期，表现为如下特征：一是制造业所占经济总量比重持续下降，并明显低于服务业比重；二是服务业所占比重持续上升，并占主导地位；三是信息技术迅速发展，并进入"信息时代"；四是最重要的，是经济增长由创新驱动，更多地依靠信息、知识和创造力等。这与中国现在所提出的创新驱动发展战略基本一致，表明中国已进入后工业化时代并步入新型工业化道路。

据胡鞍钢（2017）采用工业增加值占GDP比重是否持续上升或下降、工业增加值平均增长率、主要工业产品产量持续增长或下降等指标进行实证分析得出结论：截至2015年，中国作为世界最大工业生产国，已经出现了后工业化时代的基本特征，约比世界发达国家晚20年。中国作为人口大国进入后工业化时代，象征人类文明发展到一个重要节点。

中国用了30多年的时间走完了西方国家300年才完成的工业化道路，因此中国工业化的效应可以以西方国家作为参照系，寻觅中国快速工业化过程中伦理观的发展脉络，同时也启示我们探索进入后工业化时代的中国农业伦理观的发展路径。

第一节 农业工业化的伦理学反思

工业革命给农业带来巨大的效益，使劳动效率大幅度提高，社会财富巨量增长，资本的作用无所不在。但与此同时带来诸多负面效应。它不仅表现在"三废"（废水、废气、废渣）对农业环境（土壤、水体、大气）的污染和破坏，而且表现在农业工业化所造成的危害。机械化和工业化对农业的改造，使得农业生产的规模和强度不断增加，对水、土等自然资源的利用强度超出了其承载能力，造成严重的资源环境退化问题；集约化农业生产中大量使用化肥和农药，造成土壤、水体和大气污染，甚至殃及食品安全，威胁到人类健康。随着农业工业化过程中生态环境和人类健康问题的凸显，人类社会对工业化农业的伦理学认识不断变化，具体可以分为非工业化阶段（工业革命前）、工业化前期阶段（工业革命至20世纪50年代）、工业化中期阶段（20世

纪50—80年代）和工业化后期四个阶段（20世纪80年代以后）。

一、工业革命前的农业伦理问题与反思

人类在诞生以后漫长的岁月里，主要从事以采集和渔猎为主的原始农业生产，人类对自然环境的依赖十分突出，很少有意识地改造自然环境，生态伦理问题较少。其后，人类学会了培育、驯化植物和动物，开始发展农业和畜牧业，这是人类发展史上的一次大革命。随着农业和畜牧业的发展，人类改造环境的作用越来越明显，局部地区也发生了相应的生态问题，如砍伐森林、开垦草原、刀耕火种、盲目开荒等行为引起水土流失、水旱灾害和沙漠化；兴修水利、不合理灌溉等行为引起土壤的盐渍化、沼泽化，以及引起某些传染病的流行。但是，由于这一时期受动力、机械和资本的限制，农业生产活动规模和强度较小，集约化程度不高，局部的生态环境问题并未引发全球性影响，也未引起人们的特殊伦理关怀。但在农业生产中自发的重时宜、明地利、行有度、法自然的伦理学基本原则，为今后的农业伦理观奠定了基础，直到今天仍不过时。

二、工业化前期的农业伦理问题与反思

1784年瓦特发明了蒸汽机，迎来了产业革命，使生产力获得了飞跃发展。至20世纪50年代大多数西方国家进入了工业化阶段，资本的积累加上大规模机器化生产取代了小规模手工生产，化石燃料取代了人力、畜力，交通和航海的发展使人类足迹几乎遍及全球各地。生产力的空前发展增强了人类利用和改造自然的能力，空前提高了社会财富，衍发了工业文明。其主要特点是：创造了大规模农业活动不断向自然生态系统延伸，改变了自然生态系统的组成和结构，从而也显著影响了自然界中的物质循环系统，造成了土地退化、水土流失、生物多样性减少等生态破坏问题，如19世纪末20世纪初美国对中部大草原的开发，20世纪初苏联在中亚草原的大规模开荒，20世纪50年代中国大跃进时期"以粮为纲"政策驱动下北方农牧交错带和草原区的不合理垦殖等，无不遭到了自然界的报复。同时，一些工业发达的城市和工矿区的工业企业，向农业用地排放大量废弃物，导致农业环境污染事件不断发生，如19世纪后期日本足尾铜矿区排出的废水污染了大片农田和水域，使农田和作物减产。

面对日趋严重的环境问题，人们开始关注工业化（尤其是农业工业化）带来的生态问题，对其进行伦理学反思，其中以美国新环境理论的创始者、

"生态伦理之父"奥尔多·利奥波德（Aldo Leopold）的《沙乡年鉴》（Sand County Almanac，1949）问世为标志。《沙乡年鉴》是奥尔多·利奥波德对土地伦理的一生观察、经历和思考的结晶，唤起了人们对受工业化影响的动物、植物、荒野、乡村、草场、潮汐、土地的伦理学关爱，并提出了大地伦理的思想："（工业化时期）人和土地之间的关系仍然是以经济为基础，人们只需要特权，而无需尽任何义务，这是必须成交的观念"；"最初的伦理观念是用以处理人与人之间的关系，后来扩展到处理人与社会的关系。但是，迄今为止还没有一种处理人与土地，以及人与在土地上生长的动物和植物之间的伦理观"；"现在我们所面临的问题是：一种平静的较高的'生活水准'，是否以值得牺牲自然的、野外的和无拘束的东西为代价。对我们这些少数人来说，能有机会看到大雁比看电视更重要，能有机会看到一朵白头翁花就如同自由谈话的权利一样，是一种不可剥夺的权利"。奥尔多·利奥波德在享受了工业文明带来福利的同时，意识到人类对环境提出需求的同时，还负有更大的责任。

三、工业化中期的农业伦理问题与反思

20世纪50—80年代，因化工、冶炼、汽车、开矿等工业的兴起和发展，废水、废渣、废气"三废"排放量不断增加，化肥、农药的大量使用，环境污染和破坏事件频频发生，出现了环境破坏累积的第一次高潮，发生了八起震惊世界的环境"公害"事件。其中与农业生产和农村人居环境密切相关的两大"公害"事件，就是日本水俣病事件（1952—1972年间断发生）和富山骨痛病事件（1931—1972年间断发生）。

随着"公害"的显现与加剧，人们对工业化带来的环境问题的伦理学反思不断加深。美国海洋生物学家蕾切尔·卡逊在潜心研究美国使用杀虫剂所产生的种种危害之后，于1963年发表了《寂静的春天》。她通过对化肥和农药等污染物富集、迁移、转化的描述，阐明了人类同大气、海洋、河流、土壤、动植物之间的密切关系，初步揭示了化学污染对生态系统的影响，指出："在人对环境的所有袭击中，最令人震惊的是空气、土地、河流以及大海受到各种危险的、甚至致命的化学物质的污染。这种污染是难以清除的，因为它们不仅进入了生命赖以生存的世界，而且进入了生物组织内。"她向世人疾呼，我们长期以来所走的道路（工业化道路）的终点却潜伏着灾难，而另外的道路则为我们提供了保护地球的最后唯一的机会。尽管蕾切尔·卡逊并没有告诉大家这"另外的道路"究竟是什么，但是她对工业化造成的环境问题的伦理学反思发生了深远影响。

随着人口增长、工业发展和资源消耗问题的不断加剧，粮食和能源危机受到人们的普遍关注，1972年由美国、德国和挪威等一些西方学者组成的"罗马俱乐部"（Club of Rome）发表了有关资源环境与人类未来发展的研究报告——《增长的极限》（The Limits to Growth）。报告认为，全球的增长将会达到极限，经济增长将发生不可控制的衰退。因此，要避免因超出地球资源极限而导致世界崩溃的最好方法是限制增长，即"零增长"。尽管由于种种因素的限制，《增长的极限》的结论和观点存在着一些缺陷，但报告对人类前途的"严肃的忧虑"唤起了人类自身的伦理觉悟，其积极意义是毋庸置疑的。它所阐述的"合理的、持久的均衡发展"，为孕育可持续发展的思想萌芽提供了土壤。同年（1972年），联合国在斯德哥尔摩召开人类环境会议，来自113个国家和地区的代表共同讨论了环境对人类的影响，大会通过了《人类环境宣言》（United Nations Declaration of the Human Environment）：现在已经到达历史上这样一个时刻，我们在决定世界各地的行动时，必须更加审慎地考虑它们对环境产生的后果。由于无知或不关心，我们可能给生活和幸福所依赖的地球环境造成巨大的无法挽回的损失。保护和改善人类生存环境是关系到全世界各国人民的幸福和经济发展的重要问题，是全世界各国人民的迫切希望和各国政府的责任，也是人类的紧迫目标。《人类环境宣言》的问世，不仅唤醒了全球人对生态环境问题的伦理学（包括农业伦理学）认识，同样也为可持续发展思想的提出孕育了良好的国际环境。

四、工业化后期的农业伦理问题与反思

工业化后期（20世纪80年代至21世纪初），科学技术尤其是信息技术的发展使产业结构发生了重大变革，以服务业为主导的第三产业取代以农业为主导的第一产业和以工业为主导的第二产业。尽管人类不断开发的科学技术是一种伟大的创造力，是推动进步的伟大革命力量。但同时，科学技术也可以用来作为一种破坏的力量。正如美国学者卡普拉·弗里乔夫（Capra, Fritjof）在《转折点》（The Turning Point）一书中说：全球生态系统与生命的未来进化处于危险之中，有一点可以肯定，这就是科学技术严重地扰乱了、甚至可以说正在毁灭我们赖以生存的生态系统。1990年联合国教科文组织在加拿大召开国际讨论会，对人类生存的主要问题特别是环境问题展开讨论，发表了由与会各国科学家签署的《关于二十一世纪生存的温哥华宣言》（Vancouver Declaration），指出：造成我们今天这些困难的根本原因在于某些科学上的进步。这些进步基本上于20世纪初已获得。它们以一种传统机械论的方式展示

宇宙，并赋予人类一种"驾驭"大自然的能力。

自20世纪80年代开始，全球对环境问题的关注出现了第二次高潮，环境污染和生态破坏成为全球性问题，这与科学技术发展是密切相关的。这一时期影响范围大和危害严重的环境问题有三类：一是全球性的大气污染，如温室气体排放、雾霾、臭氧层破坏和酸雨；二是大面积生态破坏，如森林被毁、草地退化、土壤侵蚀和荒漠化；三是突发性的环境污染事件频发，如印度博帕尔毒气泄漏事件（1984）、苏联切尔诺贝利核电站泄漏事故（1986）、莱茵河污染事件（1986）、中国松花江漏油事件（2005）、美国墨西哥湾漏油事件（2010）、日本福岛核电站泄漏事件（2011）。这些全球性大范围的环境问题严重威胁着农业生产和人类健康。例如，中国中部、东部、南部出现的"癌症村"，就是因为淮河、太湖、珠江流域的村民，使用被上游企业排出的废水污染的河水，使农田、鱼塘、果园等受到污染，导致人体内部机制严重受损，造成某一村庄大规模的癌症发生[1]。淮河流域广泛流传的一首歌谣，是对其真实写照："五十年代淘米洗菜，六十年代洗衣灌溉，七十年代水质败坏，八十年代鱼虾绝代，九十年代拉稀生癌"[2]。在2018年1月20—21日美国克莱蒙召开的"农人与哲人：走向生态文明"的研讨会上，来自印度的娜塔丽女士用印度著名环境哲学家范达娜·席娃（Vandana Shiva）的研究结果强调"自1995年以来，在印度已经有31.8万农民自杀，其罪魁祸首就是现代农业。这是一种将农业与营养和生态割裂开来的农业。上万年来，印度农业一直遵循'地球第一，农民第一'的原则。而现代农业掀起的所谓'绿色革命'以及随后的农业产业化，彻底摧毁了印度怜惜自然、珍重生命的古老文明"。

面对这一严重威胁人类生存和发展的严峻问题，无论是发达国家还是发展中国家都普遍表示不安。1987年，以挪威首相布伦特兰夫人（Gro Harlem Brundtland）为首的世界环境与发展委员会（WCED）发表了报告《我们共同的未来》（Our Common Future），报告分为"共同的问题""共同的挑战"和"共同的努力"三个部分，报告将注意力集中在人口、粮食、物种和遗传、资源、能源、工业和人类居住等方面。在系统讨论了人类面临的一系列重大的经济、社会和环境问题之后，提出了"可持续发展"的概念："既能满足当代人的需要，又不对后代人满足其需要的能力构成危害的发展"。这是人类面对环境与发展中存在的严重问题所进行的理性反思在思想认识方面的一个重要飞跃。

[1]　癌症村[EB/OL].https://baike.baidu.com/item/癌症村/17824.
[2]　"癌症村"的由来[EB/OL].中国质量新闻网，2014-04-24.

在利奥波德的《沙乡记事》出版43年、卡森的《寂静的春天》出版30年后，1992年联合国环境与发展会议在巴西里约热内卢召开，共有183个国家的代表团和70个国际组织的代表出席了会议，102位国家元首或政府首脑到会讲话。会议通过了《里约环境与发展宣言》（Rio Declaration，又名《地球宪章》）和《21世纪议程》两个纲领性文件。前者是开展全球环境与发展领域合作的框架性文件，是为了保护地球永恒的活力和整体性，建立一种新的、公平的全球伙伴关系的"关于国家和公众行为基本准则"的宣言；后者则是全球范围内可持续发展的行动计划，旨在建立21世纪世界各国在人类活动对环境产生影响的各个方面的行动规则，为保障人类共同的未来提供一个全球性措施的战略框架。此外，各国政府代表还签署了联合国《气候变化框架公约》（United Nations Framework Convention on Climate Change）、《关于森林问题的原则申明》（Statement of Principles on Forests）和《生物多样性公约》（Convention on Biological Diversity）等国际文件及有关国际公约。其中包括40个领域的问题和120个实施项目。这是有关环境保护的可持续发展理念得到世界最广泛和最高级别的政治承诺。

1993年，中国政府为落实联合国大会决议，制定了《中国21世纪议程》，指出："走可持续发展之路，是中国在未来和下世纪发展的自身需要和必然选择。"1997年中共十五大把可持续发展战略确定为"现代化建设中必须实施"的战略。《21世纪议程》中可持续发展行动纲领的提出及全球各国的积极响应，是人类社会把环境问题从伦理学（包括农业伦理学）的理论评议提升为实践行动的一个转折点。2012年联合国在里约热内卢召开了可持续发展大会（又称"里约+20峰会"），重点讨论了绿色经济在可持续发展和消除贫困方面的作用及可持续发展的体制框架两大议题。这次会议进一步提升了人类对生态环境问题的伦理学（包括农业伦理学）认知。

五、工业化－后工业化转型期的农业伦理观的发展

与世界的历史进程相比，中国从工业化到后工业化的转型完成大约转发达国家延迟20年左右。因此，在当前农业伦理实践中"农耕至上"或"唯科技论"都成为时代的遗迹。在现代性语境下，乌托邦式的重农伦理已经越来越偏离现实，现代人无法再回到生产力低下的前现代农业模式。相反，现代农业也不应该完全寄希望于科技和石油衍生品，农业的前景应该是以农耕文明和工业文明的合理内核为基础，蜕变衍发而产生的后工业文明，那是以信息和生态为主轴的、周延服务于社会的后工业文明。

探索未来农业发展的可持续途径，以农业伦理学的语境表述，生态农业可能是一条可以选择的道路。生态农业的起源要追溯到1909年，当时美国农业部土地管理局局长富兰克林·金（Franklin King）考察了中国及东亚农业数千年兴盛不衰的经验，并于1911年写成了《四千年农夫：中国、朝鲜和日本的永续农业》（Farmers of Forty Centuries：Permanent Agriculture in China，Korea and Japan）一书，指出中国传统农业长盛不衰的秘密在于中国农民的勤劳、智慧和节俭，善于利用时间和空间提高土地的利用率，并以人畜粪便和一切废弃物、塘泥等还田培养地力。该书对英国植物病理学家艾尔伯特·霍华德（Albert Howard）影响很大，其于20世纪30年代初在《农业圣典》（An Agricultural Testament）一书中提出了有机农业的思想。20世纪30—40年代生态农业在瑞士、英国、日本等得到发展，20世纪60年代欧洲的许多农场转向生态耕作，70年代末东南亚地区开始研究生态农业，至20世纪90年代生态农业在世界各国均有了较大发展。目前，建设生态农业已成为世界各国农业发展的共同选择。

生态农业是按照生态学原理和经济学原理，运用现代科学技术成果和现代管理手段，以及传统农业的有效经验建立起来的农业生产模式，能获得较高的经济效益、生态效益和社会效益的现代化高效农业。生态农业以中国传统农业伦理学为指导思想，基于"行有度"的伦理学理念在传统农业和现代农业之间寻求一种有益的平衡。因此，在现代农业科技高度发达的背景下，为了维持农业伦理学之"度决定序、序表征度"的时间关系，应在中国传统农业精耕细作、用养结合、地力常新、农牧结合等丰富经验的基础上，遵循"重时宜"的农业伦理学原理，达到"敬畏天时以应时宜"，同时依靠现代生物学、生态学、土壤学等先进科学知识，促进农业生产的可持续发展。

第二节　工业化时期生态伦理观的错位与演进

工业革命之前，自然资源的主体是支持农业生产的气候、耕地、淡水等，人类的农业生产活动直接作用于自然客体，由于这些人类活动的规模小、强度低，因此其负面影响相对较小。自工业革命以来，自然资源成为影响人类社会发展的"第三驱动力"，人类活动的强度和广度从根本上影响着自然资源及其依存的生态环境，并逐渐走上了一条以牺牲生存环境为代价来换取短期经济增长的歧途。随着工业化进程中环境问题的凸显，直至影响人类健康的"环境公害"的频发，人类社会对生存环境的关注程度及伦理认知不断变化，

生态伦理观也从人类中心主义逐渐演变为生物中心主义，最终发展为生态中心主义。

一、人类中心主义

1967年，美国历史学家林恩·怀特（Lynn White）发表了一篇题为《我们的生态危机的历史根源》（The Historical Roots of Our Ecologic Crisis）的文章，认为导致西方生态危机的深层根源是基督教思想中根深蒂固的人类中心主义。英国学者戴维·佩珀（David Pepper）认为人类中心主义是这样一种世界观：其一，它把人置于所有造物的中心，大多数西方人认为这是理所当然的；其二，它把人视为所有价值的源泉（人把价值赋予了大自然的其他部分），因为价值概念本身就是人创造的。中国学者余谋昌认为，人类中心主义是一种以人为宇宙中心的观点，它的实质是一切以人为中心，或一切以人为尺度，为人的利益服务，一切从人的利益出发。

人类中心主义虽然不能为当代的生态危机负全部责任，但是人类中心主义主张的几种观点确实为人类破坏自然的行为提供了辩护。人类中心主义又可分为古典人类中心主义和现代人类中心主义。

1. 古典人类中心主义的伦理观

（1）机械自然观。自然是一部没有生命的僵死的机器，可以任人拆卸、组装、改造，达到服务于人类的目的。

（2）原子主义方法论。只看到人类的相对独立性，而看不到人类对自然的终极意义上的依赖性。认为人存在于自然之外，而不把人与自然视为一个密不可分的整体。认识不到人对自然的伤害同时也是对人自己的伤害。

（3）绝对的主体主义。把人视为完全独立于自然的绝对主体，把自然理解为绝对被动的纯粹客体，认识不到人与自然的统一性以及自然作为人类的精神家园和生养母体的审美意义。

（4）人类主宰论。把人与自然对立起来，把人理解为大自然中唯一具有内在价值的存在物，把人之外的自然物都视为需要人去加以征服和控制的对象，需要向人臣服的异己存在。

2. 现代人类中心主义的伦理观 古典人类中心主义虽然包含着许多消极的因素，但在坚持人类中心主义立场的人看来，只要我们正视并克服了人类中心主义中不合理的方面，人类中心主义就仍然是一种可以接受的观念，这就是现代人类中心主义的观点，并形成了其独特的伦理观。

（1）人由于具有理性，因而"自在地"就是一种目的。人的理性给了他一种特权，使得他可以把其他非理性的存在物当作工具来使用。

（2）非人类存在物的价值是人的内在情感的主观投射，人是所有价值的源泉；没有人，大自然就只是一片"价值空场"。只有人才具有内在价值，其他自然存在物只有在它们能满足人的兴趣或利益的意义上才具有工具价值；自然存在物的价值不是客观的。

（3）道德规范只是调节人与人之间关系的行为准则，它所关心的只是人的福利。最理想的道德规范是这样一些规范，它们能在目前或将来促进作为个人之集合的人类群体的福利，有助于社会的和谐发展，同时又能给个人提供最大限度的自由，使他们的需要得到满足，使他们的自我得到实现。非人类存在物不是我们的伦理体系的原初成员，道德只与理性存在物有关。

在坚持人类中心主义的人看来，只要我们真诚地遵守"己所不欲，勿施于人"这类古老的道德，即使不把伦理关怀的对象扩展到人之外的自然存在物，一般也不会产生伦理问题。在工业化过程中，人类中心主义的理论和"人定胜天"的思潮占据主导地位，人类往往违背客观规律，根据主观意志或需求去改造自然，酿成了环境恶化、资源枯竭的苦果。例如，苏联在中亚的大规模开荒、美国对中部大草原的开发、我国在农牧交错带的不合理垦殖等，无不遭到了自然界的报复。在工业化后期，严酷的现实促使人们冷静地审视人类社会的历程，总结传统发展模式所伴随的经验教训，寻求社会经济发展的新模式；认识到人类要做自然的朋友，人与自然应和谐协调发展，才能达到可持续发展的目标。

二、生物中心主义

现代意义上的生物中心主义是由人道主义学家艾伯特·史怀哲（Albert Schweitzer）于1923年在《文明与伦理》（Civilization and Ethics）一书中首先提出来的。他认为所谓的伦理，"就是敬畏我自身和我之外的生命意志"。史怀哲倡导的敬畏生命的伦理观念强调：一个人只有当他把所有的生命都视为神圣的，把植物和动物视为他的同胞，并尽其所能去帮助所有需要帮助的生命的时候，才是有道德的；人越是敬畏自然的生命，就越是敬畏人的生命；有些生命看似没有价值，但人们不能不受伦理约束而随意伤害和毁灭它们。

史怀哲没有提出一整套定义明晰的概念来演绎和构造他的伦理体系，他那种散文式的诉诸情感和直觉的写作方法又往往使他的理论显得过于浪漫和天真。这是他的敬畏生命的伦理思想没有产生广泛社会影响的原因。其后，保罗·沃伦·泰勒（Paul Warren Taylor）则提供了让人们充分接受尊重生命的伦理思想的理论依据。泰勒所著《尊重自然：一种环境伦理学理论》（Respect for Nature：a Theory of Environmental Ethics）一书，建构了一套完整的由"尊重自然的态度、生物中心主义世界观和环境伦理规范"三部分组成的生物中心主义伦理体系。

1. 尊重自然的态度　泰勒所倡导的生态伦理的核心内容是："一种行为是否正确，一种品德在道德上是否良善，将取决于他们是否展现或体现了尊重自然这一道德态度。"泰勒认为，所有的自然生物有权拥有自己的利益，但石头这类无生命的物质和人造机器却不拥有自己的利益。高等动物能够感受或意识到它们自己的利益，它们所拥有的利益是一种主观性的利益；低等动物和植物意识不到或感觉不到它们的利益，但某种状态却能影响它们客观的利益，因而它们所拥有的利益是一种客观性的利益。泰勒认为，凡拥有自己利益的实体，都拥有天赋价值。如果一个存在物拥有天赋价值，我们就应尊重它，尊重是伦理的本质。

2. 生物中心主义世界观　生物中心主义的世界观由四大理念组成。

（1）人是地球生物共同体的成员。泰勒认为，人是地球生物圈自然秩序的一个有机部分，人是生物物种的一个成员；人和其他生物都起源于一个共同的进化过程，而且也面对着相同的自然环境，与其他生物共享自然环境。

（2）自然界是一个相互依赖的系统。生存于特定生态系统中的任何一个生命或生命共同体都不是一座孤岛，任何一个生命或生命共同体的重大变化或灭绝，都会通过系统结构对其他生命发生影响。如果打破了我们与地球生命网络的联系，或对生命网络的干涉过大，就是在摧毁我们追求独特的人类价值的机会。

（3）有机体是生命目的的中心。每一个有机体都是一个生命的目的中心，因而每一个有机体都会从"自己的角度"来与世界发生联系。如果不是只把有机体当作对人的生活有功用的存在物，而且也当作有它自己的存在方式的具有多种属性的存在物来看待，让其他生命的"真实"完整地进入我们的意识世界，那么人就能真正获得一种站在其他生命的角度看待问题的能力，就会高度评价其他生命的存在。

（4）人类并非天生比其他生物优越。泰勒认为，人所具有的那些能力只对人来说才具有价值，而其他生命的生存并不需要这些能力。同时，其他生命也拥有某些对它们的生存来说是至关重要的能力，但人不具备且对人来说是无用的。因此，人类并非天生比其他生物优越，人类天赋的优越性只是一种"不合理的自私的偏见"。

3.**环境伦理规范**。泰勒并不满足于论证和提出一种尊重所有生命的终极道德态度，他还进一步提出了使这种态度得到具体体现的环境伦理规范，从而使他提出的生物平等主义伦理具有了更大的可操作性。这些环境伦理规范包括不伤害原则、不干涉原则、忠诚原则和补偿正义原则。泰勒认为，在人的利益与其他生命的"福利"之间做出选择，是一种道德上的两难困境；对于这些相互竞争的道德权益的冲突，可以通过一些能够公平地对待冲突各方的优先原则，即自卫原则、对称原则、最小错误原则、分配正义原则和补偿正义原则来解决。

泰勒认为，只要坚持他所提出的生物中心主义，赋予人之外的所有生命的个体以固有价值，人与自然的矛盾就可以迎刃而解。但是，生物中心主义认为生命的联合体不具有道德意义，没有固有价值。因此，生物中心主义的生态伦理观并不够彻底，它没有关注生命共同体的价值及其实在性。

三、生态中心主义

生态中心主义又称生态整体主义，它认为生物中心主义所主张的道德范围过于狭窄，它进一步将价值概念从生物个体扩展到整个生态系统，赋予有生命的有机体和无生命的自然界以同等的价值意义。生态中心主义的主要观点是：

（1）自然客体具有内在价值，这种价值不依赖于其对人的用途。

（2）在生态系统内，自然客体和人类一样具有独立的道德地位和同等的存在与发展权利。

（3）人类应当担当起道德代理人的责任。

生态中心主义强调整体主义，它不仅承认人与自然客体之间的关系和自然客体之间的关系，而且把物种和生态系统这类"整体"视为拥有直接的道德地位。因此，与生物中心主义相比，生态中心主义更加关注生态共同体而非有机个体。生态中心论把价值的扩展推到了整个生态系统，从而赋予整个自然界以道德、价值的意义。这就为克服人类中心主义，从更高的道德角度去关怀自然、保护环境提供了新的理论依据，为农业伦理学的更新与发展奠定了基础。

第三节　后工业化时期生态伦理观的发展

三百多年的工业化过程主要以人类大规模改造自然为主要特征，一系列全球性的生态危机说明地球再也没有能力支持工业文明的继续发展，需要开创一个新的文明形态来延续人类的生存。生态文明的提出就是人类对工业文明进行深刻反思的成果，是人类文明形态和文明发展理念、道路和模式的重大进步。生态文明是人类经历了原始文明、农业文明和工业文明后的一种文明形态。如果说农业文明是"黄色文明"，工业文明是"黑色文明"，而生态文明就是"绿色文明"。生态文明以尊重和维护自然为前提，以人与人、人与自然、人与社会和谐共生为宗旨，以建立可持续的生产方式和消费方式为内涵，以引导人们走上持续、和谐的发展道路为着眼点。后工业时期是工业文明向生态文明过渡的阶段，这一时期的生态伦理观，对指导农业可持续生产及未来农业可持续发展具有十分重要的作用。这一时期人类应该继承和发展生态中心主义（或生态整体主义）的伦理观，从土地伦理学、自然价值论和深生态学三个方面完善农业伦理学理论和应用体系的构建。

一、土地伦理学

美国生态学家奥尔多·利奥波德在《沙乡年鉴》一书中提出的大地伦理是对生态中心主义最早的系统阐述。大地伦理学中提出了生物共同体的概念。它指出人不仅要尊重共同体中的其他伙伴，而且要尊重共同体本身。利奥波德认为，生物共同体是一个由生物和无生物组成的"高度组织化的结构"，通过这个结构，太阳能得以循环。它好比一座金字塔，低层是土壤，往上依次是植物层、昆虫层、鸟类与啮齿动物层，最顶层由大型食肉动物组成；啮齿动物层与大型食肉动物层之间还包括一系列动物组成的较小的层（图1-23）。

利奥波德认为，"高度组织化的结构"的正常运转取决于两个条件：一是结构的多样性和复杂性，二是各个部分的合作与竞争。由对生物共同体的上述理解，人对生物共同体的义务具体化为两点：第一，保护生物共同体在结构上的复杂性以及支撑这种复杂性的生物多样性；第二，生物共同体虽然是一个可以自我调节的系统，但它的这种调节需要较长的时间，因此，人对生物共同体的干预不应过分激烈，否则会影响金字塔的自我修复。

土地伦理学强调的生物共同体是一个"高度组织化的结构"，土壤、动物、植物是这个高度组织化的结构中的组成部分，都应该得到尊重和关爱。这种观念与生态文明的理念相一致，也是后工业时代乃至生态文明时代农业伦理学应该遵循的基本原则。正如美国诗人温德尔·贝里（Wendell Berry）强调"不论日常生活多么都市化，我们的身体仍必须仰赖农业维生；我们来自大地，最终也将归于大地。因此，我们的存在基于农业之中，无异于我们存在于自己的血肉之中"。

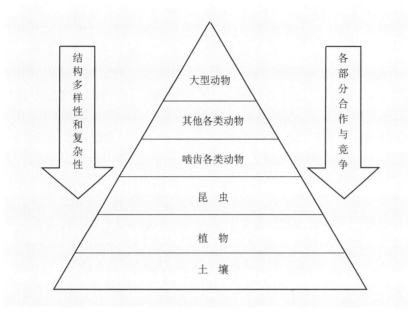

图 1-23　土地伦理学描述的生物体"高度组织化的结构"

二、自然价值论

　　自然价值论是20世纪70年代美国哲学家霍姆斯·罗尔斯顿（Holmes Ralston Ⅲ）提出的生态哲学理念，是针对现代西方主观主义的工具价值论。这种主观主义的价值论把自然物的价值理解成了完全由人的兴趣和欲望来决定的，使对自然价值的认定完全陷入了主观主义的泥潭之中。相反，罗尔斯顿把价值当作事物的某种属性看待。他认为，大自然的所有创造物，因为自然的创造而拥有价值。

　　罗尔斯顿的自然价值论特别强调生态自然整体对于价值形成的基础性作用，认为"自然系统的创造性是价值之母；大自然的所有创造物，就它们是自然创造性的现实而言，都是有价值的"。罗尔斯顿认为，自然价值对于人的需要能满足并不意味着人类具有凌驾于自然价值之上的价值，而是人类具有承担这些价值的能力；人类不仅承认自然具有的服务于人的工具价值，同时也承认人类具有维护自然生态系统的内在价值。在罗尔斯顿看来，自然价值可分为经济价值、生命支撑价值、消遣价值、科学价值、审美价值、生命价值、多样性与统一性价值、稳定性与自发性价值、辩证的价值、宗教象征的价值等十个层次，其中的每一个层次都必须经由人的主观能动性才能有所体

现，才能实现自然价值与人的价值的深层次统一。

罗尔斯顿认为，生态系统是价值存在的一个单元，一个具有包容力的重要的生存单元，没有它，有机体就不可能生存。共同体比个体更重要，因为它们相对来说存在的时间较为持久。共同体的完整、稳定和美丽包括了对个性的持续不断的选择。在生态系统中，有机体既从工具利用的角度来评判其他有机体和环境资源，也从内在的角度来评价它们的身体和生命形式。因此，工具价值和内在价值都是客观地存在于生态系统。生态系统是一个网状组织，其内在价值与工具价值是相互交织在一起的，形成了系统价值。系统价值并不完全浓缩在个体身上，它弥漫在整个生态系统中。因而，人类既对那些被创造出来作为生态系统中的内在价值的动物个体和植物个体负有义务，也对这个设计与保护、再造与改变着生物共同体中的所有成员的生态系统负有义务。尽管罗尔斯顿的自然价值论并没有证明价值与义务间必然的逻辑联系，但这也从一个侧面反映了人类伦理生活的复杂性和理性的有限性。

自然价值论所倡导的理念"人作为自然生态系统中有理性的能动参与者，理所应当地发挥自身的内在价值，在尊重其他参与者内在价值的前提下，合理利用自然的工具价值，承担起努力维护或促进整个系统的'美丽、完整和稳定'的义务"，就是尊重自然、顺应自然、保护自然的生态文明理念。其目的就是要避免重蹈工业文明的覆辙，不再将肆意地人工化自然视作"进步"和"理所应该"。这是后工业时代乃至生态文明时代，农业伦理学应该遵循的另一基本原则。

三、后工业化时期伦理观的生态学标志——深生态学

深生态学是挪威著名生态哲学家阿恩·奈斯（Arne Naess）在1973年提出的一个与浅生态学相对应的概念。它将生态学发展到哲学与伦理学领域，并提出生态自我、生态平等与生态共生等重要生态哲学理念。特别是生态共生理念更具当代价值，包含人与自然平等共生、共在共容的重要哲学与伦理学内涵。针对浅生态运动局限于人类本位的环境和资源保护，深生态主义者把浅生态运动视为一种改良主义的环境运动，认为浅生态学试图在不变革现代社会的基本结构、不改变现有的生产模式和消费模式的条件下，依靠现有的社会机制和技术进步来改变生态环境现状是行不通的。

奈斯为深生态学理论创立了两个"最高规范"：自我实现和生物中心主义的平等。这两个最高规范是深生态学伦理思想的理论基础。深生态学的基本价值观念是：与自然和谐相处；所有的自然物具有内在价值，生命物种平等；

讲究而简单的物质需要（物质的目的为更大的自我实现的目标服务）；地球"供给"有限；恰当的技术'非主宰'科学；足够使用和再使用（循环利用）；尊重少数的传统和生物区域。

自我实现论是深生态学最独特的理论贡献之一。奈斯认为，人类自我意识的觉醒，经历了从本能的自我到社会的自我，再从社会的自我到形而上的"大自我"，即"生态的自我"的过程。这种"大自我"或"生态的自我"才是人类真正的自我，这种自我是在人与生态环境的交互关系中实现的。"大自我"代表着大自然原始的整体，而不是狭隘的"小自我"。正如奈斯所说，"所谓人性就是这样一种东西，随着它在各方面都变得成熟起来，那么，我们就将不可避免地把自己认同于所有有生命的存在物，不管是美的丑的、大的小的，还是有感觉无感觉的"。奈斯倡导的深生态学"自我实现"这一最高规范强调：个体的特征与整体的特征密不可分，自我与整个大自然密不可分，即人的自我利益和生态系统的利益是完全相同的。正如2018年1月20—21日在美国克莱蒙召开的"农人与哲人：走向生态文明"研讨会上，罗伯特·詹森（Robert Jansen）等强调的观点"对于今天的生态危机和农业危机，人类中心主义、科学主义、技术至上主义难辞其咎。人类要走出困局，就要培养一种以自然为师，向自然学习的心态。要认识到人类仅仅是宇宙共同体的一部分，是宇宙之旅的一部分，是生态共同体的普通公民"。可以认为这就是"道法自然"的现代表述。

深生态学主义者认为，把自我实现作为生态伦理学的基础，有两个好处：第一，可以使环境保护的主张更容易被人们接受。原因在于：如果人类的自我属于一个包括了整个生物共同体的"大自我"，对森林、动物、山河及大地的破坏就成了对人类自己的破坏，保护地球就成了一种"自卫"，而大多数道德和法律体系都能为"自卫"提供充足的理由。第二，可以超越利己主义与利他主义的对立。原因在于：利他行为的动机主要是出于义务，不包含任何自爱的情感或成分。然而，对他人的爱是离不开自我的，利他主义不可避免地要把自我当作出发点（但不是归宿）。通过扩大人文范围，人类在自己的生存和他人的生存、自我的存在和自然物的存在之间建立了某种有意义的联系，自我与他我之间的存在鸿沟被填平，因而也会超越利己主义与利他主义的鸿沟。这实质上是"道法自然"的理性解读。

作为生态中心主义（或生态整体主义）的三大理论视角之一，深生态学和土地伦理学、自然价值论一样，强调人与自然的统一性、平等性、和谐性、共生性、共容性，这是生态文明的核心理念，也是后工业时代农业伦理学应该坚守的底线。

第四节　中国工业化和后工业化社会带来的 伦理问题

中华人民共和国1949年成立以后，就开始工业化进程，尤其在20世纪90年代以后，工业化进程高速发展，在短时期内完成了工业化，继而进入后工业化时期。有人亟言其快，意之我们在几十年内走完了资本主义国家300年的路程。实际上如从1949年工业化起步算起，中国工业化历程为60年。但无论如何，中国从一个落后贫穷的农业国完成工业化，然后转型为后工业化国家，并且在某些方面已经进入世界前列，其成绩之巨大闪耀全球。

但无论如何，中国工业化的起步比世界工业化晚了300年，而且在1949以后的30年由于多种失误，延误了工业化进程。更为重要的是在这段时期，较为完整地保持了农耕文明的伦理特色，即封闭、自给、城乡二元结构和"以粮为纲"的农业传统基本没有触动。中国工业化和后工业化的主要业绩确实是在后30年内仓促完成的。因此，我们可以说中国以超短的时距从农耕文明经过工业文明，而后仓促到达后工业文明。

西方经过300多年的工业文明和与其俱来的资本主义社会多种弊端暴露无遗，知识精英正在谋求解决之道的时候，中国还在加速工业化进程。颇为巧合的是1949年，新中国建立，也就在同一年，美国"生态伦理之父"奥尔多·利奥波德（Aldo Leopold，1887—1948）积毕生的观察与思考，著作的《沙乡年鉴》（Sand County Almanac，1949）出版，深刻揭示工业化的生态弊端，提出"土地伦理"的思想，敲响了后工业化时代的启蒙钟声。其后，蕾切尔·卡逊（Rachel Carson，1907—1964）于1963年发表了《寂静的春天》（Silent Spring），进一步引起社会关注，使全世界感受到紧迫性。1972年联合国人类环境会议在斯德哥尔摩召开，通过"联合国人类环境会议宣言"（United Nations Declaration of the Human Environment），树立了人类对工业文明弊端认知的里程碑。但工业社会惯性滚动向前的势能仍在，人类长期违背伦理观的农业行为并未止步，致使水源、土地、生物资源被过度耗竭和污染，祸及生物圈整体，人们的幸福指数急剧下降。在斯德哥尔摩会议20年后，联合国于1992年在巴西里约热内卢召开世界环境与发展大会，世界各国领导人参加，会上提出《联合国气候变化框架公约》（United Nations Framework Convention on Climate Change），从此这一全球性的峰会成为每年必开的例会，并提出下一步具体任务，把防治污染纳入全球性常规议程。因此，我们不妨认为从1949年《沙乡年鉴》的出版，到1992年《联合国气候变化框架公约》

的宣布，前后历时近半个世纪，为世界从工业化到后工业化的过渡期，从此世界进入了后工业化时代。与此同时与之相适应的"深层生态学"和阿尔文·托夫勒(Alvin Toffler，1928—2016)的"第三次浪潮"等对后工业文明深度思考的著作陆续出版，从理论上阐明了从工业化到后工业化时代的伦理内涵及其界限。

在以后每年召开的联合国气候变化框架公约参加国的峰会中，中国积极参与并做出不懈努力，促成发表多次宣言，制定温室气体减排方案。但全球气候变化是一长期过程，很难短期见效，何况环境污染类型复杂，并非温室气体一端，而且国际不同利益集团常有抵牾，步履维艰。可见环境改善，有待全球合力，长期坚持。中国巨大的农业系统应为改善环境的有力推手。

我们应特别关注，从1949—1992年，全世界从工业化到后工业化转型的约半个世纪中，也正是新中国成立并进入工业化的高速发展时期。我们经常听到这样自豪的声音，"中国30年走过了西方资本主义世界300年的工业化路程。"我们短时期内收获了资本主义国家三个世纪的丰硕成果，创造了奇迹。但国家工业化与时俱来的一切污染等负面作用也不期而至，在短时期内高度集中发生于中国各地。尽管中国工业化初期，国内曾普遍提出警告："不要走西方先污染后治理的老路"，但还是为迅速工业化付出了严重污染的沉重代价。因为社会发展从本质上看，是生态系统的发展的必然过程，这是一个必有的历史规律。工业化与工业污染是一枚硬币的两面，如影随形，伦理学基本规律是难以改变的。我们在获得工业化辉煌成果的同时，也必然尝到了污染带来的苦果。我们应该义不容辞地承担起迅速工业化造成的负面遗留问题，这是我们的伦理学责任。

关键是我们如何对待工业化留下的苦果。遗憾的是我们经常看到以农耕文明为参照系来挑剔工业文明的缺陷。好像没有工业文明发生，原来的农耕文明将为我们继续保持一个澄澈清洁的世界。但历史是不容假设的，世界文明史毕竟创造了工业化时代。工业化是人类文明进步的重要阶段。它为人类带来劳动效率的空前提高和财富的大幅度增长，并创造了工业文明的可贵文化遗产。其历史贡献是不容否定的。问题在于当世界工业化文明已经进入后工业化文明转型期的时候，中国因受历史的局限，工业建设还刚刚起步并全速前进。中国容纳了几乎全部世界先进国家转嫁而来的污染工业，甚至乐于大量引进工业垃圾，从中淘洗减价工业资源。当时的中国还没有来得及对工业文明加以检讨，更不会对后工业文明有所认知。如果从1992年在巴西召开的环境与发展大会算起，中国的后工业化时期的到来，大约比世界平均水平晚了23年。如果按照《第三次浪潮》作者托夫勒的研究，美国的后工业文明于1955年左右开始，相比我国2015年后工业化开始的时间，我们整整晚了60年。当然的，我们不可能以后工业文明的思维对工业文明的利弊加以反思。因而发生以农耕文明审视工业文明的反历史倾向是不足为怪的。好在中国的后发优势，可以参照世界已有的有关后工业文明的论述，改善我们的环境，避免后工业化时期的继续失误。今天我们面对的任务是对一个崭新文明即生态文明的再创造。

小　　结

农业伦理学的"时"有两重含义，即物理学的时和伦理学的时。物理学的时（t）为物理学的基本概念之一，是农事活动的时间量纲；伦理学的时则为时序，即农事活动的时间、空间和事件发生协变，而出现时态序列，三者处于协和状态者称为时宜。时宜中特殊完美而可发生溢出效应者称为"际会"。在农业系统的时序中际会常有而不常驻，农事活动需要把握节点，适时而动。不违农时是农业活动的大法，是中国农业伦理学中一切行为的总依归。

农业是自然生态系统人为农业化的产物。因而人在不同的历史阶段有不同的农业伦理观。社会发展阶段是不可逆的，因而农业发展的阶段和它所衍生的农业伦理观也是不可逆的。农业伦理观从一个阶段到另一阶段是"方生方死，方死方生"的蜕变过程。其中有生命力的"基因"可通过农业伦理观的重铸而保留与继承，但旧伦理系统不可复制。

我国农业发展历史的农业伦理观可以分为原始氏族社会时期、奴隶社会时期、封建社会时期、皇权社会时期和现代社会转型期的农业伦理观几大阶段。各个阶段的农业伦理观各有特色，但仍然保持其共有的价值共识，即敬畏天时、不违农时、把握际会的关键认知。农业社会的趋同性表现在农业社会的众多节日及其载体，即华夏历法[1]所表达的时序量纲。它有效地提供了认知农事时序的时间坐标，并推动以农立国的中华帝国有序运行。

社会进入工业化和后工业化是人类文明的重大进步，农业从多方面受益。尽管工业化为农业带来丰厚的效益，但不能据此得出应该走"农业工业化"的道路。否则会丧失农业伦理维度，对社会生态系统和自然生态系统将遗患无穷。为此，我们必须坚守农业伦理观的底线。

现代农业伦理观需关注农业时序的常态原则，生态保护的时宜原则，地

---

[1]　任继周.中国农业史的起点与农业对草地农业系统的回归——有关我国农业起源的浅议[J].中国农史，2004(3):3-7.

带性的时宜原则。地带性农业伦理属性既有自然地带的时宜，也有时间地带的时宜。归结一句话就是"不违农时"的原则。

在农业伦理学语境中东方的"造神论"和西方的"神造论"都反映人类某一时段对农业伦理的认知，两者有本质区别。前者是总结人的经验而知所进取，后者是响应神的召唤而满足于恩赐。前者体现了人本思想的科学伦理观，后者则为玄学的宗教伦理观。用来指导农业生产，两者得到截然不同的后果。"造神论"与"神造论"两者虽差异明显，但在人类认识发展的特定时段有其深层相通之处。"造神论"有可能通过个人崇拜与"神造论"合流，不可不有所警惕。其关键就是坚守以人为本的底线，摒弃玄学宗教观的逻辑，恪守人本农业伦理学原则。

人类农业伦理观在资本和强大工业手段的主导下，建立了工业化社会，它为解放人类生产力，大幅度提高社会生产水平，改善人们幸福做出了历史性贡献。但与此同时，由于违背了"可行之度"和"自然之法"的伦理学公理，造成了灾难性的、不可持续发展的严重后果，也从此开启了从工业文明到后工业文明转型的大幕。但我们的机遇良好，1949年，正是新中国成立的一年，利奥波德的《沙乡年鉴》为后工业文明新时代拉开序幕。值得特别关注的是1972年，就在这一年，罗马俱乐部的《增长的极限》、斯德哥尔摩大会的《人类环境宣言》同时问世，蕾切尔·卡逊的《寂静的春天》再度被热议，这不是一种巧合，而是历史发展的必然。从1949年《沙乡年鉴》到1972年罗马俱乐部的《增长的极限》和斯德哥尔摩大会《人类环境宣言》的问世，这一时期可视为从工业化到后工业化的过渡期。

文化总是随着社会经济发展而同步发展的。回顾本篇所勾勒的历史足迹，传说和考古资料告诉我们，华夏民族从燧巢的蒙昧时期到羲娲的创世纪走了一万年，从羲娲时期到神农时代的农业黎明期走了四千年，从神农时期到黄帝时代的华夏文化奠基期走了一千五百年，从黄帝时期到有史时期走了五百年。时代的转型步伐是10 000年、4 000年、1 500年和500年。这步伐一代比一代缩短。历史规律告诉我们，时代转型在加速度前进。从有文字记载的夏代开始，到现在大约3 600多年（殷商纪元前1600年起）。其中皇权时代达2 132年（纪元前221年秦始皇称帝到1911年辛亥革命），占全部历史时代的60%。这是中华民族在皇权之下，从农耕文明长期熏陶中走来的漫长历史路程。因此，我们对农耕文明后续效应不可低估。

但我们是幸运的。恰逢1949年，中华人民共和国成立的当年，如前所述，以奥尔多·利奥波德的《沙乡年鉴》为标志，世界拉开了工业文明转型的序幕，而我们却大踏步地走上西方工业革命的老路。1972年当世界的后工业文明开启序幕的时刻,我们还陷于"文化大革命"的极端无序之中。我们客观地追溯,无论工业文明还是后工业文明,我们都比全世界人类发展的步伐有些滞后和不够自觉。但无论如何,我们在农耕文明的阴影下迎接了工业文明和后工业文明。我们享用了工业文明的盛宴,也遭受了工业文明带来的灾殃。救治灾殃之道,就是以后工业文明的视角去寻觅、去建设新时代的农业伦理观,当然必须吸纳农耕文明和工业文明的精华基因,加入新的元素融合重铸,而不是习惯地屡屡回顾和留恋农耕文明的老路。

我们必须清醒地认知,我们在继续享用着工业文明和农业文明带给我们的成果。这是我们不应拒绝、也无法拒绝的伦理学历史义务。同样,我们也负有清除工业文明和农业文明遗留的伦理学渣滓的历史义务。

现在我们已经自觉或不自觉地站上后工业文明的伦理学新高地。这个新高地正处于贪婪成长的幼龄阶段,需要全价而丰富的营养。用农业伦理学时宜的观点来看,这正是农业伦理学的际会所在,际会常有而不常驻。让我们抓住际会,为新的多维结构的伦理学大厦贡献一份力量。

第二篇

地之维

导　言

农业伦理系统结构包括时、地、度、法四个维度。其中，地是一切陆生生物的载体。中华文化赋予其特殊涵义。"地"在《说文解字》中的解释是："元气初分，轻清阳为天，重浊阴为地。万物所陈列也。"初民限于当时的认识水平，认为上有天、下有地，万物在天地之间，"其体底下载万物"。由此导出"地"是万物的本原、生命的根源，对地寓有神秘的崇敬情怀。《易经》将这类认知总结为"厚德载物"的伦理学内涵。上自帝王、下至平民对地无不顶礼膜拜。

从现代意义上来讲，"地"指陆地上的土地。"地"按照用途可分为农用地、建设用地和未开发利用的土地三大类。本篇所要讨论的地的范围仅指农业用地。

从古至今人类对土地资源的掠夺和毫无节制的大量利用从未停止过。尤其进入工业社会以来，因化肥、农药、农膜、除草剂、重金属化合物等外力因素引起的土壤面源污染越来越严重，破坏了土地生态系统。土地数量的减少和质量的下降乃是中国农业之殇，根源之一就在于对地的农业伦理观的缺失。

地对农业的总体涵义是地境。不同的气候条件和地理特征结合在一起形成不同的地境。人作为农业生产活动的主体，在进行农业活动时必须清晰认识地境的特质和类型，因地制宜地进行农业生产，尊重农业生物的多样性，实施合理耕作、养护地力，使农业生态系统健康发展。老子所说的四大，即人、地、天、道，人作为驱动力，通过对地的农业活动，响应天的法则，体现自然之道。因而，在农业伦理观中地是不可或缺的元素。

本篇所阐述的《地之维》就是探讨在"道法自然"这一大自然"绝对命令"下"人法地"的伦理关联，探讨人与地之间，地与其他生物要素之间，地与其他非生物要素之间，如何协调运行、和谐发展。具体而言，就是探讨如何根据土地生态、地理地带性、土地类型及时序特征，指导人的农事活动，如选择栽培作物、饲养家畜的品种和采取农艺措施以及如何优化农业资源配置等，指导人该如何适度利用土地，才能使整个土地在生态系统中持续发展并达到经济效益最大化。

第一章 土地的农业伦理观起源

"天地"相骈为词。中国传统农业伦理学中源于《周易》:"天行健,君子以自强不息(乾卦);地势坤,君子以厚德载物(坤卦)",世人由此遂化出"天地"一词,以表地可与天配的大义。关于天的论述,我们结合"时之维"已经有所阐述。此处只就天地相骈的另一半,即地,加以伦理学阐述。

第一节 地的农业伦理学内涵

"地"作为华夏古农业文明创世纪的文化核心和对人类生存及农业活动的本初认知,地的农业伦理学蕴意深厚。如以现代语言来表述天地的涵义,可以理解为"自然"并附丽某些人间感悟。这些感悟虽受时代局限,不乏神秘主观之处,但其总体不失对自然这个根本基石的认知。《荀子·王制》说"天之所覆,地之所载,莫不尽其美,致其用,上以饰贤良,下以养百姓,而安乐之",对人所享用的天地之德说得简洁明白。

天与地两者既有无可分割的关联,也各有所本体。《仪礼》记载,祭祀祇神为最高等级的大祀。古人认为夏至这一天"阳气至极,阴气始至",所以每年夏至由皇帝主持祭地大典。祭祀属于阴性的"皇地祇"(图2-1,图2-2)。

图2-1 地坛皇祇室门前
(张维摄)

图 2-2　地坛皇祇室内神位
（张维摄）

祭祀仪式由皇帝亲自主祭。后来对土地尊崇日益发展，后世出现了"五岳五镇"之说。

"五岳五镇"的祭祀封拜来源于远古先民的山川神灵崇拜，封号起源于唐宋。相传盘古死后，头和四肢就化为五岳。在数千年漫长的封建时代，"岳""镇"是皇权和社稷的象征，是国泰民安、和谐兴旺的寄托。"五岳风光"与"五镇奇观"一直被尊称为"华夏十大名山"。为答谢天帝的"受命"之恩，历代封禅祭祀不断。据《明史》记载，"五岳五镇"的封号起于唐、宋时期，宋代封五岳为帝，五镇为王。至明洪武三年（1370年），诏定岳镇海渎神号。五岳为东岳泰山之神，南岳衡山之神，中岳嵩山之神，西岳华山之神，北岳恒山之神。

五镇之说源于古代瘗埋，即祭后挖坎穴将牺牲等祭品埋入土中，祭地用的牺牲取黝黑之色，用玉为黄琮，黄色象土，琮为方形象地。整个祭祀过程十分隆重，不但祭品丰富，礼仪复杂，场面宏大，历时一个时辰，皇帝需跪拜70余次。五镇为东镇沂山之神，南镇会稽山之神，中镇霍山之神，西镇吴山之神，北镇闾山之神。

至于民间对于山川、木石的顶礼膜拜更是随处可见。尤其"土地庙"具有护佑一方的使命，为各地群众所亲密依托，情感深厚，至今仍在全国各地不断兴建（图2-3）。

图2-3 琼海新建住宅小区，在建和已建红色小庙即土地庙

（任继周摄）

今人对土地的理解，应是自然界的气候地带性，表达为生物圈的自然地带景观。生物资源及水热分布都属气候地带性特征，即自然地带的属性之一。举凡气候的寒暑旱涝，草木的生发荣枯，鸟兽的繁衍迁徙，人生的悭吝富饶，都是生活于某一自然地带之内的先民所直接感受到的"地"对"天"的行为的响应。随着文明的进步，人们逐渐赋予"地"以某种感悟和解读。人们将天象的时序运转和气候的常中多变，称为"天行有常"[1]，实为先民对地境的生态感悟。所谓"天行有常"体现了先民对"天行无常"认知的升华，即从"无常"中认知"有常"，是思维深度抽象的巨大进步。先民因对天的行为不可预知和无力干预而生敬畏之心，因敬畏而产生与之交流以表达对天的乞望，于是出现了"天人感应的假说"[2]。

上述中华先民对天的认知部分来自对天象和气候的直接观察与体会，其中重要部分是通过天影响于地，而人对地所作响应的感受。例如，在天候的作用下，地上的农业生物感受旱涝、寒暑而做出对策性适应，改变它们的生活和生产状态。这种信息的传递层次表达，就是老子所说的"人法地，地法天，天法道，道法自然"的所谓"四大"的哲学逻辑。儒家伦理观则为"天地人"三才说[3]，缺"道法自然"这一最高层，而自然恰是农业行为的最后皈依。

---

[1] 《荀子·天论》，天行有常，不为尧存，不为桀亡。

[2] 任继周，胥刚，齐文涛.中华农耕文明伦理观的历史足迹及城乡二元结构伦理溯源[J].中国农史，2013(6):3-12.

[3] 儒家讲"天地人"三才说，出自《易传·系辞下》："有天道焉，有人道焉，有地道焉。兼三才而两之，故六。六者非它也，三才之道也。"天、地、人三才，两两相分，得六十四卦。

以儒家思想为主轴的中国农耕文明，以天地人"三才"为训，缺乏代表自然的道的范畴，使我国农业系统的建设不可避免地产生了某些伦理缺失后遗症。

老子所说的"地法天"，就是地所具有的实质和它所表达的特征是天所规范的，或可表述为地对天的作为的响应。地对天的响应可表达为生物及其载体土地的地带性。农业活动的特点就是人在陆地生态系统中，以地为载体，所做的生态系统的农业化的行为。人类赖以生存的土地资源，如地段、水体和矿藏，等等，都来自于地，遂升华感悟为地的好生之德。古籍 地，从'土'，从'也'。'也'为哺乳动物雌性生殖器之象，为个体生命之所自出。这正是先民体察土地有好生之德的最直接的农业伦理观的表达。

第二节　地的农业伦理学理解

地的农业伦理学理解，初始阶段源自游牧时期逐水草而居，对地境的认知唯水草丰歉为土地资源的印记。

约在殷商武丁晚期（前1250—前1192年），人类进入农耕定居时期以后，对土地的知识有所深化而分为两支。其中一支为地境与作物和家畜的繁育有关的知识类，即农业生产用地的知识分支。此为土地类型学与农业区划学之滥觞。

另一支为对民居生活的非生产的居留地，如宅地、城邑的构筑用地和丧葬用地的认知。这个有关土的知识分支可概括为关于居民生时宅居之地与死后丧葬用地的认知。先民对于当下生活用地必然关心，对宅居、城邑、道路等用地的建设布局，在实用意义之中，寄托以吉、凶、祸、福的期许而加以探究。同时古人认为灵魂不灭，出于对逝者的尊重和伦理关怀，"事死如生"[1]，生者对逝者的墓地的选择也至为慎重。对人的宅居和丧葬用地的关注的知识发展为后来的堪舆学。关于堪舆学的土地伦理观在《周礼》中颇多体现。周代设有土地官员"土训"，为掌管土地法规一类的高层官员；其下有"土方氏"[2]，为建立邦国城邑选择吉凶的官员。另有"冢人"，"冢人掌公墓之地，辨其兆域而为之图。先王之葬居中，以昭穆为左右"[3]，即先王子一代居左是为

---

[1] 《荀子·礼论》：丧礼者，以生者饰死者也，大象其生，以送其死也，故如死如生，如亡如存，始终一也。

[2] 《周礼·夏官司马》：土方氏，掌土圭之法，以致日景。以土地相宅，而建邦国都鄙。

[3] 二世、四世、六世，位于始祖之左方，称"昭"，三世、五世、七世，位于始祖之右方，称"穆"。

"昭"，子二代居右是为"穆"。还有"墓大夫"，掌管墓葬的位列[1]。从这里可以看出"土方氏"等所表现的土地伦理观，是将土地之德施之于生者，也施之于死者，是为堪舆学范畴。

地德对生者的社会含义是我们农业伦理学所应探讨的主体。其中关于民居与城乡规划问题，当今属土地规划范畴，本文从略。农业伦理学所关注的地德，应为土地与农业相关的农业伦理观。

土地的好生之德的农业伦理观可概括为对地境的生命生存意义的认知。所谓地境，就是我们通常所说的生物赖以生存的空间。当然同时包含这一空间的时间要素。因为空间总是与时间并存的。我们现在是以空间为主题，即把土地作为主题来论证，时间是其必然内涵。先民对自己生存地境由不自觉逐步趋于自觉，赋予多重含义。以现阶段的科学水平，对地之维的农业伦理解读含有五重要义：一为土地生态的伦理学认知，二为地理带性的伦理学认知，三为地境类型的伦理学认知，四为地境有序度的伦理学认知，五为农业伦理学地之维结构的认知。

---

[1] 《周礼·春官宗伯·墓大夫》：墓大夫掌凡邦墓之地域，为之图，令国民族葬，而掌其禁令。

第二章 土地生态的农业伦理学认知

农业生态系统的非生物因素中，土地因素处于不可忽视的地位。土地生态是以土壤、地形、水文和大气为环境介质和相应的生物群落组成的一个紧密的有机体，即生态系统。土地生态系统的环境介质是指气候、地形、表层地质、水文、土壤等无机物质的总体；其生物群落主要指绿色植物（生产者）、异养生物，包括各类动物（消费者）及各类微生物（分解者）等。古今中外，土地生态系统的伦理观是维系生态健康、保障农业可持续发展的思想源泉。

第一节 土地生态系统的农业伦理学思想

中国古代，从尚书到诸子百家，对土地生态系统的各个侧面皆有论述。其中，以《管子·地员》篇较为全面地阐述了土地的生态学含义。《周礼·地官》中以"土会之法"论述了土地类型，称为"土会之法"，将土地分为山林、川泽、丘陵、坟衍、原隰五大类。"辨五地之物生，一曰山林，其动物宜毛物，其植物宜皂物，其民毛而方。二曰川泽，其动物宜鳞物，其植物宜膏物，其民黑而津。三曰丘陵，其动物宜羽物，其植物宜覆物，其民专而长。四曰坟衍，其动物宜介物，其植物宜荚物，其民皙而瘠。五曰原隰，其动物宜嬴物，其植物宜丛物，其民丰肉而庳。因此五物者民之常。"这种土地类型学的理论，限于当时的水平，或有牵强附会不够恰当之处，但其分类系统本身的提出，表达了土地与生物群落的关联，是对地境综合性理解的进步。

《周礼·地官·大司徒》中的"土宜之法"对农业国家的认知和管理有重要意义。"以土宜之法辨十有二土之名物，以相民宅而知其利害，以阜人民，以蕃鸟兽，以毓草木，以任土事。辨十有二壤之物而知其种，以教稼穑树艺，以土均之法辨五物九等，制天下之地征，以作民职，以令地贡，以敛财赋，以均齐天下之政"。其中包含了土地利用、地上物产和据以实行的对当地居民的贡赋政策等，已经直接进入农业生产与农业管理的核心。

公元前200多年，《管子·地员》篇中不仅系统地论述了土地类型与农业生产的生态学关联，专门论及水土和植物（地宜性），还进一步涉及土著居民状况。中国历代的主要农业书籍如《齐民要术》《农桑辑要》《王祯农书》《农

政全书》《授时通考》《陈旉农书》《知本提纲》等，都论述了一些土地利用和
培肥养地的技术方法。所有这些知识为中国
的土地管理、尤其是农用土地的管理奠定了
厚实的伦理学基础。

在国外，土地生态的伦理学思想溯源于
19世纪中叶德国化学家李比希（Justus von
Liebig）（图2-4）的"矿质营养学说"，由此
人们产生了植物吸收土壤中矿质养分而生长
发育的认知。1879年美国学者约翰·鲍威尔
（John Powell）在给国会的报告——《美国
干旱地区土地报告》（Report on the Lands of
the Arid Region of the United States）中指出：
"恢复这些（因不适当耕作而导致的沙化或
废弃）土地需要广泛而且综合的规划……；
（规划）不仅要考虑工程问题及方法，还应

图2-4 李比希（1803—1873）
（引自［德］李比希著；刘更另，李三虎译
《李比希文选》）

考虑土地自身的特征"。这份报告强烈要求政府制定一种大地与水资源利用政
策，并要求选择能适应干旱、半干旱地区的一种新的土地利用方式、新的管
理机制及新的生活方式"。事实上，这些观点为土地生态的伦理学思想产生增
加了现代科学基础。

20世纪30年代以来，随着生态学学科的建立和巩固，土地生态的伦理学
思想得到进一步推进。土地伦理的概念最早由"生态伦理学之父"、美国著
名生态学家——奥尔多·利奥波德（Aldo Leopold）在1949年出版的《沙乡
年鉴》（Sand County Almanac）中提出，他在该书最后一章"大地伦理"中指
出，要把人类在共同体中以征服者的面目出现的角色，变成这个共同体中的
平等一员和公民。它暗含着对每个成员的尊敬，也包括对这个共同体本身的
尊敬。他认为，大地伦理"当一个事物有助于保护生物共同体的和谐、稳定
和美丽时，它就是正确的，当它走向反面时，就是错误的。"在"大地伦理"
的最后一节"结语"中，奥尔多·利奥波德将大地伦理的涵义概括为"当一切
事情趋向于保持生物群落的完整、稳定和美丽时，它就是正确的，反之则是
错误的"。这种土地生态的伦理思想与中国老子倡导的"天、地、人、道"四
大说的伦理学思想一脉相通。

土地生态的伦理思想超越了以人类利益为根本尺度的人类中心主义，强
调人类为大地共同体一员的生态中心主义，对今天的农业可持续生产依旧具
有指导意义。无论是对于大地共同体还是对于土地伦理的理解，无处不体现

生态整体的理念。人和土地作为土地共同体中最重要的主体，人类如何在土地伦理思想的指导下合理利用土地是其中的关键。正如奥尔多·利奥波德所说："与土地的和谐相处和与朋友和谐相处一样，他是一个整体，不能因为你喜欢他的右手而砍掉他的左手。也就是说，在对待土地共同体时，你不能为了爱惜某种动物而捕杀它的天敌，不能为了保护河流却糟蹋牧区"。土地生态的伦理思维唤起了人类对生态整体问题的关注，已经内涵了生态系统的概念，这对于解决当前中国农业生产中出现的土地退化、水土流失、环境污染等一系列人地矛盾问题，实现人地和谐具有重要启示。

第二节　土地生态的农业伦理学原则

无论是中国古代的"土会之法"和"土宜之法"，还是近现代西方的"大地伦理学"，都强调在人与土地生态系统的利益协调中，破坏环境危害其他物种的生存权利是不道德的。应该从大系统的价值来对待土地生态系统中的每一个成员。当人类自身在与周围环境相互作用时，人类应该清醒地认识到：有机体在自身发展规律及与它周围环境相互作用下达到理性状态，人们的行为准则不是简单地考虑一个个体，而是整个生态系统，人类有责任保护生态平衡。为了维持土地生态平衡，在农业实践中人类应该遵循五大生态伦理原则。

（一）平等互爱原则

生态伦理强调的重点之一就是平等，要求人们在不危害相关方正常生存、不违反土地生态平衡的前提下，地球上所有生物都享有环境不受污染和破坏，保证健康安全地生存和持续发展的权利。人与人之间、人与自然物之间，都应充分遵循这种平等互爱的原则。如果违背这一伦理原则，则会出现生态灾难。例如，20世纪30年代美国中部大平原的"黑风暴"和20世纪80—90年代我国北方地区的沙尘暴，都是由于人类中心主义的"自我"意识扩张作祟，盲目开垦干旱区草原，试图将其变为"粮仓"，最终导致严重的土壤退化。这是农业生产实践中，违反土地生态伦理、导致生态灾难的经典案例，必须从农业伦理学角度加以反省。

（二）公平分配原则

当人与其他生物在土地资源配置中发生冲突时，各方应尽可能地合理分配并共享土地资源。如果过分强调人类的利益而无序占有土地资源，势必会造成生态畸形。在中国历史上，很多珍稀濒危生物如华南虎、亚洲象、麋鹿等的种群数量减少或消亡，都与人类活动尤其是"耕地农业"中农业活动的无序扩张密不可分。因此，农业和农村土地资源利用和分配中，应通过划分保护区、实施土地整合规划、土地轮作、轮牧，以保证人与生物之间土地资源的公平分配，保证整个生态系统的完整性。

（三）互利互惠原则

人类与各种生物共同生活在地球之中，都需要一个清洁、安全的生存地境（含土地），要保证人类和其他生命体共同生存、发展。这种原则对于各地域、各地区、各民族和国家之间也是十分适用的。但是，发达国家经过300多年的工业化进程率先进入现代化，他们一方面获得了财富，另一方面又破坏了地球环境，造成大气、土壤和水体污染。有些发达国家将已经被国际组织禁止使用的技术和设备，甚至将垃圾和有害废物等转卖给发展中国家，这种转嫁污染的行为破坏了受纳方的土地生态，严重影响了农业生态安全。因此，从农业伦理学角度看，作为地球生命共同体，人类必须遵循互利互惠的原则，维护土地生态安全，共同守护人类赖以生存的土地资源。

（四）代内与代际平等的原则

世界环境与发展委员会的报告《我们共同的未来》一书指出，过多过量开发自然资源（包括土地资源），使其过早地耗竭而不能持续到遥远的未来，这种努力也许对我们这一代是有益的，但会让我们的子孙后代承受损失；我们从后代那里借来土地资本，没打算也没有可能偿还；后代人可能会责怪我们挥霍无度，但他们无法向我们讨债；我们不但从祖先那里继承土地，而且从子孙后代那里借用土地。从生态伦理角度看，土地是人类共同的，生存和发展的权利也是共同的，为了我们共同的利益，为了人类共同的未来，我们要坚持代与代之间在土地问题上的平等权利，上一代对下一代负有责任，离开这种责任就谈不上人类的未来。因此，所有的土地利用（尤其是种植、放牧等农业利用方式）必须综合考虑其长期积累后果，人类必须从伦理学角度审视自己的行为，放弃一切可能削弱下一代利益的土地利用方式，消除土地利用赤字，铸造可持续发展的土地利用模式。

（五）经济和社会活动生态化原则

人类中心主义的伦理观把物质利益作为尺度来衡量、规范人的行为，强调"人的行为凡是有利于社会进步和社会发展的就是道德的，反之就是不道德的"。但是，农业工业化造成的土地退化、环境污染等土地生态环境问题的凸显，使人们意识到仅仅以此来规范人的行为是不够的。人们的经济活动如果不考虑环境后果，不注意保护土地，就失去了发展的可能性。因此，从农业伦理学角度出发，必须使人类的社会经济活动生态化，遵循生态规律，即要把当前的土地经济利益与长远的土地生态平衡利益结合起来，并以土地生态平衡的原则来制约和规范经济活动，在社会经济生活中选择符合土地生态道德的人类发展途径。

第三节　土地生态的农业伦理学价值取向

大地伦理学强调，协调人、地关系必须把人类社会的概念扩展到包括动物、植物、土壤、水域等整个大自然，即"法自然"。因此，在农业生产和农村发展实践中，必须遵从伦理学的价值取向，协调人地关系。

（1）既要考虑人的社会需求，又要考虑生态系统的整体性，遵循人的生存利益高于生态系统中其他物种的非生存利益、其他物种的生存利益高于人的非生存利益原则，可持续利用土地资源。

（2）既要保证生命系统的完整性、多样性和稳定性，又要保证生命支持系统——土地资源的可持续利用。关注资源的有限性、再生性，对外来压力可能恢复的弹性。

（3）要最低限度地耗用生态系统中不可更新的土地资源。在此应特别加强此类资源的循环利用策略。

（4）要使人类的活动保持在土地生态承受力之内，即人类活动对土地施加的压力，不可以物理的、化学的或生物学的手段超越土地生态恢复常态的弹性。

（5）要充分考虑土地与生物的关系，要求人们依据生态系统中"人类—土地—生物"的三角关系，遵循物种与其栖息地同等重要、物种质的价值与个体量的价值的理性原则，整体综合考虑土地利用方式和规模。

（6）要遵循当代人的利益与后代的利益同等重要的原则，充分认识人的代际间共同的利益、价值和权利，是保持人与土地系统协同发展的基础，也是土地"厚德载物"的主要体现。

第三章　地理带性的农业伦理学认知

第一节　地理带性与适宜性农业生产

地理带性是生物赖以生存的生物圈内的巨型资源环境。土地构建因子包含非生物因子和生物因子。非生物因子先于生物而发生，对生物具有制约性。非生物因子主要包括土壤因子和大气因子，我们统称为地境，为人类生存与发展所倚赖。这两类因子由于在地球上地理位置的不同而发生地带性差异，称为地理带性[1]。地带性的实质是地球上水热分布的地理组合。不同的地带性有不同的水热组合，并且类的水热组合模型都对应于相应的生物组合。水热组合与生物组合有密切的对应关联，是为伦理之义。

一、基于空间地带性的适宜农业生产

生物的分布无不受地带性制约。地球上的自然地带（geographical zone）是自然界的普遍规律。地带形成的主要要素是水、热两者的特定组合和分异模式及由此导致的生物地理区，通常表现为纬度地带性、经度地带性和垂直地带性。地带性对生物发生着广泛而深刻的影响，形成众所周知的生物地带性（bio-geological zone），即在上述地带范围内它们具有不同的水热组合和与之相适应的生物种群地理学特征。各种生物都有其类型适宜度[2]，这表明生物与其生长地境之间有严格的相关性（图2-5）。

中国对生物地带性的认知最早见于《周礼》。《周礼·地官·大司徒》"大司徒之职，掌建邦之土地之图与其人民之数，以佐王安扰邦国。以天下土地之图，周知九州之地域广轮之数，辨其山林、川泽、丘陵、坟衍、原隰之名物，而辨其邦国都鄙之数，制其畿疆而沟封之，设其社稷之墠而树之田主，各以其野之所宜木"。这是对邦国土地分类及其适宜性管理的概略描述。这里引起我们注意的是中国古代对土地基于地理带性的适宜性管理，主要体现在管理部门的严格设置。大司徒的职责为管理土地和土地上的居民。这是中华邦国职能的重要特色，这一特色延续至今。其职能类似今天的自然资源部和

---

[1]　地理地带性即通常所说的热带、温带、寒带及各个地带之间的过渡地带。

[2]　任继周.草业科学研究方法[M].北京:中国农业出版社，1998:124-125.

图2-5 高海拔地区种植的耐
寒抗旱作物——亚麻
和燕麦
（郑晓雯摄于张家口草原天路，平
均海拔1400米，年平均气温4℃）

民政部，古代社会结构简单，按其实质应为国家内阁总理。

自公元前200年的管子时代，人们已经认识并论述了植物沿温度、水分梯度的带状分布（地理带性）以及不同土壤类型的合理利用。《管子·地员》篇中提到了不同土壤所宜种的作物，即所谓"土宜"的概念，土地分为息土、赤垆、黄唐、斥埴、坟衍五大类。依据土壤的肥力分上、中、下三级，等级以下又分90个土种。每一土种都备述其适宜生存的动植物，已经达到相当细致的水平，具有朴素生态系统的胚芽。现代土壤学也从古人的记载中吸取了不少知识。例如，现在的"垆土"一词就取于《管子·地员》篇。《齐民要术》一书系统总结了中国古代先民的土地利用经验，叙述了以深耕为中心，耙、耱、镇压、中耕相结合的北方耕作制度，延续至今。《王祯农书》（图2-6）认为，不同的土地类型应"治得其所，皆可种植"以及"治之得宜，地力常新壮"等适宜性土地管理的观点。尤其是《授时通考》一书，把有关"土宜"的知识集中起来，列入"土宜门"中作为专门问题进行讨论。所有这些基于对地理带性的伦

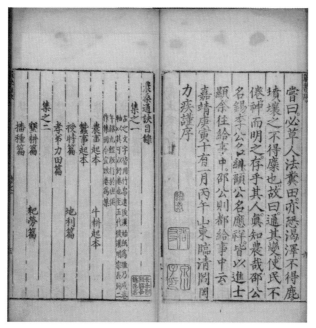

图2-6 （元）王祯撰《农书》
（明 嘉靖刻本，国家图书馆藏）

理学认知，长久以来一直指导中国农业生产的适宜性空间布局。

二、基于时间地带性的适宜农业生产

生物本身，在对自然地带性做出适应的同时，具有突破地带性限制的趋向。体现这一趋向的策略是在不同的地带内截取适宜该生物生存的某一时段的生存环境，主要是水热和食物环境，避开不适宜该生物生存的某一时段的生存环境，完成其生命过程，从而构成了跨自然地带性的生物时间地带性（bio-geological time zone）。如随着季节变化而迁徙的候鸟，动物的冬眠，植物种子的休眠期，以及农业生产中放牧畜牧业的季节性牧场的转移等，都是截取对自然地带性适宜的时段以求生存。依据植物类型适宜度阈限进行移植等，都是属于时间地带性的农业措施。例如，水稻、玉米、番薯、番茄等众多原产于低纬度地区的植物，在高纬度地区只要找到适宜的生长发育温度的时段，就可以栽培成功。但高纬度地区的生物向低纬度地带迁移，因难以找到适宜的低温时段而不易成功。农业的时间地带性对地理空间地带性的突破，无疑是人类农业伦理学的一大成就，也是应对当前气候变化、生物多样性下降和粮食危机等农业领域环境问题的有效措施。

中国古代的农业生产，某些方面体现了时间地带性内涵。"不违农时"的古训，在农业生产中就是"时间地带性"在中国地境条件下的具体运用，即利用适当的时间，实施适当的农艺活动。由此衍生出了基于时间地带性（农时）的农业伦理，如"春生、夏长、秋收、冬藏，天之正也，不可干而逆之。逆之者，虽成必败"（《鬼谷子·持枢》）；"春生夏长，秋收冬藏，此天道之大经也。弗顺则无以为天下纲纪"（《史记·太史公自序》）。在"不违农时"的思想指导下，中国古代先民创造出了以指导农事活动为主的时间历法——二十四节气，并制作成"授时指掌活法之图"（《王祯农书》），从而改变农人"无相当之常识，于农忙农闲，无预定之规则"的状况，实现"务农之家当家置一本，考历推图，以定种艺"的目的。这种基于时间地带性（农时）的农业伦理，对指导古代农业生产起到了十分重要的作用，也对现代农业生产具有借鉴意义。

第二节 地理带性的农业伦理学意义

华夏族群经过漫长的历史过程，从部族到邦国，最后形成国家。族群聚居的土地，即今天我们所说的国家版图，历史上多有变迁，但其国土基本格局可大致分为四大区域（图2-7），以青藏高原为中心，呈三个台阶式分布：第一台阶是高原雪域的青藏高原，海拔多在3 000米以上，为草原游牧族群生存和发展的基地；第二台阶为云贵高原、黄土高原，逶迤延伸至东北大兴安岭以西地区，海拔800～3 000米，为第一台阶草原畜牧业与第三台阶农耕区的过渡地带，即通常所说的农牧业交汇区；第三台阶为东南和华北等大江大河的冲积平原，为我国的传统农耕区，即华夏民族的农耕文明主要生存与发展地区；第四个大区为与海洋隔绝的内陆河流域地区，属高山冰雪融化灌溉的内陆山地—绿洲—荒漠区，本区以河西走廊为纽带接连黄河以西以北和新疆广大荒漠，是为内地与西域及其以北地区交流的通道，今天我们称之为丝绸之路。这一地区除了少数族群较为稳定外，其绝大多数变动不居，来去飘忽难以追溯其踪迹。古代华夏族群聚居发祥于黄河流域的中下游，然后逐步扩展至长江及珠江流域。其活动中心位于第二台阶的黄土高原和黄河中下游一带。这里正是三个台阶和内陆河流域的交汇地区。各个不同地带的自然和人文景观，在此交融碰撞，为我国多元伦理观提供了丰富的历史资源。至于东北地区，特色突出，就其土地格局而言，其主要冲积平原可纳入华北—东北平原，其山地则纳入第二台阶地带。就其经济和人文特色观察，在三大阶

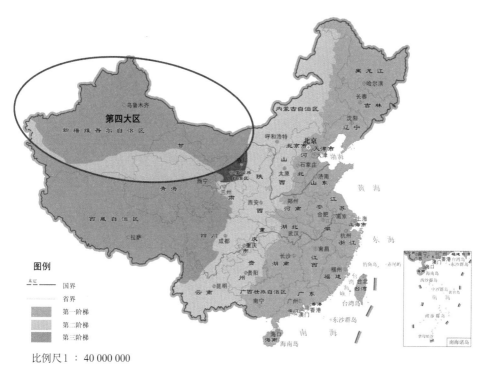

图2-7　中国国土基本格局

审图号：GS（2018）6313号

梯的基础上，又可分为七大区域[1]，即青藏高原、华北冲积平原、江淮冲积平原，及两者之间的过渡地带——西南岩溶山区和黄土高原、内陆河流域（含河西、新疆）和东北地区[2]。

　　在上述四个地理人文景观当中，华夏族群聚居的黄土高原南部和黄河中下游地区，土壤与气候较适宜耕作，大小部族之间征伐兼并频繁，族群为了各自的生存与发展，较早转入定居和农耕，并较早产生了农耕文明，古籍文献较为完整。本章有关土地伦理观的阐述也多以此为依据。春秋后期，农耕文明逐步扩展到江淮流域。

　　中国土地管理一向与居民管理密不可分，草原游牧社会与农耕社会莫不如此，只是前者更多集体意识和漂移犯难的冒险精神，而农耕社会以农户为单元，重土难迁，较多农民固有保守习惯。因居民群聚体量较大而集中，形成生活的多层次、多面向，必然扩大了中国土地管理的社会内涵。老子得出

[1，2]　任继周主编.中国农业系统发展史[M].南京：江苏凤凰科技出版社，2015.

的发展规律是"人法地，地法天，天法道，道法自然"。实际展示了中国特有的"从人出发、以人为本"的农业社会生态系统的层次观。这应该是我们中华民族农业伦理学的总纲领，意义重大。

中国传统农业社会生态系统的层次观反映于对土地认知的不同层次。第一个层次就是土地的地带性分异。在地带性分异的基础上，依据农业生态系统的基本要素，可将土地资源进一步分为不同的土地类型。在一定类型的土地上，人类从事的农业劳作，必然与土地自然特性相合，才能达到农业劳作所期望的收获。这里既含有"人法地"的伦理关联，也有人与地的和合生发的意涵，表述了人与自然的同一性，是农业伦理学的基本要义。这一认知系统说明，人类作为自然的一部分，人应当属于自然而不是高于自然、统治自然，更不能奴役自然。从这里我们可反省过去三百年来，随着工业革命的发展，和达尔文主义"物竞天择"的理论宣扬，人类以其空前强大的石化动力和钢铁机械，在资本主义的催动下，开展对生存资源的巧取豪夺，发生剧烈争夺，酿致两次世界大战，此为人类历史的惨痛教训。此后人们对自然生态系统和社会生态系统的研究不断深入，逐步发现生态系统内部各个组分之间合作多于分裂，共赢多于零和。这是人类对自然生态系统和社会生态系统的认知的深化，即不同生态系统之间，既有竞争排斥也有互利共存，而互利共存更是生态系统的常态。这使我们现代农业伦理学的认知获得了更富建设意义的实质性提高。

第四章　地境类型的农业伦理学认知

"人法地"是农业活动的地带性基础上的进一步开展，就是人类遵循地带性原则，探讨其地境的类型学特征。这在农业科学的多维结构中，我们称之为类型维。

第一节　地境类型维的发生学意义

类型维阐述了分布于全球各地的不同土地类型的发生学联系，使原本互相分隔的、纷纭杂陈的土地现象纳入一个发生学系统，揭示世界各地的地境的内在联系。只有土地与生物生存和发展的条件相协调，才符合农业伦理学的基本原理。为了纠正农业活动中土地与生物不相协调这一认知缺陷，我们建议采用草地综合顺序分类系统（CSCS）制订的土地分类系统。该土地分类系统以地带性生态发生学系列，缀以标志性植被命名，将土地分为10个类型。

1.**高山冻原草地**　K值[1] < 2.0，>0℃年积温<1 300℃，为生物的主要限制因素。基本无农业利用价值，只可作为冰雪水源涵养区。向阳部分可生长藻类、苔藓植物，可供高山野生动物觅食。

2.**斯泰普草地**　K值0.9左右，>0℃年积温3 700～5 300℃，为北半球的主要草地资源，多种有蹄类动物原生地。为重要畜牧业基地。

3.**温带湿润草地**　K值1.2左右，>0℃年积温在3 700～5 300℃，属森林草原带，分布斯泰普与优质中生草地与林木。为世界和中国主要栽培丰产草地区。

4.**冷荒漠草地**　K值<0.3，>0℃年积温为1 700～3 700℃。分布于温带荒漠地区，以高度在2米以下的旱生、超旱生灌丛为主，兼有旱生和超旱生草本植物。

5.**热荒漠草地**　K值<0.3，>0℃年积温为为7 200～8 000℃。分布于热带和南亚热带，合欢属小乔木为主，间有桉树类生长。普遍生长稀疏旱生草本植物。

6.**半荒漠草地**　K值0.3～0.9，>0℃年积温为2 300～3 700℃。为荒

---

[1]　K=年降水量/0,1的5℃以上年积温。

漠和草原的过渡地带，以高度2米以下的旱生灌丛和半灌丛为主，旱生草本普遍分布。

7. **萨王纳草地**　K值为0.9～1.2，＞0℃年积温为5 300～8 600℃。以桉树类乔木为主，普遍生长中高草本植物。

8. **温带森林草地**　K值为1.2～2.0，＞0℃年积温在1 300～5 300℃。以盖度大于60%且高度超过2米的乔木为主，林下生长草本植物。其中寒温带广泛分布针叶林，暖温带分布落叶阔叶-针叶混交林。林下多草本植物，毁林后可建立优质永久草地。

9. **亚热带森林草地**　K值1.5～2.0，＞0℃年积温为5 300～6 200℃。以盖度大于60%，高度超过2米的常绿阔叶林。林下可生草本植物，毁林后可建立优质多年生草地。

10. **热带森林草地**　K值2.0，＞0℃积温＞8 000℃。以盖度大于60%且高度超过2米的常绿阔叶林为主，林间多藤本植物，林间隙地生长高大草本植物。以上10类草地可以图2-8表示。

热量级	湿润度						干旱区土壤中生	地表浅层积水	栽培草地
	极干	干旱	微干	微润	湿润	潮湿			
寒冷			冻原	高山	草地				寒带栽培草地
寒温			温带草		湿润地			温带	
微温	冷荒漠草地	半荒漠草地	斯太普草地					沼泽	温带栽培草地
暖温				温带森	林草地		草甸	草地	
暖热			亚热带	森林	林草地		草地	热带	热带亚热带栽培
亚热	冷荒漠草地							亚热带	
炎热		萨王纳	草地		热带森	林草地		草地	草地

图2-8　综合顺序分类法的CSCS草原大类表

（图中双纵线右侧为栽培草地作业的参考）[1]

---

[1]　任继周.中国大百科全书[M].北京:中国大百科全书出版社，1990:78.

胡自治.草原分类学概论[M].北京:中国农业出版社，1997:242.

上述各类土地类型在草原类型检索图[1]中是左右相携、上下相应的有机整体。这个草原类型检索图实质上就是土地类型图*，这是认知土地资源与农业生态系统的总钥匙，是农业生态系统中类型维的系统表述。

知识链接

土地类型图有多种，联合国土地类型被普遍采用，分为16大类。①常绿针叶林（evergreen needleleaf forest），盖度大于60%且高度超过2米的木质针叶植被为主的土地，几乎所有树木全年保持绿色，冠层树叶常绿。②常绿阔叶林（evergreen broadleaf forest），盖度大于60%且高度超过2米的木质阔叶植被为主的土地，几乎所有树木全年保持绿色，冠层树叶常绿。③落叶针叶林（deciduous needleleaf forest），盖度大于60%且高度超过2米的木质阔叶植被为主的土地，几乎所有树木全年保持绿色，冠层树叶常绿。④落叶阔叶林（deciduous broadleaf forest），盖度大于60%且高度超过2米的木质落叶阔叶植被为主的土地，主要由年复一年的叶子生长和掉落为周期的阔叶林组成。⑤混交林（mixed forests），盖度大于60%且高度超过2米的木质植被为主的土地，是阔叶和针叶树木组成的混合体，二者所占比例均不超过其景观的60%。⑥郁闭灌丛（closed shrublands），高度低于2米的木质植被为主的土地，包括下层草本植被，其总盖度超过60%，灌木叶子为常绿或针叶。⑦稀疏灌丛（open shrublands），高度低于2米的木质植被为主的土地，具有稀疏的下层草本植被，其总盖度小于60%，灌木叶子为常绿或针叶。⑧多树热带草原（woody savannas），有下层草本植被，特别是禾草类植被，并且包括盖度介于10%～30%的树木及灌木的土地，其中树木及灌木高度超过2米。⑨热带稀树草原（savannas），有下层草本植被，特别是禾草类植被，并且包括盖度介于10%～30%的树木及灌木的土地，其中树木及灌木高度超过2米。⑩草地（grasslands），草本类型植被覆盖，特别是禾草类植被覆盖的土地，其中树木及灌木盖度低于10%。⑪湿地（permanent wetlands），由水体和草本或木质植被组成的一种永久性的镶嵌体，其中植被可以在含盐的、微咸的水体或淡水中生长。只有面积较大的湿地（超过500千米^2）才制图（如大沼泽地等）。⑫耕地（croplands），农作物覆盖范围占总土地面积60%以上的土地。⑬城市建设用地（urban areas），以建设环境为主的区域，建设环境包括一切无植被且以人工建筑为主的

---

[1] 草原类型检索图，见本书图10-11、图10-12。

区域，如建筑物、道路、航空跑道等，"以建设环境为主"指一个景观单元内（这里指像素）建设环境大于等于50%的状况。城市建设用地是由超过1千米^{2}以上的建设用地的临近斑块组成的区域。⑭农田与自然植被交错（cropland-natural vegetation mosaic），由农作物和其他土地覆盖类型组织的镶嵌体，其中每一组分所占整体景观的比例不超过60%。⑮积雪和冰（snow and ice），一年之中大多数时间被冰雪覆盖的土地。⑯荒地或植被稀疏土地（barren or sparsely vegetated），一年任何时期都有裸露土壤、沙地或岩石，并有低于10%的植被覆盖的土地。这一土地分类系统是为了便于统计土地现有状况而制订的，不具有生态发生学含义。

第二节　地境类型维的农业伦理学阐释

人们的农业行为对类型维的忽视，将使我们对农业资源配置陷于盲目，使物种与地境之间发生伦理学悖反，这样的农业系统必然难以和谐发展而不能持久。我们推广某些良种或改良措施，应恪守类型相似性的原则，以顺应物种与地境和合的伦理关联。物种与地境和合程度，可以土地类型指数[1]为尺度加以估测。依据综合顺序分类法（CSCS）所规定的土地类型发生学原则，我们将物种原生地的土地类型或某项措施的原发地的土地类型指数作为"1"，与引入地的土地类型相对比，计量其相似程度。类型指数越高，越接近于生物与地境和合伦理，引入成功率也越高；反之，则成功率降低。反省我们过去的农业活动，在这一方面错误频发，损失惨重。例如，新中国成立初期，将处于温带森林草地类的新西兰的考利代半细毛羊引入甘肃的盐池县（现属宁夏回族自治区）饲养，将罗姆尼半细毛羊引入天祝高山牧场饲养。而盐池属半荒漠草地大类，天祝属寒温干旱草地大类。与原产地的草原类型指数比较，其生存适宜度仅0.3上下，接近引入半细毛羊的生存禁区，最终导致全军覆没。以后将考利代半细毛羊引入贵州的威宁，罗姆尼半细毛羊引入云南的寻甸，两者生存适宜度均达0.8左右，则繁殖发育良好。以往我们引种树木、牧草，推广某项农业措施，违背农业土地伦理原则的乖谬行为不胜枚举，对我国农业的现代化造成的障碍可想而知。

以现代的眼光追溯以上论述，有一个有趣的发现。人类的认知，原本是

1　任继周.草业科学论纲[M].南京:江苏科学技术出版社,2012:289-292.

天地为一体混沌难分。在实践中，发现了天地两者的区别。但对地的理解仍然是混沌难分的，即把我们现代所理解的多种生态系统混为一体。我国不少古籍记载农业活动与自然界相适应，是宝贵经验的局地积累，不能说我们早有了农业生态系统的学说。古人的某些认知确实包含在现代科学领域之中，但还不是现代科学。因为科学领域是自在的，不论人们是否理解它、认知它，它都存在。而科学概念则有赖于人类文明的进步，没有达到一定的科学水平，自在之物不一定被人理解和认知，只是有待人类知识开发的矿藏，也是人类文明进步的营养源。

第五章　地境有序度的农业伦理学认知

第一节　地境有序度的释义及表征

一、地境有序度的阐释

关于地境有序度的阐释，较早见于文献记载的是《国语·周语下》中"太子晋谏灵王雍谷水"之篇章：灵王二十二年，谷、洛斗，将毁王宫。王欲雍之，太子晋谏曰："不可。晋闻古之长民者，不堕山，不崇薮，不防川，不窦泽。夫山，土之聚也；薮，物之归也；川，气之导也；泽，水之钟也。夫天地成而聚于高，归物于下，疏为川谷，以导其气，陂塘汙庳以钟其美。是故聚不阤崩而物有所归，气不沉滞而亦不散越，是以民生有财用而死有所葬。然则无夭昏劄瘥之忧，而无饥、寒、乏、匮之患，故上下能相固，以待不虞，古之圣王唯此之慎。……夫亡者岂繄无宠？皆黄、炎之后也。唯不帅天地之度，不顺四时之序，不度民神之义，不仪生物之则，以殄灭无胤，至于今不祀"。

这段话的译文大致为：周灵王二十二年，谷水与洛水争流，水位暴涨，将要淹毁王宫。灵王打算截堵水流，太子晋劝谏说："不能（截堵水流）。我听说古代的执政者，不毁坏山丘，不填平沼泽，不堵塞江河，不决开湖泊。山丘是土壤的聚合，沼泽是生物的家园，江河是地气的宣导，湖泊是水流的汇集。天地演化，高处成为山丘，低处形成沼泽，开辟出江河、谷地来宣导地气，蓄聚为湖泊、洼地来滋润生长。所以土壤聚合不离散而生物有所归宿，地气不沉滞郁积而水流也不散乱。百姓活着有万物可资取用，而死了有地方可以安葬；既没有夭折、疾病之忧，也没有饥寒、匮乏之虑。所以君民能互相团结，以备不测，先朝圣明的君王惟有对此是很谨慎小心的……，衰亡者（如共工、伯鲧）难道是由于上天不眷宠他们吗？他们都是黄帝、炎帝的后裔，只是因为他们不遵循天地法度，不顺应四季时序，不度量民神需求，不依循生物规则，所以他们绝灭无后，至今连主持祀祖的人都没有了。"

这段文字强调了地境适宜性的农业伦理观，保持山丘、沼泽、河流、谷地的时空之序，才能使自然界万事万物持续存在，不至于"绝灭无后"。但是，如果毫无节度地改造和利用自然，会使自然界的山丘、沼泽、河流、谷地出现无序状态，最终会危及人类自身的生存和发展。

二、地境有序度的表征

自然和人类社会的有序性常用自组织理论来解释，即钱学森所言"系统自己走向有序结构就可以称为系统自组织，这个理论称为系统自组织理论"。自组织现象是系统自发形成的宏观有序现象，2 000多年前中国古代先贤已经认识到了自组织现象。老子曰："以辅万物之自然，而不敢为也"，其大意为"要辅助万物按其自然规律发展，而不敢强加干预"。正如李约瑟在他论述中国科学与文明的著作中经常强调"经典的西方科学和中国的自然观长期以来是格格不入的，西方科学向来强调实体（如原子、分子、基本粒子、生物分子等），而中国的自然观则以'关系'为基础，因而是以关于物理世界的更为'有组织的'观点为基础的"。

自组织现象无论在自然界还是在人类社会中都普遍存在，农业系统中的自组织现象就是典型范例。中国古代的传统农业一直遵循自组织理论，从而保证了农业生产的永续发展。正如韩非在其著作《韩非子·喻老》中强调了自组织现象："故冬耕之稼，后稷不能羡也；丰年大禾，臧获不能恶也；以一人力，则后稷不足；随自然，则臧获有余；故曰：恃万物之自然而不敢为也"。其大意为"所以冬天里耕种庄稼，后稷也不敢想，丰年收获大量庄稼，奴仆也不困难；仅凭人的力量，就是后稷也不行（难以使庄稼增产）；顺应自然规律，就是奴仆也会成事有余（使庄稼获得丰收）。所以老子说："仰仗万物自然规律发展，而不敢强求"。贾思勰在农书《齐民要术》总结的"顺天时、量地利"的农业生产思想，就是强调"适度利用"以保持农业系统的自组织特征。这一思想衍生出了具有中国特色的农业伦理学，致使传统农业常盛未衰、自然生态常保平衡。

从现代科学体系来看，自组织理论的基本思想和内核主要源自于20世纪70年代比利时物理学家、诺贝尔化学奖得主普里戈金提出的耗散结构理论（dissipative structure）。他对耗散结构做过简单通俗的说明：社会和生物的结构的一个共同特征是它们产生于开放系统，而且这种组织只有与周围环境的介质进行物质和能量的交换才能维持生命力。然而，只是一个开放系统并没有充分的条件保证实现这种结构。普里戈金提出的这种"耗散结构"理论，科学地回答了开放系统是如何在达到适宜度时，从无序状态走向有序状态的问题，大小取决于系统外部的负熵流。

三、地境有序度的维持

自然界中，水、气、土等物理要素等很好地反映地境的有序度。这种有序度不仅表现在这些要素的空间结构，而且表现在不同空间位置的分布状况。以水分为例，水是地球上最常见的物质之一，是包括人类在内所有生命生存的重要资源，也是生物体最重要的组成部分，包括天然水（河流、湖泊、大气水、海水、地下水等）、蒸馏水（纯净水）和人工制水（通过化学反应使氢氧原子结合得到的水）。自然界中，水分以液态、固态和气态在各自空间中有序存在，只有在不同温度条件下通过熵变（吸热或放热），发生结构有序性变化，完成液化、汽化、升华、凝华、凝固、熔化等彼此间的相互转化：

云（汽化、液化、凝华）——由江、河、湖、海以及大地表层得水不断蒸发而来，当还有很多水蒸气的空气升入高空时，水蒸气温度降低液化成水滴或凝华成小冰晶，这些很微小的颗粒被空气中上升气流顶起，形成浮云。

雨（液化、凝华）——云中的小水珠和小冰晶大到一定程度时，上升气流无法支持会下落，在下落过程中冰晶形成水滴，降落到地面，形成了雨。

雹（凝华、熔化、凝固）——如果雨在降落时骤然遇到0℃以下的冷空气，雨便凝结成块，冰块若遇到地面向上的风暴把冰块吹入热空气层中，这层空气中的水蒸气便凝结在冰块周围，下落时又遇到0℃以下的冷空气上升时，冰块外面又结一层冰，如此反复到冰块很大时，形成冰雹。

雪（汽化、升华、凝华）——空气中的温度（露点）低于0℃时，高空中的水蒸气便直接凝成小冰晶，落到地面上，形成了雪。

雾（汽化、液化）——空气中的水蒸气液化成小水滴，漂浮在地面附近，形成了雾。

露（汽化、升华、凝固）——当地面上的草、木、石块等物体由于夜间降温而使附近的空气温度达到露点时，空气中的水蒸气液化凝结在这些物体上形成露。

霜（汽化、凝固、凝华）——当空气中的温度（露点）降至0℃以下时，近地面的水蒸气凝华成小冰晶附着在草、木、石块等物体上形成霜。

除物理要素外，地境的有序度还体现在生物要素上，最具代表性的是生态位理论。生态位又称生态龛，具体表示生态系统中每种生物所必需生境（生存空间）的最小阈值（度）。亲缘关系密切、生活习性相近的物种，通常分布在不同的地理区域、或在同一地区的不同栖息地中、或者采用其他生活方式以避免竞争，如昼夜或季节活动的区别、食性的区别等。

人与自然组成的复合生态系统也存在空间有序结构，如果这些结构因过度干扰不断遭到破坏，则由有序趋向无序。复合体从外界吸收物质和能量，引进负熵，缓冲干扰强度，使无序趋向有序。如果一旦人与自然复合生态系统的无序状态超过一定阈值（度），则整个系统处于崩溃状态，即极度退化状态（图2-9）。如果生态系统一旦处于崩溃（极度退化）状态，则需要通过人工干预超越生态阈值（度），才能使其恢复或好转。因此，中国古代先贤常说的"过犹不及""勿使过度""适可而止"，则从伦理学角度体现了维持有序度的适度干扰原则。例如，适度放牧可以刺激草地牧草分蘖，去除植物的衰老组织，有利于植物的再生，增加草地产草量和稳定性；但是过度放牧影响牧草的分蘖，抑制了营养繁殖器官根茎的生长发育，牧草的密度、盖度、高度和株数均显著下降，使草地表面的土壤松散和易受侵蚀，造成草地退化。

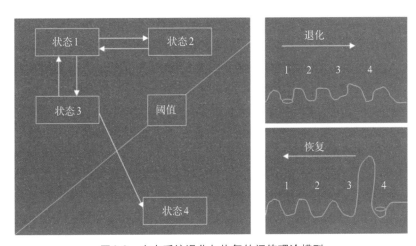

图2-9　生态系统退化与恢复的阈值理论模型

注：状态1表示未退化，状态2、3表示部分退化，状态4表示完全退化；状态1向其他状态转化的过程反映了不同干扰因子或不同干扰强度的作用结果，状态2、3向状态1的转化可以通过消除干扰因子来实现，而状态4向状态2、3的转化必须通过人工干预来超越生态阈

第二节　农业生产的地境有序度特征

从主流观点来看，原始农业最先由渔猎采集进入动物饲养，先民从森林地区移居于林缘地带，以渔猎采集为生。随着人口的增加，自然生态系统不足以维持人群生存，势必求助于驯养业。伏羲时期的逐水草而居，实际上就是早期"人居-草地-畜群"游牧农业的真实写照，是"天人合一"的精妙体

现。随着人口发展和家畜增加，也自发地种植一些牧草，补充天然牧草的不足，也许这就是中国农耕文化的萌芽（任继周、张自和，2003）。据考证，当时气候温暖而湿润，是农牧业发展的上佳环境（竺可桢，1957）。但是，中国处于东南季风影响下，呈现明显的干湿和冷暖的季节差异，食物资源有淡旺季之分，旺季必须贮藏食物以备淡季的需求。植物的籽粒是生物界最利于贮藏的形态，乳肉等畜产品不耐久贮，难以满足食物源的季节平衡需要，以动物饲养为主的牧养农业转向收获籽粒的耕作农业。受自然环境之适宜度（如降水和气温）的影响，中国的牧养文化和农耕文化产生了明显的空间分界，即农牧交错带，也是中国人口密度的分界线。它与著名的人口密度分界线——胡焕庸线高度吻合（图2-10）。农牧交错带以东、以南的黄淮海地区和长江中下游平原地势平坦、气候温和、水量充沛，肥沃的土地和温润气候宜于农作物大面积种植，这里生息着以农业生产为主的农耕民族，培养了大量宜于种植的农作物，同时发展了养殖业和酿造业。经过长期的摸索，形成了"精耕细作"的农业生产方式，并总结了"夫稼，为之者人也，生之者地也，养之者天也"或"生于地，长于时，聚于力"的儒教"三才理论"。该理论从"上

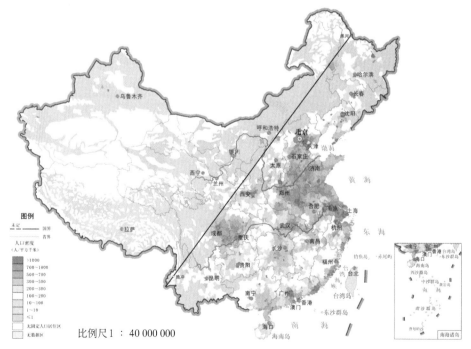

图2-10 牧养文化与农耕文化分界线——胡焕庸线

（西部主要以牧养文化为主，东部主要以农耕文化为主）

审图号：GS（2018）6313号

农"（要有重农思想和政策）、"任地"（农业应追求优质高产）、"辩土"（农业要因地制宜）、"审时"（农业应趋时、顺时、得时）四个方面强调了农业生产的基本思想与行动准则。其中，"任地"和"辩土"两大思想反映了农业生产中坚持地境有序性的重要性。数千年来，正是由于农耕民族对"三才理论"的传承和发展，才使农业生产中地境有序度得到合理调控和维持，才使中华民族的农业生产系统和农耕文化延续至今，经久不衰。

农牧交错带以北的蒙古高原、黄土高原和蒙新荒漠地处内陆干旱、半干旱地区，降水量少、蒸发量大、温差大、土质疏松且沙层广布，只能适宜旱生或超旱生的低矮灌木或草本植物生长，形成温性草原或荒漠景观；农牧交错带以西的青藏高原光照强、海拔高、气温低，只能适宜低矮的草本和灌木生长，形成高寒草甸或草原景观。因自然环境条件所限，生活在这一地域的人们不能从事农耕生产，只能依赖游牧、狩猎等生产方式生存繁衍，形成了具有共同文化特点的族群——游牧民族。在这片区域，古代的匈奴、乌桓、鲜卑、突厥、吐蕃、羌等诸族和近现代的蒙古族、哈萨克族、藏族、裕固族等一直过着"逐水草而居"的游牧生活。这种逐水草而居的游牧农业，不仅反映了农业生产的时宜性和地宜性（水源和饲草的时间、空间可获性），而且反映了农业伦理学的容量观——供需平衡（时间和空间维度上的水-草-畜的动态平衡）。千百年来，正是由于该区牧业族群对农业生产的时、地有序度的正确把握和操控，才使中华民族的牧业生产系统和牧业文化延续至今，经久不衰。

在农业生产中，农业生态系统的结构和组分因地而异，不同系统之间存在耦合与关联，系统内部由多界面的复杂作用协调运行，其地境有序度的农业伦理学特征精微缜密，为现代科学所难以穷尽。从农业伦理学角度看，"因地制宜"的地宜性原则是维持农业生产的地境有序度的精要所在。农业生产无不仰赖于土地，农业系统盛衰优劣取决于土地，即中国传统文化中的"地势坤，厚德载物"。尊天亲地，《礼记·郊特牲》曰：地载万物，天垂象，取材于地，取法于天，是以尊天而亲地也，故教民美报焉。这种对天地的崇拜，主要是为了答谢它负载与生养万物的功劳。因此，对厚德载物的土地自应厚养以德，用"施德于地以应地德"的农业伦理观维持地境的有序度，促进农业生产的可持续发展。

第三节　农业生产的地境有序度维持

农业的本质就是人们将自然生态系统给以农艺加工和农业经营的手段，

在保持生态系统健康的前提下收获农产品，以满足社会需求的生产活动。农业生产过程中，在外界条件变化（人为或自然因素变化）达到一定阈值（度）时，生态系统经"涨落"变化，使其始终处于有序状态（健康状态）；但是一旦超过阈值，生态系统结构和功能即现衰颓或"崩溃"，生态系统则处于无序状态（退化状态）。由此可见，农业生产活动中度是决定序的根本所在，地境有序度的维持应遵循"敬畏天时以应时宜"和"施德于地以应地德"的法则。

尽管以胡焕庸线为基础的农牧交错带反映了中国农业生产的地境有序度特征，然而"以粮为纲"政策严重破坏了地境有序度，违背了农业伦理学的基本规律。中国历代以偏概全的重农政策不绝于史（任继周、张自和，2003）：西汉文景之治，减轻田租，奖励农耕。文帝两减田租至三十税一，甚至十年不收田租；景帝下诏言农业是天下之本。五代十国、北宋和南宋发展灌溉，水田和水稻种植面积增加，"苏湖熟，天下足"或后来的"湖广熟，天下足"[1]，土地的垦殖迅速扩大。明太祖鼓励垦荒，垦者拥有所垦之地，还免三年赋税。清代从康熙中期起，各地农民大量垦荒，清朝前叶的100多年里，耕地面积增加了40%以上，建立了所谓"天下粮仓"。以"辟土殖谷曰农"思想为主导的中国农业，生产粮食几乎等同于农业生产，一直发展到新中国成立后，至20世纪60年代右左右的"以粮为纲"达到极致（任继周、张自和，2003）。

1958年5月中共中央八大二次会议上，正式通过了"鼓足干劲、力争上游、多快好省地建设社会主义"的总路线，从而发动了"大跃进"运动。其结果计划部门使用夸大的数据，导致全国大饥荒。20世纪60年代初期，政府把人口增长作为第一要务，"以粮为纲"成为国家发展的主导战略。为了增加粮食产量，在忽视全国地域和气候差异的情况下，在全国范围内发起了农业学大寨运动，在"愚公移山"的精神鼓舞下，开展了大规模土地改造运动，如"围河造地""围湖造田""毁林开荒""陡坡开荒""毁牧开荒""平原造田""插秧插稻毁林""从石头缝里挤地，向石头要粮"等。20世纪60年代末和70年代初期，处于"美帝（美帝国主义）"和"苏修（苏联修正主义）"的威胁下，开展的"备战备荒"运动中，把城市知识青年派往农村和边疆进行农业建设，开展了"毁林开荒""插秧插稻毁林"等土地改造活动，造成了土地生产力下降和自然环境恶化的后果。这些"以粮为纲"造成的深刻教训告诫我们：过度开发土地资源的行为，严重违背地境有序度的农业伦理观，这种行为终究难以为继。

---

[1]　任继周主编《中国农业系统发展史》，江苏凤凰科技出版社，2015，574页。

中国古代农业先哲贾思勰在农书《齐民要术》中将"顺天时、量地利"概括为可持续农业生产的核心理念，换言之"适度原则"是农业系统地境有序度维持的内涵所在。要使农业系统保持其时空结构和功能的有序状态，就必须优化其自组织能力，保持农业系统耗散结构的优化趋势，维持"帅天地之度以定取予"的农业伦理学规律。正如英国农业生态学家斯佩丁（Spedding）在其专著《农业系统导论》中所述：农业系统是由交互作用的组分构成，这些组分为了共同目的而行动，对外来的刺激能作为一个整体产生反应；农业系统具有明确的界限，此界限以包括一切可察知的反馈为基础；农业系统内具有一定的组分，它们相互联系、相互制约，并在其特定秩序中占有恰当的位置；每个组分可看做一个单独系统，这样每个系统都可以成为另一个更大的系统的组分，因而呈现出层次性；农业系统是作为一个综合性整体而存在的，它有自身的发展方向和发展规律。因此，农业系统具备耗散结构形成的所有条件，即开放性、非平衡性、涨落性、正反馈和非线性，这些条件塑造了农业系统的有序性特征。

　　正因为农业系统有物质输出与输入的功能，农业系统的营养物质在一定阈限内涨落，保持相对平衡，以维持系统健康，实现生态系统的营养物质的合理循环。一旦农业系统营养物质入不敷出，突破涨落阈限，农业系统的生机即趋于衰败。因此，切忌取予无度，而致系统的能流、物流、信息流等枯竭窒息，使农业生态系统陷于无序的绝境。为了优化农业生态系统的耗散结构和自组织能力，必须提高农业生态系统的有序度。

　　一是促进农业系统不断地与外界进行物质、能量和信息的交换；

　　二是促进农业系统内部各因素的非线性协同效应，这种协同效应只有通过物质和能量的交换才能实现，使农业生态系统产生亚系统简单叠加所不能得到的新性质；

　　三是根据农业系统的自组织特性，对非生物因素、生物因素和生产劳动因素及它们之间的关系进行调控，特别要重视对系统内部生态、经济、技术因素及生产劳动因素之间的协同效应的控制。

第六章　农业伦理学地之维有序结构的维持

农业生产和农村发展中，人—地协调的土地伦理观的构建和发展，必须以完整、有序的农业伦理学地之维结构为基础，包括生物多样性、生态互补性、生态多层性和生态适度性等多个方面。

第一节　农业生物的多样性是地之维
有序结构的基石

"人类中心主义"由来已久。在东方有"天生万物以养人"[1]的传统思想；西方则更为突出，可追溯到希腊亚里士多德的"在动物生产之后，植物就是为了动物的缘故而存在的，而动物又是为了人的缘故而存在的"[2]。不论东方或西方，这类赤裸裸的人类自我中心思想，认为可以万物为奴仆而任意驱使宰割。这类远离伦理学原则的思维，在中华民族发展的历史中，不时被浓墨重彩地凸显出来，造成众多历史性失误。这是中国传统农业伦理学中不容回避的疮痕。

现代生态系统的理论告诉我们，陆地生态系统中多种生物繁衍共生，人作为陆地生态系统的组分之一，不应自外于生态系统，更不能凌驾于生态系统。人类随着时代的发展，以越来越强大的力量干预自然生态系统，驱使它的某些组分牺牲各自的生存权与发展权，也必将殃及人类自身的生存权与发展权。

现代农业伦理观告诉我们要遵循生态系统的基本规律，必须纳入农业伦理学范畴，人类才能与天地万物共生长存。人类为了满足赖以生存的食物需求，而发展了农业。中国传统农业原本据有较为复杂的种质资源，亦即农业生物多样性的有利基础。古人以食用和祭祀用价值认定食物的"重要值"[3]。古人的食物与祭祀用的祭品基本相通，但有时也采用代用祭品。我们可从两者的历史文献记载中判断食物的演变状态。

---

[1]　参见（西汉）陆贾《新语·道基》："传曰：天生万物，以地养之。"
[2]　杨通进.当代西方环境伦理学[M].北京：科学出版社，2017:58.
[3]　重要值，生态学中对各类生物在整体群落中所占价值判定的相对指标。

一、动物性食物源

古华夏大地的居民源于羲娲氏为代表的族群，其最初的食物构成，应始于渔猎时期，他们食物的首选，应是动物性食物。《周礼·天官·庖人》："掌六畜、六兽、六禽"[1]的记载中，古人为应天地六合之义，以六为大数，多敷衍采用，实则六表众多之意。《周礼》将"六畜"置六兽之前，但揆诸史实，六兽应早于六畜的出现。因《周礼》出于战国、秦汉之际，此时已远离渔猎社会而进入农耕社会，按照农耕社会的习俗，将六畜置于六兽之前。实际在六兽之前应该还有鱼类。我们常说的渔猎社会，鱼作为食物源应与猎并列，甚至其重要性大于猎获的陆地动物。摩尔根（Lewis H.Morgan）在《古代社会》中，将鱼类食物作为最早的食物源，他甚至认为人类社会发展阶段的低级蒙昧的特征就是"从用鱼为食到以用火为止"[2]。

六兽，据《周礼》郑玄注，为麋、鹿、熊、麕、野豕、兔。如六兽有缺，以狼替补。实际在渔猎时期，所食用的动物远多于六种，如鱼类等水产品，就是重要的食物源。先民的食物主要品种与祭祀用的供品没有区别。

六畜，也称六扰或六牲[3]。六畜都属驯养动物，表明先民已经进入定居时期，至夏商周时期已普遍饲养。一般是指马、牛、羊、豕、犬、鸡。祭祀用的五牲依次是"牛羊豕鸡犬"。古人认为马与龙通，称为"龙马"，伦理地位高于一般家畜，不用于祭祀。其中马、牛、羊为草食家畜，豕、犬、鸡为杂食动物。与人的食性相近，易于饲养，应为人类由游牧转到定居以后的家养动物。

六禽为雁、鹑、鷃、雉、鸠、鸽，实际也是禽类泛指的大数。这六种指定的禽类是常见主要品种，多见于《诗经》及古籍中。

二、植物性食物源

农作物种类繁多。早期人类食用植物性种子种类繁杂，取多种草籽为

---

[1] 《周礼·天官·庖人》"掌共六畜、六兽、六禽。"郑玄注引郑司农曰："六禽，雁、鹑、鷃、雉、鸠、鸽。"郑玄注则"六禽，于禽献及六挚，宜为羔、豚、犊、麕、雉、雁"。

[2] 参见路易斯·亨利·摩尔根;杨东莼等译.古代社会[M].商务印书馆，2012.第一编第二章，人类食物的演进：①天然食物，②鱼类食物（到处有，人类走出森林而大规模扩散），③淀粉食物，④乳类食物和肉类食物，⑤田间劳作获得无穷食物。

[3] 《逸周书·职方解》："其畜宜六扰。"孔晁注："家所畜曰扰。"《周礼·夏官司马·职方氏》："河南曰豫州……其畜宜六扰。"郑玄注："六扰，马、牛、羊、豕、犬、鸡"。

食[1]，有百谷之称[2]，但产量与品质都极其混杂。后经长期选育，到西周时期就从中选育出几种主要禾谷类作物，泛称为五谷*，即麻、黍、稷、麦、豆五种主要作物。后来由中原文明从黄河流域南向扩展到江淮流域，作为五谷之一的麻让位于食用价值更高的稻，五谷改为"稻、黍、稷、麦、豆"。麻，只用作纤维植物。种类繁多的蔬菜、瓜果等也为不可缺少的食用植物。

三、食物源多样性由复杂到精炼的动态过程

人类属杂食动物，有原生的宽阔食物源带谱，水生和陆生的食物源。但随着社会文明程度的发展，生产和生活方式的改变，尤其在食物生产的性价比的选择下，食物生产逐步趋于程式化。尤其战国时期兼并之风大盛，为适应战争需要的农耕文明大发展，定居的耕地农业系统，在小农经营方式下，为了存粮备战的需求，社会食物供求系统逐渐集中于易于贮存和运输的谷类作物。动物类食物被逐渐压缩。至汉代农业被定义为"辟土殖谷曰农"[3]，直到近世简化为"以粮为纲"的农业格局。农业生物的多样性被忽视。耕地农业连续两千多年，流弊丛生，如地力衰减、疫病流行、土地生产效益减少、居民食物营养元素缺失等，严重限制了中国农业的发展。

知识链接

五谷说法不一，《周礼·天官冢宰·疾医》："以五味、五谷、五药养其病。"郑玄注："五谷，麻、黍、稷、麦、豆也。"《孟子·滕文公上》："树艺五谷，五谷熟而民人育。"赵歧注："五谷谓稻、黍、稷、麦、菽也。"《楚辞·大招》："五谷六仞。"王逸注："五谷，稻、稷、麦、豆、麻也。"《素问·藏气法时论》："五谷为养。"王冰注："谓粳米、小豆、麦、大豆、黄黍也。"《苏悉地羯罗经》卷中："五谷谓大麦、小麦、稻谷、大豆、胡麻。"后以五谷为谷物的通称，不一定限于五种。

---

[1]　至今非洲北部仍以知风草（Eragrostis Japonica）种子为主要栽培食物。

[2]　《尚书·舜典》："帝曰：弃，黎民阻饥，汝后稷，播时百谷。"《诗·豳风·七月》："亟其乘屋，其始播百谷。"《史记·五帝本纪》："时播百谷草木。"《史记·殷本纪》："后稷降播，农殖百谷。"《说文》释为谷之总名。稻、粱、菽各二十，蔬、果，助谷各二十也。

[3]　学以居位曰士，辟土殖谷曰农，作巧成器曰工，通财鬻货曰商。

第二节 生态互补性土地利用是地之维 有序结构的保障途径

农业生物因土地的肥瘦、光照的多少、水分的干湿、温度的高低等多种非生物因素所影响，造就了农作物品种间分布的互补性幅度。即中国传统农业所称的"地宜"和"时宜"伦理观。

一、农用土地利用的植物互补作用

农业生态系统应包含不同类型的植物，组成尽可能完备合理的群体，充分利用当地水、土、光、热资源，获取最高生产效益，以尽天时地利，顺应伦理之道（图2-11）。农业植物就其对土壤水分的适应性特征，按其适应的顺序，有超旱生、旱生、中生、湿生、水生等类型，适当搭配，可以扩大土地的植被覆盖；按其对土壤肥力的适应性，可分为喜肥和耐瘠薄等类型；按其对土地盐碱的适应性，可分为盐生植物、耐盐植物，耐酸植物和嗜酸植物等类型，可利用多种盐碱程度的土壤获取农业效益；按其对光照特征，可分为喜光植物、耐阴植物及其中间的过渡类型；按其生活性来分，有草本、灌木、小乔木、乔木、攀援型草本植物和藤本等类型。如将植物的光照特征与生活型合理组合，可以形成不同高度的地被植物层，以充分利用地上空间，增加土地承载力；按其根的分布特征来分，有深根植物、浅根植物等多种不同根深的植物，可充分利用不同土层的水分和营养元素，提高土地的肥力效率。如按其寿命，可分为一年生、越年生、二年生以及不同寿命的多年生植物，利用这些特性，可以进行农用作物的倒茬设计，提高土地生产效益。自然禀赋丰厚，而我们的农业往往未尽其用，无异货弃于地，自食恶果。

图2-11 沙棘，耐旱且能够在盐碱地上生长，有助于防风、抗土地沙化、恢复生态，也可以食用，适宜种植在高寒干旱多风沙的地区

（郑晓雯摄）

二、土地利用的多层性经济与伦理观意义

农业生产系统本身具有多层性，即前植物生产层、植物生产层、动物生产层、后生物生产层。这是从自然生态系统本身的规律衍发而来。自然生态系统中含有植物生产和动物生产两个营养级，前者称为第一性生产，后者称为第二性生产。但在人的农艺劳动介入以后，随着社会文明的发展，将自然生态系统向植物生产层以前延伸，发生了前植物生产层；向动物生产层以后延伸，发生了后生物生产层。

上述几个生产层看似是一条由高度现代化手段构成的农业产业链，但它蕴含了多重含义：

（1）生态系统循序而动，可使物质循环利用。前一个生产层产生的"废料"，是下一个生产层所赖以生存的物质与食物源，如此逐级利用，以生物手段和非生物手段，将系统本身产生的废弃物消耗殆尽，是为"循环经济"，昭示了现代农业伦理观珍视自然赐予的重大意涵。

（2）各层之间可发生系统耦合形成显著的效益放大。其放大倍数可从数倍到百倍[1]。生态学的基本规律是能量金字塔，因营养级的逐级增加而减量。正确的农业生产循序而动，可使效益逐级放大而增量，其经济效益呈倒金字塔模式。这是现代农业与传统耕地农业的显著区别，也是"天人合一"、循序而动的哲学思维的绝佳妙用。

（3）多层次农业可以使农业系统充分利用所在地境空间广泛延伸，农业因序而动，因农业结构的多样性而丰产。最浅近的事例就是植被的多层结构可以更加充分地利用地上和地下的营养源。而依据耗散结构的理论，非平衡态的农业结构将随着科学技术的发展而有序延伸，创造新机遇，获取新价值。

（4）中国农业自汉代以来"辟土殖谷曰农"和晚近提倡的"以粮为纲"的农业结构，只利用植物生产层中的少部分产品，不仅是单层农业，而且是残缺的单层农业，其他三个生产层或利用不足或根本任其荒弃于地。以农业伦理观加以审视，其中任何一个生产层的缺失或不够完善，都是我们所常说的"暴殄天物"。对自然规律不够敬重，造成资源的浪费，伦理观的缺失令人深感遗憾。

（5）中国土地的历史多层性。以上论述土地的四个物质层面，如本节标题所示，其伦理观层面何在？今天我们打开国门，面向海洋。海洋辽阔，但

---

[1] 任继周,万长贵.系统耦合与草地农业系统[J].草业学报,1994(3):1-8.

任继周.系统耦合在大农业中的战略意义[J].科学,1999(6):12-14.

根在乡土。中华文化传统土地的"厚德载物"，中华民族对地的厚德何以认知，何以回报？中华民族赖以生存的广袤国土，经历了多个历史时期，饱受了风雨磨砺，我们承载着深厚的历史积淀，其实际内涵为时代的多层结构，然后走进了后工业时代的最高层，这是中国经过漫长历史阶段积累的宝贵精神财富，应予以珍爱并不断发扬。有了这个认识才能创建新的农业伦理学，保护我们的神圣土地。这是我们无可推卸的责任。

第三节　可持续耕作是地之维有序结构的调控手段

我们所耕作的任一地块，都属于以上所说的某一土地类型。在对土地类型认知以后，我们对所采取的农艺措施还必须有正确的伦理认知，才能得到满意的收成。否则可能适得其反。耕作的伦理认知包括以下几大要素及其协同作用。

（1）耕作技艺需与光资源协调：绿色植物对光的适应性可由喜光植物到耐阴植物，包含多个等级。应根据其喜光或耐阴程度，安排耕作季节、栽培位点，并选择适当栽培技艺。

（2）耕作技艺需与土壤水分协调：肥沃的土壤有很好的蓄水能力。依据作物的喜水程度，可分为旱生、中生、湿生、水生等几大类。于此需关注两类伦理问题：一是尊重水土相配合的自然属性，如在干旱区造林，就是悖反伦理的；一是应发挥土地的蓄水能力，尽可能将水留在土壤中。充分发挥土壤的保墒能力，采取正确的农业系统，增加土壤中的有机质，土壤有机质的保水量高达有机质重量的300倍。所以良好的农业结构，尤其是草地农业，是经济而持久有效的保水措施。中国传统的耕地农业以大水漫灌和大量使用化肥来换取高产，必然导致土壤有机质减少，土壤板结。从而丧失土壤的保墒能力。对于我们水资源短缺的国家，尤应给水资源以伦理关怀。

（3）耕作需与热资源协调。耕作农艺与热资源的调节和利用需紧密协调，是适应农业地宜和时宜的重要手段。农作物的倒茬、地块选择以及作物品种的选择都不应该脱离热资源的条件，尤其品种的引入与输出，都要慎重计量其与土地类型的适应性指数。

（4）耕作需与肥力资源相协调。农业用地的土地肥力是长期农业劳动培养的成果。从这个意义上说，土壤既是劳动的对象，也是劳动的产物。土地的基本肥力正是依靠正确的耕作技艺培养与不断调节所得。离开适当的农艺措施，土地肥力将难以维持。

（5）耕作需与种质资源协调。种质资源的好坏，是种质本身与其生境土地资源互相协调的综合表现。因此，我们通常所说的"良种"其语义是不完整的。由于品种与生长地境的适宜度指数的差异，对此地来说是良种，在彼地可能表现为劣种。其优劣表达可能存在几个等级。

总之，土地需要农业耕作技艺不断加以协调与保养，以保持其合理的组织与结构。土地肥力协调与保养之道，可大体归纳为上述五项。

小　　结

儒家的天地人"三才"说盛行于中国，但老子的"人法地，地法天，天法道，道法自然"，以人为本的"人、地、天、道"的"四大"说更切合农事活动的内在联系。因农业系统生存与发展的最终依归为自然大道。儒家的三才说缺了道这个表述自然的最高范畴，可导致传统耕地农业舛误多发而不自知。

华夏族群居留地经过漫长的历史演变，大致稳定于三个阶梯，即青藏高原、云贵高原和黄土高原、江河下游的冲积平原；七大板块，即青藏高原、华北冲积平原、江淮冲积平原，及两者之间的过渡地带——西南岩溶山区和黄土高原、内陆河流域（含河西、新疆两区）和东北地区。

人类对土地的伦理学认知由混沌到清晰，其伦理学解读有土地的生态特征、地带特征、类型特征和耕作特征四重要义。他们在地之维的有序结构中农业伦理学内涵逐层加深、环环相扣，构建了完整的农业伦理学系统"地之维"。在这一农业伦理学系统中，农业地境的类型学位居中枢。准确理解土地类型学，维持农业系统的地境有序度，才能使农事活动融汇圆熟，无所干葛。这是农业伦理学的多维结构中，地为四维之一的枢纽所在。农事活动中一旦类型维有所缺失，则农业活动必将漏洞百出，破败难收。

后工业化时期的农业伦理学尤须关注农业多层结构的蕴含。将传统的复合农业发展为现代农业的更加富含生态意义的生产层，即前植物生产层、植物生产层、动物生产层和后生物生产层，这一多层结构，不仅使复合农业的伦理学层次更加丰富，也将结构简单的传统"耕地农业"伦理观发展为结构丰富厚实的现代农业伦理观，同时是现代农业文明对传统农耕文明的重大发展。

地之维在中国农业伦理学中以"厚德载物"概括其文化内涵而代代传承，直到现代不稍衰竭。中华民族依照自然之序，和谐生产、生活于广袤多样的三个阶梯、七大板块土地之上，构建了不同地区的四个生产层等繁复的内涵，都为有序度这个无形的规律之网所覆盖、所规范。有序度是农业伦理学公理"法自然"原则的深层体现和完整阐述。农业的有序度通过"法自然"的"恢恢法网"而无所不在。农业生物的多样性、生态互补性土地利用和可持续耕作是维系农业伦理学地之维有序结构的基石和保障，也是农业可持续发展的伦理学精要所在。

第三篇

度之维

导　言

"度"在农业伦理学中是不容忽视的元素。"帅天地之度以定取予",是农业伦理学中最广为人知的对于这一元素的描述。"度之维"对于中国农业伦理学具有本体论、认识论和方法论三个层面的意义。从本体论意义讲,"度"是农业伦理学中的本根,亦即本质问题,是农业伦理学的命门。"度"具有普遍性的特点,蕴含于自然界、人类社会各个系统之中。从认识论角度来说,对度的解析是相关农业伦理学的内涵问题,其植根于中华传统文化之中,作为农业伦理学的四维之一,它既包含了因法因序为度、因时因地为度和因事因势为度的深意,又关系到我们对度与序的时空关系的正确认识和理解。从方法论角度来看,则表现为"度"的量化表征,其实践应用贯穿于种植业、养殖业和渔业等所有农业子系统,具体表现在时宜性、地宜性和法之维的认知三个方面。

本篇将通过度的普遍性、度的测度、农业伦理观之中度的原则、农业伦理学之度与序的关系,以及度在农业系统中的应用等五章对"度之维"进行系统阐述。

第一章　度的普遍性

任何学科都有各自的多维结构来体现其核心价值。中国农业伦理学也不例外。农业伦理系统的多维结构由时、地、度、法四维构成[1]。本章重点对构成中国农业伦理系统的四维之一的度，加以论述。

第一节　度的概念释义

中国辞书对度有多种解释，其古意，可以《说文解字》为代表。其解释是："度，法制也。"具有规矩和制度的意思。

度的现代词意已大为丰富。可以《新华字典》为代表。"度"有八义：

计算长短的器具或单位，如度量衡；

依照计算的标准划分的单位，如温度、湿度、经度；

事物所达到的程度，如知名度、高度的爱国热情；

法则，应遵行的标准，如制度、法度；

度量，能容受的量，如气度、适度、过度；

过，由此到彼，如度日；

所打算或考虑的，如置之度外；

量词，次，如一度、再度、前度。

《新华字典》的前两种释义属物理性的计量单位，如"计算长短的器具或单位"；计量某一物质的物理特性，"依照计算的标准划分的单位"。第三、四、五种释义是非物理性无量纲计量单位，如"事物所达到的程度""法则，应遵行的标准""度量，能容受的量"而"由此到彼"的度，则属动词，非本文讨论范畴。

总体来说，"度"这个字的含义甚广，最基本的含义应该是具有时空属性的标准、规范、制度、法度、尺度的意思。也就是说，"度"这个字所表示的外在的规定性有"限制""范围"等的寓意。进一步理解则可以解释为，超过这个"限制"和"范围"，所描述的事物或事情的性质就发生变化。

---

[1] 任继周,林慧龙,胥刚.中国农业伦理学的系统特征与多维结构刍议[J].伦理学研究,
2015(1):92-96.

德国哲学家黑格尔（G. W. F. Hegel）在其《逻辑学》（Wissenschaft der Logik）中首次提出哲学意义上的度。黑格尔的《逻辑学》[1]是其一生中最重要的论述辩证法的巨著，出版于1812—1816年间，专门研究范畴、概念之间的有机系统和矛盾进展。黑格尔的逻辑学由"存在论""本质论"和"概念论"三个部分构成。在每一部分里，又由大大小小的三段式的论证展开，如"存在论"中的"有""无""变易""质""量""度"；"本质论"中的"作为反思自身的本质""现象""现实"；"概念论"中的"主观性""客观性""理念"等都是其经典性的论述。"度"的概念是黑格尔在其"存在论"中提出，通过"质""量""度"这一三段论式全面系统论述，说明三者之间的辩证关系。

"存在论"首先从"有"的概念开始。他说，作为开端的"有"是空泛的纯有、毫无内容的有，因此，这种"有"也就是"无"，并由此产生了一方直接消失于另一方之中的运动，达到"变易"这一概念。黑格尔举例说，"在纯粹光明中就像在纯粹黑暗中一样"，既是"有"也是"无"。"有"和"无"是辩证统一的，从"有"到"无"是流动的，对任何事物都要从其生成、流动中去加以把握。"变易"的结果，使毫无规定性的东西具有一定的特性，从而，达到了"存在"。"有""无""变易"是黑格尔逻辑学、也是其全部哲学体系的第一个"三段式"。黑格尔从"变易"的范畴继续推论。他说，辩证法讲的"变易"是积极的，"变易"的结果解释使得某一先前尚不确定、毫无规定性的东西具有了一定的规定性，也就是"质"。由此黑格尔的概念三段式推演进入"规定性（质）""大小（量）"和"尺度"的新的阶段，也就是我们通常讲的"质""量""度"的阶段。

所谓"质"是指某物的直接的存在着的规定性。他说："质是与存在同一的直接的规定性"，"质"由于其内在矛盾而向着其对立面"量"转化，他把"量"规定为"扬弃了的质"，是对"存在"漠不相关的规定性；但是他又认为"量"的内在矛盾的发展，是逐渐充实了"质"的因素（如"程度"），从而促使量转化为质。但这不是简单地回复到最初的"质"，而是一个新的范畴"尺度"的产生，"抽象地说，在尺度中质与量是统一的"。"尺度"是有质的限量，是一定的质和一定的量的统一。因而是比片面的"质"和"量"更具体的范畴，是它们的"真理"。黑格尔在具体阐述度时，认为"度"有两种形式，一是度所包含的量有增减而不改变其度，即量变而不引起质变，为量变过程；二是量的增减引起质变，即其度有所改变，是为质变过程。

黑格尔在对"质""量"和"尺度"的关系进行论述时，举了大量的例

---

[1] [德]黑格尔.逻辑学上卷[M].北京:商务印书馆，2009:354.

证。比如关于"度"的论述，他说："金属的氧化物，如氧化铅，是在氧化的某个量的点上形成的。并且以颜色及其他的质而相互区别"，又如，"当水改变其温度时，不仅热因而少了，而且经历了固体、液体和气体的状态，这些不同的状态不是逐渐出现的；而正是在交错点[1]上，温度改变的单纯渐进过程突然中断了，遏止了，另一状态的出现就是一个飞跃[2]。一切生和死，不都是连续的渐进，而是渐进的中断，是从量变到质变的飞跃"。"在道德方面，只要在'有'的范围内来加以考察，也同样有从量到质的过度；不同的质的出现，是以量的不同为基础的。只要量多些或少些，轻率的行为会越过尺度，于是就会出现完全不同的东西，即犯罪，并且正义会过渡为不义，德行会过渡为恶行"。黑格尔还说，"同样，国家也是如此，假使其他条件都相同，但由于大小的区别，国家就会有不同的质的特性。法律与宪法，当国家的领域与公民的数目增长时，会变成某种别的东西。国家有它的大小尺度，如果勉强超出这个尺度，国家便会维持不住，在同一个宪法之下分崩离析，这个宪法只有在另一领域范围中才会造成这个国家的幸福与强盛。"[3]

这就是西方哲学史上由黑格尔首次提出"度"的概念及其论证和推演的基本过程。

我们在这里除了要弄清楚黑格尔提出的"质""量""尺度"的概念含义，以及他关于"质""量"和"尺度"的推理过程，重点是要认识和理解他在其"存在论"中对"质""量""尺度"三者之间辩证关系的阐述，即，"质"和"量"是变化的，是可以互相转化的，"质"是在一定"量"的限制下才成其为"质"，"量"也是在"质"的规定下才具有意义，"尺度"是"质"和"量"的统一，这种概念的辩证法思想，不仅仅在西方哲学史上具有里程碑性的意义，也成为马克思唯物辩证法思想产生的重要哲学来源。

第二节　度的存在条件

"度"的存在是普遍的，这种普遍性的条件是基于我们对于世界的认识。黑格尔基于"存在"的概念构建了世界，马克思吸收了黑格尔的概念辩证法思想，将其改造为唯物辩证法，创建了辩证唯物主义和历史唯物主义理论。辩证唯物主义认为，世界的统一性在于它的物质性，这是我们认识"度"的普遍性的最重要的前提。

---

[1]　交错点，在黑格尔的阐述中即是"度"。
[2,3]　[德]黑格尔.逻辑学上卷[M].北京:商务印书馆，2009:403-404,405.

辩证唯物主义认为，作为世界统一性的物质是运动的，而普遍联系和发展是运动着的物质世界中一切事物、现象的辩证本性。因此，联系的观点、发展的观点是唯物辩证法的基本观点和总特征；而唯物辩证法的基本范畴和规律，则从不同侧面具体地解释了事物的普遍联系和发展的本性、一般形式和基本环节[1]。

作为普遍联系和发展的物质世界有哪些基本规律呢？在辩证唯物主义看来，量变质变规律、对立统一规律和否定之否定规律是其最基本的规律。

我们首先解析量变质变规律。

唯物辩证法的量变质变规律与黑格尔的概念辩证法有什么本质不同呢？

在唯物辩证法看来，世界是物质的，物质又是运动的，运动的物质又是互相关联的。量变质变就是这种关联性的规律之一。那么量变质变规律所讲的质、量、度三个范畴的规定性又是什么呢？质就是一事物区别于他事物的内部所固有的规定性。质和事物的存在是直接同一的，特定的质就是特定的事物存在本身。量是事物存在和发展的规模、程度、速度，以及事物构成因素在空间上的排列等可以用数量表示的规定性。质和量这两种相互区别的规定性从其本性来说是天然统一的。质和量的统一，深刻地体现在"度"的这个范畴中。

在"度"的范围内，质和量既规定对方，又通过规定对方而规定自身，使质和量双方处于统一状态；超出"度"的范围，事物的质量统一就会破裂，就会转化为他物，形成体现于新"度"中的新的质量统一体。

例如，水（H_2O）在高温下会形成氢（H_2）和氧（O），在水分解成氢和氧的那个温度点，就是度。没分离成氢和氧之前的过程，就是量变的过程，达到度，就是质变。还有我们中国古代许多成语都是从不同的角度对量变质变规律的表述，如千里之行，始于足下；不积跬步无以至千里；千里之堤，溃于蚁穴；水滴石穿；集腋成裘；防微杜渐；积劳成疾等。

因此，"度"作为一个哲学概念，既是量变质变的统一体，同时也是否定之否定的统一体，是在对立统一中不断变化的、普遍存在于自然界和人类社会各个领域的基本规律。"度"不仅指的是保持事物本质或质的统一性的数量界限，或者指事物在一定条件下发生变化的程度，而且也是指系统内部各要素或系统之间保持平衡的秩序与限度，它们都是客观存在的。

在自然科学中有很多概念是"度"的另外一种方式的表达。例如，阈[2]值

---

[1] 肖前,李秀林,汪永祥主编.辩证唯物主义原理（修订本）[M].北京:人民出版社，2012:166.

[2] 中国社会科学院语言研究所词典编辑室.现代汉语词典（第6版）[M].北京:商务印书馆，2012:1595.

（threshold）的概念，阈的意思是界限，故阈值又叫临界值，是指一个效应能够产生的最低值或最高值。阈值广泛应用于各学科领域，包括数学、医学、建筑学、生物学、化学、电学、心理学、生态学等，如生态阈值。例如：在自动控制系统中能产生一个校正动作的最小输入值称为阈值。

还有，生物学中"熵"的概念和物理学中讲的"熵"的概念，后者广泛应用于控制论、概率论、数论、天体物理、生命科学等领域，都是度的不同表达。

我们常常讲的"序"的概念，其本身的意思包含有先后、大小、高低、长幼等含义，如果与"无序"相对应来理解，就是对"度"的阐释。再如，法律制度，从根本上说也是对"度"的外在规定性的界定。中国古代有关农业的"帅天地之度以定取予"的思想，在现代农业系统研究中提出的"遵循农业系统各个界面和生产层的特点及其规律，因时因地因事制宜，合理安排生产结构与秩序"，以及草业科学领域提出的"界面"[1]"食物当量""土地当量"和"草原畜产品单位"[2]等，都是对于"度"从不同学科领域的特定角度的阐发。

第三节　度的时代审视

度，具有哲学意义的普遍性的重要基础是辩证唯物主义的世界观，是基于我们对于世界的统一性在于其物质性，以及联系的观点和发展的观点这一唯物辩证法的基本观点的认识。

在这种认识的基础上，进一步考量农业伦理学中的"度"的规定性和普遍性，我们主要是基于这样一个事实，即"农业的本质是人们将自然生态系统加以农艺加工和农业经营的手段，在保持生态系统健康的前提下来收获和分配农产品，以满足社会需求的过程和归宿。自然生态系统经人为干预而农业化，实现了自然生态系统与社会生态系统的系统耦合"[3]。因此，概括地说，农业生态系统内部各个组分之间时空序列中物质的给予与获取、付出与回报，因与自然生态系统和人类的发展行为相关联，就具有"应该"与"不应该"，

---

[1]　W.C.R. Spedding.Grassland Ecology [M]. Oxford: Clarendon Press, 1971.
　　任继周.南志标.郝敦元.草业系统中的界面论.[J]草业学报.2000(1):1-7.
[2]　任继周.任继周文集第四卷[M].北京:中国农业出版社，2004:卷首语第1页.
[3]　任继周.林慧龙.胥刚.中国农业伦理学的系统特征与多维结构刍议.[J].伦理学研究.2015(1):92-95.

亦即"正义"与"非正义",或"善"与"恶"的伦理学的意义[1],这就是我们谈的"度"的问题。

对于农业伦理学中"度"的普遍性的认识除了上述哲学意义的阐释外,我们还应该从一个特定的维度予以说明,亦即从纵向的不同时期的历史发展和横向的大的时代环境来解析。

从纵向的历史发展来看,我们可以从中国历代传统农学思想中找到在不同历史时期有关"度"的解析。关于这一部分的阐述会在本篇第四章"度在农业系统中的应用"中详尽展开。

从横向的我们所处的大的时代环境来看,有关农业发展的伦理学的"度"面临着从未有过的严峻形势。

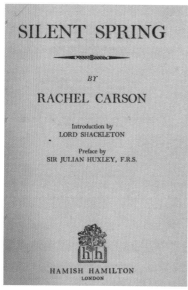

图3-1 《寂静的春天》初版

问题的发端是来自人类对自身生存环境和生态问题的警觉。1963年美国海洋生物学家卡森(Rachel Carson)出版专著《寂静的春天》(Silent Spring)[2](图3-1)。该书是卡森历经6年时间,通过对杀虫剂滴滴涕(DDT)在美国农业生产当中广泛使用情况的深入考察和研究,运用文学的笔触,描述了人类由于对滴滴涕等杀虫剂无节制的滥用,导致了对湖泊、河流、海洋、土壤、植被等人类所依赖的生存环境和人类自身的危害。

这部书一经出版,便在美国引起激烈的争论。1994年时任美国副总统戈尔(Al Gore)在为该书所做的序[3]中说:"对蕾切尔·卡森的攻击,可与当年对出版《物种起源》的达尔文的恶毒诽谤相比。"反对方毫不掩饰地表明自己的态度:"此争论赖以支撑的症结问题是,卡森小姐坚持认为自然平衡是人类生存的主要力量;而当代化学家、生物学家和科学家坚

---

[1] 任继周.我从农业生态系统科学到农业伦理学的心路历程——为唤醒我国农业伦理学意识而呼吁[J].草业科学.2016(8):1451.

[2] 经与卡森(Rachel Carson)初版《寂静的春天》(Silent Spring)英文原版版权页核对,该书实际上是1962年英国汉密尔顿出版公司获得卡森的授权,1963年由该公司正式出版。故本书稿未采用目前通用对该书出版时间的表述,而是尊重实际情况对《寂静的春天》初版出版时间予以更正。——著者注。

[3] [美]蕾切尔·卡森.寂静的春天[M].上海:上海译文出版社,2014:序Ⅵ.

信人类正牢牢地控制着大自然。"争论的结果是"政府和民众都卷入了这场运动——不仅仅是看过这本书的人，还有那些通过报纸和电视知道这本书的人。"肯尼迪总统指派了一个专门小组调查书中的结论。此后不久，国会开始召开听证会，并成立了第一批基层环境保护组织。这次争论，推动并促进了各方对工业化与后工业化分异的理解。

虽然卡森在书中提出的美国由于过度使用滴滴涕而引起的环境恶化问题引起了上至美国总统下至百姓的高度关注，但是戈尔继续指出："尽管卡森的论辞是有力的，尽管在美国采取了诸如禁止滴滴涕的行动，但环境危机却日益恶化，并不见好。或许灾难增长的速率减缓了，但这件事本身并不令人心安。自《寂静的春天》出版以来，仅用于农场的农药就已加倍到每年11亿吨，这些危险的化学药品的生产力也增长了4倍。我们已在本国禁用了一些农药，但我们依然生产，然后出口到其他国家。这不仅牵涉到将我们自己不愿意接受的危害卖给别人获利的问题，而且也反映了人们并不认识科学问题无国界这一基本观念。任何一处食物链中毒，最终将导致所有地方的食物链中毒[1]。"

《寂静的春天》是对人类与自然环境关系的传统行为观念的早期反思，其所产生的巨大影响力伴随着世界范围的环境和生态的逐渐恶化而越发凸显出来。

在《寂静的春天》出版10年后，1972年罗马俱乐部公布研究报告《增长的极限》（The Limits to Growth），报告深刻阐明了环境的重要性以及资源与人口之间的基本联系（图3-2）。报告认为：由于世界人口增长、粮食生产、工业发展、资源消耗和环境污染这五项基本因素的运行方式是指数增长而非线性增长，全球的增长将会因为粮食短缺和环境破坏，在21世纪的某个阶段内达到极限。并提出"零增长"的建议。这种反增长的观点虽然遭到尖锐的批评和责难，但是其对人类前途命运的忧虑，无疑是人类自身觉醒的重要提示和标志。

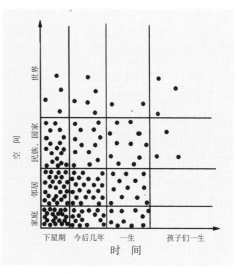

图3-2　《增长的极限》有关人类前景图示

---

[1]　[美]蕾切尔·卡森.寂静的春天[M].上海：上海译文出版社,2014:序X.

同年，作为探讨保护全球环境战略的第一次国际会议，联合国人类环境会议在瑞典首都斯德哥尔摩召开，来自全世界113个国家和地区的代表参加会议。会议通过了《人类环境宣言》（United Nations Declaration of the Human Environment），该宣言宣布了37个共同观点和26项共同原则。它向全球呼吁：现在已经达到历史上这样一个时刻，我们在决定世界各地的行动时，必须更加审慎地考虑它们对环境产生的后果。由于无知或不关心，我们可能给生活和幸福所依靠的地球环境造成巨大的无法挽回的损失。因此，保护和改善人类环境是关系到全世界各国人民的幸福和经济发展的重要问题，是全世界各国人民的迫切希望和各国政府的责任，也是人类的紧迫目标。各国政府和人民必须为着全体人民和自身后代的利益而做出共同的努力[1]。《人类环境宣言》的发布，唤起了各国政府对环境问题、特别是对环境污染的觉醒和关注。

20世纪80年代伊始，联合国于1983年成立了以挪威首相布伦特兰夫人（G.H. Brundtland）任主席的世界环境与发展委员会（The United Nations World Commission on Environment and Development，WCED），该委员会于1987年向联合国大会提交了研究报告《我们共同的未来》。

从20世纪40年代利奥波德《沙乡年鉴》的问世，到60年代初卡森《寂静的春天》出版，再到1992年《里约环境与发展宣言》和《21世纪议程》的通过，我们可以梳理出以下几点认识：

其一，环境问题或者是生态问题，因为与"人类"的生存和发展密切相关，才有了被关注的意义。

现代生态学将生态学概括为"研究生物及人类生存条件、生物及其群体与环境相互作用的过程及其规律的科学。"[2]环境科学则明确，环境科学与环境保护所研究的环境问题主要不是自然灾害问题（原生或第一环境问题），而是人为因素所引起的环境问题（次生或第二环境问题）。[3]卡森的著作所描述的人类可能要面临的是没有飞鸟、蜜蜂和蝴蝶的世界，原因是因为"人类"为了自身的"发展"而大量使用滴滴涕等农药所致。最终"人类"为了自身的发展对环境进行的干预，超出了环境所能承载的"度"，将导致自身发展的停滞甚至毁灭。卡森提出的问题在其去世后，不断地被日趋严重的环境和生态问题——证实。

其二，环境或生态问题因为与"人类"发生了关系，才使环境系统和生

[1] 曲向荣.环境学概论.[M]北京:科学出版社，2015:16.
[2] 曹凑贵.生态学基础.[M].北京:高等教育出版社，2016:2.
[3] 曲向荣.环境学概论.[M].北京:科学出版社，2015:6.

态系统的发展状态与人类社会的发展内在的联系在一起。环境系统和生态系统从原本的意义上可以统归为自然系统，人类系统从其最初产生便是依附自然系统而存在，人类系统的发展衍生出内涵政治、经济、文化等要素的社会系统。因此，人类系统与自然系统相互之间的关系的"度"，直接影响了自然系统、人类系统和社会系统三者之间的"度"，和谐发展还是冲突产生，都是对"度"的不同表达方式。

其三，人类对于自身与其所依附的生存发展系统的关系的认知，是一个对自然、社会和自我理性认知与判断的不断发展和深化的过程，我们可以将其视为"度"的容量发展史，也是"度"的自然客观属性和主观属性的融合发展史。"度"的自然客观属性，就是我们所处的生存环境（自然和环境），有其自身产生、发展和变化的规律，也可以将其视为是"自组织"的一种状态。"度"的主观属性则是在人类的主观行为下，人类与生存环境之间建立的平衡关系的程度。"度"的主观属性超过其客观属性时，就会出现人类与自然关系的失衡。

当卡逊坚持人类生存的主要力量是坚持自然的平衡时，诘问者则认为"当代化学家、生物学家和科学家坚信人类正牢牢地控制着大自然。"与诘问者相似的中国，曾经在20世纪60年代前后的相当一段时间内，举国上下坚信"人定胜天"。这两种截然不同的对人类与自然关系认知理念的冲突显而易见。当《增长的极限》提出要避免因超越地球资源极限而导致世界崩溃的最好方法是限制增长，即"零增长"时，也曾被尖锐地批评为"反增长情绪"[1]。

《寂静的春天》和《增长的极限》代表着人类对自身发展系统与自然存在系统之间制衡能力的自省，是对人类发展所依存环境自身发展规律的敬畏。所有对这些自省的"诘问"和"尖锐的批评"，是人类自身对所依存环境承载人类生存发展能力的僭越，也是自然系统、人类系统和社会系统之间的冲突达到"度"的破碎的标志。

《人类环境宣言》（1972）、《我们共同的未来》（Our Common Future 1983）、《里约环境与发展宣言》以及《21世纪议程》（1992），则是人类自身经过20年的发展历程，在不断受到人口爆炸、资源短缺、能源危机、粮食不足和环境污染五大时代问题严厉审视下的积极努力。

"可持续发展"的概念具有划时代意义。其核心内容有两点：其一就是人类社会的发展要考虑当代人；其二是在生态环境允许的条件下，满足人类当前和将来的需要。

---

[1] 曲向荣.环境学概论[M].北京:科学出版社，2015:16.

我国学者在对"可持续发展"的定义认真研究的基础上，将该概念从自然属性、社会属性、经济属性和科技属性进行了归纳[1]。

"可持续发展"的自然属性即是指"生态持续性"（Ecological Sustainability）。它主要指自然资源及其开发利用程度之间的平衡。如国际自然保护同盟1991年对可持续性的定义："可持续地使用，是指在其可再生能力（速度）的范围内使用一种有机生态系统或其他可再生资源"。

从社会属性阐释"可持续发展"的代表性定义是1991年世界自然保护同盟、联合国开发计划署和世界野生生物基金会共同发表的《保护地球——可持续生存战略》，将"可持续发展"定义为：在生存不超过维持生态系统涵容能力的情况下，提高人类的生活质量。报告认为，各国可以根据自己的国情制定各自的发展目标。但是，真正的发展必须包括提高人类健康水平，改善人类生活质量，合理开发、利用自然资源，必须创造一个保障人民平等、自由、人权的发展环境。

从经济属性对"可持续发展"的定义把可持续发展的核心看成是经济发展，但不是传统意义的以牺牲资源和环境为代价的经济发展。例如，美国科罗拉多州立大学全球经济可持续发展学院巴比尔（Edward B. Barbier）教授在其著作《经济自然资源不足和发展》（Economics, Natural Resource Scarcity and Development: Conventional and Alternative Views）中，把可持续发展定义为：在保护自然资源的质量和其所提供服务的前提下，使经济发展的净利益增加到最大限度[2]。

从科技属性定义"可持续发展"则是指"利用更清洁、更有效的技术，尽可能接近'零排放'或'密闭式'的公益方法，尽可能减少能源和其他自然资源的消耗"。

我们从国内外学者根据自然属性、社会属性、经济属性和科技属性对"可持续发展"的定义来看，正是对人类自身面对日益严重的自然系统、社会系统和人类生存系统之间的冲突和矛盾高度概括的反映。特别是从社会属性的定义看，将保障人民平等、自由、人权的发展环境作为重要的内涵提出来，既是人类对于利奥波德和卡森提出的严重环境问题不断自省和认识的升华，同时也是人类自身对"文明水平"标准的新的提升。

---

[1] 曹凑贵.生态学基础.[M].北京:高等教育出版社，2016:235.

[2] Barbier, E.B. Economics, Natural Resource Scarcity and Development: Conventional and Alternative Views[M].London:Earthscan Publications,1989:223.

第四节　度的哲学升华

　　人类社会进入20世纪以面临严重的生态环境问题，特别是卡逊《寂静的春天》正式出版，西方科学家、神学家、哲学家、历史学家、实业家、政治家、社会公众无一不受到震撼，人们的思想再也不能"寂静"了。时代发展呼唤着人类新的哲学思想的诞生，人类对于大自然、我们的生存环境，以及人类自身的认识，需要痛苦的凤凰涅槃，于是"并存于现代工业文明之中的巨大成就与深重危机折射于思想领域，便体现为现代性与现代性反思之间旷日持久的辩难和论争"[1]，其结果直接导致了生态哲学的产生。

　　什么是"生态哲学"？我们在本章节中所讨论的生态哲学，以卢风教授有关生态哲学的描述为界定："环境哲学最早兴起于20世纪六七十年代。环境哲学的某些派别，如源自利奥波德[2]的'大地伦理'且为克里考特[3]所系统阐发的整体主义的自然主义环境哲学，以奈斯为杰出代表的深生态学，等等，都自觉地援引生态学。我们称这种自觉援引（或者叫自觉述诸）生态学的环境哲学为生态哲学。"[4]

　　为便于集中阐述，我们在这里对环境哲学与生态哲学的概念内涵不做具体辨析。只重点对生态哲学的重要代表阿恩·奈斯（Arne Dekke Eide Naess）[5]的"深生态学"（deep ecology）思想做一重点介绍。

　　何谓"深生态学"？有"深生态学"必有"浅生态学"，二者有何区别？"深生态学"的思想精髓是什么？它对于我们讲的农业伦理学的"度"的意义是什么？

　　在奈斯的阐释中*，"深生态学"一语虽然含有"生态学"，但它不是指一种自然科学的新学科。奈斯认为科学本身不能将知识转变为智慧，不能复现自然的价值，也不能自足地决定环境决策和指导环境行为，所以他提出"深生态学"，希望借此克服科学的局限性。奈斯用"深生态学"兼指深层环保的哲学思潮和社会政治运动。从总体上讲，奈斯创造的"深生态学"，狭义是指

---

[1]　卢风,曹孟勤.生态哲学：新时代的时代精神.[M].北京:中国社会科学出版社，2017:1.

[2]　奥尔多·利奥波德（Aldo Leopold，1887—1948），美国享有国际声望的科学家和环境保护主义者，被称作美国新保护活动的"先知""美国新环境理论的创始者"。

[3]　J.B.克里考特（J. Baird Callicott,1941—），美国环境哲学家和环境伦理学家，系统阐述利奥波德"大地伦理"思想。

[4]　卢风,曹孟勤.生态哲学：新时代的时代精神.[M].北京:中国社会科学出版社，2017:1.

[5]　阿恩·奈斯（Arne Dekke Eide Naess，1912—2009），挪威著名哲学家，被誉为"20世纪下半叶的领袖哲学家"。

一种全新的环境哲学领域，它意味着崭新的生态智慧与方法，其根本特点是反对一切二元论、还原论、机械论世界观、原子主义思维、功利主义、进步性的堂皇叙事、精英主义、高消费主义、人类中心主义等。它实际上是一种区别于科学、批判现代性乃至整个西方传统哲学的激进哲学[1]。

"深生态学"到底是什么呢？从奈斯有关"深生态学"一词使用的情况分析，在深生态学文献中最标准的意义是一个包含哲学与运动为一体的伞形词，它的外延比特定的哲学或象牙塔里的哲学事物广大得多。深生态学在美国的代言人之一塞申斯（George Sessions）说：深生态学旨在更替传统的知觉、价值和生活方式范型，并进一步扭转现代工业社会破坏自然的故辙。其根本特点可以概括为：主张从人类中心主义向生态中心主义转变，主张环境行动主义[2]。

"深生态学"思想的核心内容主要体现在被誉为"奈斯-塞申斯八点纲领"中。奈斯-塞申斯八点纲领也是深生态学核心纲领（奈斯也称其为基本原则），它是1984年奈斯和塞申斯针对深生态学运动发展中的问题，在认真总结反思基础上合作提出的，其基本内容是[3]：

知识链接

奈斯在其《深生态学运动：一些哲学观点》中的注释中说："我是在1972年9月于布加勒斯特召开的第三届世界未来调查大会上所做的一次演讲中提出′深的、长期的生态运动′这一名称的。该演讲（The Shallow and the Deep, Long-Range Ecology Movement）摘要发表于Inquiry 16（1973）：95-100。"[参见陕西人民出版社2004年出版的由张岂之、舒德干和谢扬举主编的《环境哲学前沿》（第一辑）第47页]。同在《环境哲学前沿》（第一辑）书中第415～416页由谢扬举撰写的《奈斯深生态学运动的哲学方面》一文中谈到"深生态学一词最早见于奈斯1970年的《问题的深性和深生态学运动概要》一文；1990年奈斯又加以修订。该文具有经典意义，但是该文一直到1995年才公开发表于塞申斯的《为了21世纪的深生态学》文集中。"

---

[1] 谢扬举.奈斯深生态学运动的哲学方面.张岂之,舒德干,谢扬举主编.环境哲学前沿（第一辑）[M].西安:陕西人民出版社，2004:415.

[2, 3] 谢扬举.奈斯深生态学运动的哲学方面.张岂之,舒德干,谢扬举主编.环境哲学前沿（第一辑）[M].西安:陕西人民出版社，2004:417,425.

（1）地球上人类与非人类生命的福利与繁荣有其自身价值（同义词：内在价值，固有价值）。这些价值的存在与非人类世界对人类是否有用不相干。

（2）生命形式的丰富性与多样性有助于上述价值的实现，同时它们一样具有自身价值。

（3）除非为了满足基本生命需求，否则人类没有任何权力降低这样的丰富性和多样性。

（4）人类生命与文化的繁荣相应地要求人口有实质性的减少。人口降低，非人类生命才能繁荣。

（5）目前，人类对非人类世界的干扰是过度的，更糟的是这种情形还在急剧恶化。

（6）政策对基本的经济、技术和观念形态结构存在影响。革新的事态将与目前的有深刻差异。因此，政策必须革故鼎新。

（7）意识形态的变革主要是从迷恋与愈益增加的高生活标准转向欣赏生活质量（安于固有价值境界）。人们将会彻悟量多与精神高妙的区别。

（8）认可上述各点的人们有直接或间接义务去努力实现必要的变革。

针对以上八个纲领，奈斯逐一做了说明[1]。

第一条是针对生物圈而言的，包含了生物圈的整体。从生态中心主义立场看，第一条意味着一种基本的深度关怀与尊重。它包括个体、物种、人口、生物区域，也包括人类和非人类的文化。"生命"一词是在深生态学立场上广泛使用的，它包括了河流、湿地、景观、生态系统。而这些在生态学家那里并不被视为生命。

第二条原理蕴含的深意是：所谓低级、简单和原始动植物对生命丰富性和多样性有重要贡献。它们有自身价值，而不只是具有对高级和理性生命的进化价值。这条原理也蕴含了进化过程是生命多样性和丰富性增加的过程。

第三条中的"基本需求"是宽泛的，从气候及其相关因素一直到现存的社会结构上的差异都需要加以考虑。

关于第四条，奈斯说，不能期望物质最丰富的国家在一夜之间减少他们对非人类世界的过度干涉。但这绝不意味着原谅目前的安于现状。无论如何必须遏制生物物种灭绝的趋势，最终达到生命多样性和丰富性的恢复。

第五条所说的"不干涉"并不意味着人类不能像其他物种所做的那样改变某些生态系统，而是说需要控制干涉的性质和程度。应该为保持生态系统

---

[1] 阿恩·奈斯著；桑靖宇，程悦译.深生态学运动：一些哲学观点.张岂之，舒德干，谢扬举主编.环境哲学前沿（第一辑）[M].西安：陕西人民出版社，2004:35-37.

功能的正常化和物种栖息地而加大荒野保护力度。

关于第六条，奈斯认为，从八点纲领的第一条到第五条都可以看出，现在的工业、高消费逾越了生态承载能力。目前世界经济发展是极不平衡的，很难在不同国家和政府之间达成一致的生态行动，在这种情况下，非政府组织就更显得重要。地方自决、当地共同体、从全球考虑而从当地行动等，具有有效性。

第七条要求重视"生活质量"。面对有些经济学家批评这一概念模糊不清的声音，奈斯说，人们不可能完全量化那些对在此所讨论的生活质量来说十分重要的东西，事实上也没有必要这样做。

第八条是说，环境危机的边界是漫长而多变的，所以在最低纲领指导下，具体观点和行动因人因时因地而异，允许有不同的选择。

那么"深生态学"和"浅生态学"有什么不同呢？奈斯在其《深生态学运动：一些哲学观点》一文中，专门阐述了浅生态学与深生态学的差异。奈斯从污染问题、资源问题、人口问题、文化多样性与适度技术问题、土地与海洋伦理问题和环境教育与科学事业六个方面进行了对比分析（表3-1）。

表3-1　浅生态学与深生态学观点差异

关键性问题	浅生态学	深生态学
污染问题	用技术净化空气和水，缓和污染程度；或用法律把污染限制在许可范围；或干脆把污染工业完全输出到发展中国家	从生物圈的角度评价污染，关注每个物种和生态系统的生存条件，而不是把注意力完全集中于它对人类健康的作用方面。输出污染不仅是对人类的犯罪，也是对所有生命的犯罪
资源问题	仅仅为了人、尤其是为了富裕社会的现代人而强调资源问题，地球资源属于那些有技术开发能力的人；相信资源不会耗尽，通过市场高价可以限制资源使用程度，也可以通过技术进步找到替代品。如果植物、动物以及自然对人类用途不大，即便遭到破坏也是无关紧要的	把资源与所有生命的生活习性联系在一起，而不把自然对象当作孤立的资源来看待。从深层的观点来看，应加强对生态系统的认识而不是孤立地考虑生命形式或局部情况
人口问题	人口过剩主要是发展中国家的问题。宽容甚至呼吁自己国家为了短视的经济、军事以及其他理由而增长人口，增加人口数量被认为是对自己有价值、经济上有利可图。"最适宜的人口数量"的提法只是对人类而言，没有考虑到其他生命形式的"最适宜的数量"	对地球生命造成巨大压力源于人口大爆炸，来自工业社会的这种压力是一个主要的因素，减少人口是当代社会必须优先考虑的事情

（续）

关键性问题	浅生态学	深生态学
文化多样性与适度技术问题	把西方工业化作为发展中国家追求的目标，认为西方的技术与文化的多样性是一致的，还可以同时保存当今非工业化社会的积极的内容	致力于保护非工业社会的文化，使其尽可能地免遭西方工业文化的侵蚀。文化的多样性与生物学上生命形式的丰富性和多样性是完全一致的。当高技术具有了文化上的破坏潜力时应当允许对它的自由批判
土地与海洋伦理问题	在观念上对风景区、生态系统、河流及其所有自然存在物等的划分，最终被当作个人、组织和国家的财产。野生自然的保护和管理仅仅被看成是为了"子孙后代"	地球并不属于人类，因而地球资源也就不应当属于某个国家、组织或个人。人类只是大地的居住者，使用资源以满足基本需要。如果人类的非基本需要与非人类存在的基本需要发生冲突，人类需要就应放在后位。生态破坏不可能靠技术来解决
环境教育与科学事业	对付环境退化与资源浩劫需要培养更多的"专家"，他们能提供如何把经济增长与保持环境健康结合起来的建议。如果全球经济增长使地球环境退化，就用更强的操作性技术来"管理"这个星球，教育也应当与之相一致	需要采取明智的生态教育对策，使公众特别是主要发达国家，认识到其消费已经十分充足，应教导他们对非消费品的关注。科学重心应充分考虑到区域文化和全球文化的重要性。在尊重生物系统完整性和健康发展的框架内，把世界保护战略作为优先考虑的教育内容

　　浅生态学和深生态学所主张思想之不同，从总体上可以概括为，"浅生态学"即改革派保护主义运动，主张在既定社会框架和人类功利主义原则下调和人与自然的矛盾。"深生态学"则对现有的一切价值观、社会制度、生活方式与文化传统等进行怀疑、追问，以期达到人与自然矛盾的彻底解决。奈斯认为，在人口、资源、污染、文化多样性、技术、土地和海洋，以及伦理、政治、经济、教育、科学研究等众多问题的各个层面上，都存在深的和浅的两种态度以及方法的差异。总起来讲，深生态学与浅生态学之间决定性的区别在于：前者是不断地追问过程，它以公开和深层的追问为方法，对一切经济和政治政策进行追问[1]。从某种意义上来说，我们可以将这种不同理解为工业化与后工业化的具体分别。

　　从整体来说，以奈斯为代表的生态学哲学不是奈斯的个人哲学，它具有

---

[1]　谢扬举.奈斯深生态学运动的哲学方面.谢扬举.奈斯深生态学运动的哲学方面.张岂之,舒德干,谢扬举主编.环境哲学前沿（第一辑）[M].西安:陕西人民出版社,2004:416.

广义方法论的意义。生态学哲学提供的生态思维是克服经典科学世界观及其统治的重要方法之一[1]。

从生态哲学的基本思想来看，它所看到和指出的是传统工业文明经过历史时期的发展所产生的不可克服的困难和问题。奈斯首次提出"深生态学"概念的时间正是卡森《寂静的春天》出版后的10年，也是罗马俱乐部发布《增长的极限》和第一次探讨全球环境会议——联合国人类环境会议召开的时间。这说明，人类在面对已经非常严重的资源、环境、人口、生态等诸问题时，开始由被动到主动，由极少数"智者"的睿智到逐渐唤起更多民众、更多组织直到国家层面的觉醒和积极采取行动的同时，试图超越这些"浅生态学运动"而从深层次思考、探索解决这些问题的根源以及方法的哲学大讨论也同步在进行。以奈斯为代表的生态哲学家们并非否定相关国际组织和政府机构的努力（正如我们在本章第三节"度的时代审视"中阐述的基本情况），但是他们认为这都是"浅生态学"性质的努力。奈斯在其《深生态学运动：一些哲学观点》一文中明确指出：我所指出的浅层环境主义极其温和的目标的实现也需要深生态学的帮助，究竟意味着什么呢？考察一下《世界保护战略》（World Conservation Strategy: Living Resource Conservation for Sustainable Development）我们便能理解其中之义，该战略是由国际自然资源保护联盟（IUCN）以及联合国环境规划署（UNEP）和世界野生动物基金会（WWF）共同制定的。这份重要文件的观点是彻底的人类中心主义的——其所有的建议只是专断地考虑人类的健康和基本幸福[2]。而克服"人类中心主义"需要摆正人类的位置，将人类与河流、山川、植物、动物等视为平等的一员，作为大生物圈的共同组成部分。这显然是从更大的格局和更高的境界思考人类面临问题的解决方案。是对人类在发展过程中能做什么、不能做什么、做到什么"度"的思考。或者说，深生态学是农业伦理学从科技思维到智慧思维的跃迁，也是后工业化主流思想的体现。

卢风教授则从哲学观、自然观（人与自然之关系）、知识论（包括科学方法论与科学观）、伦理学与美学、政治哲学、文化论等七个方面系统地论述了生态哲学的思想，并将之定位为"新时代的时代精神"[3]。他认为[4]，生态哲学要

1　谢扬举.奈斯深生态学运动的哲学方面.谢扬举.奈斯深生态学运动的哲学方面.张岂之，舒德干，谢扬举主编.环境哲学前沿（第一辑）[M].西安：陕西人民出版社，2004:432.

2　[挪威]阿恩·奈斯著，桑靖宇、悦译《深层生态学运动：一些哲学观点》，见谢扬举.环境哲学前沿（第一辑）[M].西安：陕西人民出版社，2004:34.

3　卢风.曹孟勤主编.生态哲学：新时代的时代精神[M].北京：中国社会科学出版社，2017:1.

4　卢风.建设生态文明的理论依据[J].华夏文化，2013(6):21-24.

批判的是西方自启蒙运动以来的现代性思想的一些致命错误，包括机械论或物理主义自然观、独断理性主义、科技万能论、事实与价值的二分、个体主义、物质主义和经济主义。或者我们将其更为通俗地概括为物理主义自然观、独断理性主义知识论（科学观）、自由主义政治哲学、反自然主义价值论、人类中心主义道德观和物质主义价值观（人生观和幸福观）。这些现代性思想也正是奈斯所说的"浅生态学"的思想基础。人类只有在生态哲学这个"新世代的时代精神"的指引下，才能摒弃"大量生产、大量消费、大量排放"这一工业文明带来的现代主流意识思想，真正解决目前人类所面对的困境，从而步入人类的生态文明阶段，实现人类、自然、社会和谐共处。这是我们讲的支撑中国农业伦理学的思维之一"度"的终极定义域。

第二章　度的量化与表征

美国经济计量协会的座右铭是："科学即测度"。测度对科学而言并不就是一切，但没有哪门科学能离得开它。对于无法测度的事物是无法管理的，农业伦理学作为一门从伦理道德的视角对农业活动进行价值分析和行为导向的交叉学科，亦即新的深度思维。在对农业伦理学认知的过程中，对"度"的正确测度是第一步。度之维在本体论层面即是农业伦理的本质问题，在认识论层面是农业伦理"度"的内涵问题，在方法论层面是农业伦理"度"的测度（有序度）问题。"度"的测度（有序度）并不仅仅是一个单纯的学术问题，它也必将影响到对现实农业生态系统的决策和管理。

"度"的测度（有序度）作为一项基础性工作，包括对度的物理测度（载体）、价值测度（经济贡献）与道德测度（伦理贡献）。应该说度的物理测度（包括数量测度与质量测度）是为度的综合测度服务的。

第一节　阈值：涵义与测度

无论是哪门科学中的阈值概念，都与质量互变规律密不可分。众所周知，量变到质变的规律，是自然界普遍存在的规律，也是唯物辩证法的基本规律之一[1]。农业伦理学是研究农业行为中人与人、人与社会、人与生存环境发生的功能关联的道德认知，并进而探索农业行为对自然生态系统与社会生态系统这两大生态系统的道德关联的科学。解读和梳理农业伦理学基本阈值是农业伦理学自身的必然诉求。

一、经济阈值

在棉花、水稻、小麦、玉米等农作物以及林业生态系统害虫综合治理中，最先提出了害虫防治经济阈值（economic threshold）的概念。例如，美国制定出蝗虫密度9.6头/米^{2}作为美国西部公共草地蝗虫防治的经济阈值（USDA，Grasshopper Integrated Pest Management User Handbook，2000）。经济阈值意

---

[1]　王永杰，张雪萍.生态阈值理论的初步探究[J].中国农学通报，2010(12):282-286.

为防止有害生物发生量超过经济受害水平应采取防治措施时的有害生物发生量（病情指数或害虫密度）。此概念于20世纪50年代首先由斯特恩（V. M.Stern.1959）等正式提出，并定义为"害虫的某一密度，在此密度时应采取控制措施，以防种群达到经济危害水平"[1]，即引起经济损失的最低虫口密度。如害虫的平均密度和波动最高值都低于经济阈值，表示该种群无经济危害；平均密度虽低于经济阈值，但种群波动最高值有时超过经济阈值，表示偶有危害的种群；平均密度低于经济阈值，其种群波动最高值经常地超过经济阈值，则表示经常有危害的种群；平均密度已在经济阈值以上为严重危害的种群。综合防治的要点不是消灭有害生物，而是采取多种措施，把其种群数量控制在经济阈值以下，这样有利于保存其天敌，并保持生态系统的相对稳定。它不仅仅用在害虫防治、病害控制方面，而且在杂草防除方面也有着广泛前途。如在耕地中随杂草密度的增加，作物产量损失增加，除草是必要的。但实际上，不是在任何杂草发生密度条件下都需要除草。一方面杂草密度较低时，作物可以忍耐其存在；另一方面，当杂草危害造成的损失较低时，这时除草效益将不能抵消用于除草的费用。那么在何种杂草状态下需要防除，就有了杂草危害的经济阈值和杂草防除阈值的概念。前者是作物增收效益与防除费用相等时的草害情况；后者是指杂草造成的损失，等于其产生的价值时所处的草害水平。为了使草害防治有良好的经济效益，防治费用应小于或等于杂草防除获得的效益。防除指标的制定是需要的，杂草防除措施的经济效益决定于作物增产的幅度和防除的成本。认识和了解"经济阈值"，对于指导农业生产有着非常重要的意义。

由于对经济阈值含义的不同理解，人们在进行经济分析和研究中，使用的范围大大超过原来提出这一概念的生物工程学和生态学领域，其在经济学研究和经济活动分析中得到广泛的使用。主要有以下三种拓展：一是经济临界值：即在两个相关经济要素中，一个经济要素（自变量）对另一个经济要素（因变量）产生质的变化时的数量值。如盈亏平衡时的产量、保本时的价格等，将"经济阈值"理解为因变量发生质的变化的分界点。二是经济极值：即在一定的社会生产技术组织条件下，一定时期内某种经济要素能达到的最大值或最小值。如经济增长阈值、各种资源阈值、生产成本阈值等，将"经济阈值"理解为某种经济要素数量上的极限。三是经济函数的最小影响变量：即在两个相关的经济要素中，一个经济要素（自变量）对另一个经济要素

[1]　Stern V, Smith R,van den Bosch R,Hagen K.The integration of chemical and biological control of the spotted alfalfa aphid:The integrated control concept[J].Hilgardia, 1959(2):81-101.

（因变量）能够产生影响或变化的必需的最小变化量或变化幅度[1]。

其后，生态学家提出了生态阈值的概念，旨在低投入条件下能够可持续性地发展管理森林、灌木和草地，从而获得最大的生态和经济收益[2]。

二、生态阈值

目前国际上在气候极值变化研究中最多见的是采用某个百分位值，常以95%作为极端值的阈值，超过这个阈值的值被认为是极值，该事件可以看作是极端事件。发达国家为了控制农业对环境的污染，制定了许多有关区域养分管理的法规，分别提出了作物农学阈值（ecological threshold）和环境阈值。如丹麦沿海流域入海口总磷阈值限制为0.084毫克/升；[3]在美国，为了防止水体富营养化，要求河流直接入湖库的水中总磷浓度不应超过0.05毫克/升。[4]

土壤肥效的农学阈值，是评价施肥合理性的重要指标，当土壤中肥料含量低于阈值时，作物产量随肥料施用量提高而显著提高；当土壤中肥料含量高于阈值时，作物产量对肥料几乎没有响应[5]，反而可能带来面源污染的风险，导致流域水体富营养化。举例来讲：农民为了获得高产，长期大量施用化肥，造成化肥在土壤中大量累积，超过作物的需求，化肥利用率仅为10%～25%。此时，再增加化肥投入，作物产量已不能够显著提高。作物产量不提高时，土壤化肥的最低值称为土壤化肥临界值，也称为阈值。通常用双直线和直线—平台模型模拟（图3-3）土壤化肥含量与作物产量相关关系曲线，曲线上的转折点相对应的土壤化肥值即为作物产量对土壤化肥的阈值。当土壤化肥含量低于该阈值时，作物产量随化肥施用量增加而提高；反之，当土壤化肥大于该阈值时，则作物产量对施用化肥不响应[6]，而化肥过量将导致土壤和环境危害。

---

[1] 曹慧，杨建新.经济阈值的含义、数学模型及应用[J].经济研究导刊,2012(3):10-12.

[2] Brown J.R; Herrick JE.Managing low output agro-ecosystems sustainably:the importance of ecological thresholds[J].Canadian Journal of Forest Research,1999(7):1112-1119.

[3] Hinsby K.,Markager S., Kronvang B.,Windolf J.,Sonnenborg1 T. O., and L.Thorling.Threshold values and management options for nutrients in a catchment of a temperate estuary with poor ecological status[J].Hydrology and Earth System Sciences,2012(16):2663-2683.

[4] Daniel T.C; A.N.Sharpley ; J.L.Lemunyon. Agricultural phosphorus and eutrophication:A symposium overview[J].Journal of Environmental Quality, 1998(27):251–257.

[5] Mallarino A.P.,Blackmer A.M.Comparison of methods for determining critical concentrations of soil test phosphorus for corn[J].Agronomy Journal.1992(84):850-856.

[6] 习斌.典型农田土壤磷素环境阈值研究——以南方水旱轮作和北方小麦玉米轮作为例[D].北京:中国农业科学研究院，2014.

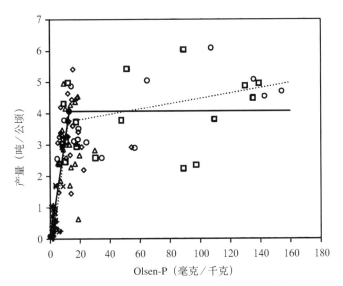

图3-3 模型拟合小麦作物产量与土壤 Olsen-P 含量关系
(引自习斌《典型农田土壤磷素环境阈值研究——以南方水旱轮作
和北方小麦玉米轮作为例》)

在农业伦理学视阈中，正义原则是衡量和促使一个社会进入有序、良性发展的重要伦理原则。传统人道主义在19世纪以后逐渐偏离正确轨道，对人的理解停留在人类中心主义的意义上，世界被"对象化"，张扬人的理性而不是自然本性，提出"人"才能成为宇宙的绝对的至上的理想性的主体，因此，人的行为不受任何约束和束缚。而生存与发展的辩证关系表明，在一定限度内，发展是对生存的完善和促进，但超过这一限度，发展就反过来构成了对生存的威胁。发展有度、有临界点，越出度、接近或超过临界点，就会危及人类自身的生存。这个"度"，既包括发展规模也包括发展速度，映射在自然界，就是地球生态系统吐故纳新、自我修复的能力范围，也就是生态阈值。在农业生态系统中其表现的较为突出，迄今为止，人类农业生产经营活动大体上划分为三个阶段，即原始农业、传统农业、现代常规农业。原始农业技术水平低下，对自然资源和环境的破坏很轻，人与自然的共存共生关系没有遭受破坏，人类利用自己低水平的劳动和自然力的巨大协调作用而生存下来。随着农业人口和食物需求的增加，铁制农具的出现，农业技术快速进入传统农业发展时期，对自然的破坏开始反映出来，即技术的二重性有了一定的反映，如借用铁质工具开垦湿地、丘陵山地、草原等扩大了耕地面积，增加了粮食产量，但也带来了水土流失和环境的破坏，人与自然协调关系开始减弱，但这些负作用都在生态阈值范围之内。随着人类向自然索取食物的技术能力大大增强，从19世纪40年代以后，基本上迈入现代常规农业技术期，人类利用良种技术、机械技术、灌溉技术、化肥技术以及农药技术，使农业生产力水平显著提高，农作物产量大大增加，现代农业技术进步的贡献基本上满足了当代人对食物的要求。与此同时，现代农业技术的负效应更加明显：大量砍伐森林、大量毁草种粮、大量开垦山坡地，造成资源浪费、生态环境破坏、投入成本大幅上升、农业效益下降、农业生产后劲严重不足，从而强化了人与自然之间的矛盾，其矛盾的严重程度在一定时期、一定地区范围内超出了自然的承受能力。这不仅严重影响农业发展，威胁人类生活环境和人体健康，还对后代人生存和发展造成影响。一次又一次的教训使人类不得不对自己与自然的关系进行深入思考，反思、觉醒的结果促使农业可持续发展战略的产生，由此伴随着农业可持续发展技术的产生[1]，是为人类进入后工业文明的萌芽。

本质上，生态阈值是生态系统本身能抗御外界干扰、恢复平衡状态的临界限度。在阈限内，生态系统能承受一定程度的外界压力和冲击，具有一定程度的自我调节能力。超过阈限，自我调节不再起作用，系统也就难以回到原初的生态平衡状态[2]。生态阈值的大小取决于生态系统的成熟程度。生态系统越成熟，其种类组成越多、营养结构越复杂、稳定性越大，对外界的压力或冲击的抵抗能力也越大，即阈值高；相反一个简单的人工的生态系统，则阈值低[3]。当外界干扰远远超过了生态阈值，生态系统的自我调节能力已不能抵御这些干扰，从而不能恢复到原初状态时，则称为"生态失序"。生态失序的基本标志，可以从生态系统的结构和功能这两方面的不同水平上表现出来，诸如一个或几个组分缺损，生产者或消费者种群结构变化，能量流动受阻、食物链中断等。总之，农业生态系统作为人类经营管理的生态系统，要严格地注意生态阈限，必须以阈值为标准，使具有再生能力的生物资源得到最好的恢复和发展。

由于生态因子相互作用的复杂性，生态阈值的性质及其在不同空间尺度上的联系等方面仍然存在很大的不确定性[4]。如单一种群呈现出一种S形增长状态，即逻辑斯蒂增长状态。生物种群数量只能趋近于一条K线，这条K线即表示环境的容量。同时这条K线也可以看作为种群增长的一个限制阈值，且这个限制阈值是由许多条件共同决定的。常用的生态阈值的确定方法主要有

---

[1] 李中东.中国农业可持续发展技术框架研究[D].杨凌：西北农林科技大学，2002.

[2] 周寿荣.草地生态学[M].北京：中国农业出版社，1996:26-47.

[3] Bestelmeyer B.T.Threshold Concepts and Their Use in Rangeland Management and Restoration:The Good, the Bad,and the Insidious[J].Restoration Ecology,2006,14(3):325–329.

[4] 王永杰，张雪萍.生态阈值理论的初步探究[J].中国农学通报，2010(12):282-286.

统计分析（应用统计模型、Meta分析）和模型模拟（过程模型、系统动力学模型、概念模型等）两种方法，这两种方法都是基于大量野外数据获取（野外观测、遥感监测和大尺度的观测网络）的。几种方法之间均存在交叉，不可能绝对区分开，要以问题导向为依据来确定生态阈值，在此过程中选择适合的方法[1]。

贝斯特迈尔（Bestelmeyer）（2006）基于牧场预防管理和恢复，认为生态阈值有两种分类方法：其一，分为格局阈值（pattern thresholds）、过程阈值（process thresholds）和退化阈值（degradation thresholds）；其二，分为预防阈值（preventive thresholds）和恢复阈值（restoration thresholds）[2]。预防管理必须关注对易使系统受到确定性或事件驱动的格局变化的调控，当管理失败时，格局阈值无法及时指示生态系统的退化，而退化阈值就成为重要的指标。相反，退化草地的恢复需要同时确定格局阈值、过程阈值和退化阈值。

由于生态系统退化已成为全球性问题，系统健康受到的威胁与日俱增，迫切需要对退化的生态系统开展健康诊断，找出病因，量化退化过程中的人文与自然因素阈值，预测全球变化背景下的发展趋势，建立预警机制，为生态系统健康的恢复与可持续管理提供科学依据。于是，人类活动、生态变化、人体健康之间的重要关联的研究广泛开展，生态系统健康的论证逐步从哲理层面向定量化转变。Costanza（1992）提出用活力（vigor, v）、组织力（organization, o）和恢复力（resilience, r）组装生态系统健康指数（healthy index, hi），开创了生态系统健康评价指标综合化的先河[3]。任继周1996年率先提出了基况（condition）对农业生态系统健康评价的框架和健康阈值意义[4]，在此基础上侯扶江等提出了农业系统健康评价的CVOR模型和健康阈值界定[5]。

三、道德评价的阈值界定

目前我国农业生产存在的伦理困境主要是可持续发展与经济利益之间的

[1] 唐海萍,陈姣,薛海丽.生态阈值:概念、方法与研究展望[J].植物生态学报,2015(39):932-940. 晓兰,王丹丹.生态足迹应用研究进展[J].赤峰学院学报(自然科学版),2013,29(1):27-31.

[2] Bestelmeyer B.T.Threshold concepts and their use in rangeland management and restoration:The good,the bad,and the insidious[J].Restoration Ecology,2006(14):325–329.

[3] Costanza R.Toward an operational definition of ecosystem health.In: Ecosystem Health:New Goals for Environmental Management[M].Washinton D C:Island Press,1992:239-256.

[4] 任继周.任继周文集（第三卷）[M].北京:农业出版社，2007:283-287.

[5] 侯扶江等.阿拉善草地健康评价的CVOR指数[J].草业学报,2004(4):117-126. 侯扶江,徐磊.生态系统健康的研究历史与现状[J].草业学报，2009(6):210-225.

矛盾。农业生态系统出现诸多的"灾害"，其中涉及的人为因素包括两种情况：一种是非故意的，由于对农业生态系统了解不够，罔顾农业生态系统规律所致；另一种是故意所为而致，即故意破坏和故意不作为或为了某种利益考虑而故意忽视。无论哪种原因都可以归因为伦理道德观念问题。以往理论界有关"灾害"概念的界定仅从技术层面出发，而对于"灾害"概念的道德属性关注存在着严重缺失。

道德作为人类的一种特殊意识形式，受到多元性、建构性和开放性等因素驱使，始终处在远离平衡态的动态系统中。每个道德主体无时不在做着使之平衡的努力，但它的不平衡态的本质特征依然在执着地制造着一个又一个"新"的矛盾。由于它常常表现为可以评价的状态，因此伦理学家试图通过外部考察的方式，对道德评价阈值界定做出整体的、详尽的说明。李金华（2009）提出道德评价的科学阈值应该由以下三方面因素构成：一是道德现象对包括道德对象行为主体在内的人性化适宜度和反映度；二是道德现象对社会道德风尚的倡导度和引领度；三是道德现象对社会审美的表率度和风范度。认为如能将所有社会道德现象的评价都首先用以人性化适宜度、反映度、倡导度、引领度以及对社会审美的表率度和风范度作为认知与评价的出发点和归宿点，那么我们社会的道德规范性水平和对象化水平无疑会提升到一个新的高度，我国的农业伦理学建构也会有一次较大的发展[1]。

阈值研究正在由一元向多元、静态向动态发展。目前对阈值的研究，多是建立在单一的变化情景下，如定义种的敏感性，以及单一的环境因子梯度下的研究。对于多样性缺失、生物入侵、多世代稳定性以及生境破碎化等因素共同作用的环境中，需要发展适合的定量化方法，特别是针对作为复杂生态系统的农业生态系统的不同过程的阈值量化方法[2]，更需向多元化、动态化发展。

随着研究的深入，人们已经认识到仅仅考量经济阈值和生态阈值，未对农业系统的人文因素进行考虑，已经不符合生产实际的需要和学科、文化发展的要求。因此，阈值的研究正在由一元向多元、静态向动态发展[3]。

1   李金华.论道德的心理结构及其界定阈值选择[J].社会科学辑刊，2009(2):40-42.
2   唐海萍、陈姣、薛海丽.生态阈值：概念、方法与研究展望[J].植物生态学报，2015(9):932–940.
晓兰、王丹丹.生态足迹应用研究进展[J].赤峰学院学报(自然科学版)，2013(1):27-31.
3   何东进、洪伟.害虫防治经济阈值研究进展[J].福建林业科技，1998(4):7-12.

第二节 环境伦理学容量

一、环境容量

19世纪到20世纪的更迭，带给人们对未来生存环境问题的焦虑，导致此轮焦虑思潮的始作俑者是工业化、城市化进程的加快而导致生态系统固有的承载力受到扰动，环境日益恶化。为此，一大批富有历史责任感的学者响应时代的召唤，开始探索使用生态学的方法和原理去解读环境问题。环境容量（environment capacity）即是这一产物。在《中国大百科全书环境科学》中，环境容量被定义为：在人类生存和自然不致受害的前提下，某一环境所能容纳的污染物的最大负荷量[1]。从广义角度理解可表述为：某区域环境对该区域发展规模及各类活动要素的最大容纳阈值。这些区域环境容量包括自然环境容量（大气环境容量、水环境容量、土地环境容量）、人为环境容量、用地环境容量、工业容量、建筑容量、人口容量、交通容量等，这些容量的总和即为整体环境容量。从狭义角度理解可表述为：一定时空范围内的环境系统在特定的环境目标体系下,对被外部施加的全部外力干预和污染物的最大允许承受量或负荷量。此容量往往是以环境质量标准作为基础所呈现出的以污染物容纳为指标的阈值，即指基本环境基准，要求结合社会经济整体环境、技术能力指定的控制环境中各类污染物质浓度水平的限位。而环境科学领域中的"环境容量"，是指在人类生存活动和自然生态系统未遭受损害的前提下，某一环境通过自然条件净化，在生态和人体健康阈限值以下所容纳的环境污染物最大允许量；或是一个生态系统在维持生命体的再生能力、适应能力和更新能力的前提下，承受有机体数量的最大环境限度。环境容量的大小一般取决于两个因素：一是环境本身具备的背景条件，如环境空间的大小，气象、水文、地质、植被等自然条件，生物种群特征，污染物的理化特性，等等。同样数量的重金属与有机污染物排入同一环境中，重金属积累下来，有机污染物很快被分解，因此，环境所能容纳的重金属与有机污染物的数量不同。另一个是人们对特定环境功能的规定，这种规定可用环境质量标准来表述。环境容量是与一定的区域、一定的时期和一定的状态条件相对应的，并依据一定的环境标准要求进行推算。常见的环境容量分析涉及的内容有水环

---

[1] 中国大百科全书总编辑委员会《环境科学》编辑委员会.中国大百科全书 环境科学卷[M].北京:中国大百科全书出版社，1983:195.

境、大气环境、土壤环境等。环境容量是环境质量中"量"的方面，是质量的量化表现或定量化表述[1]。

环境容量包括绝对容量和年容量两个方面。前者是指某一环境所能容纳某种污染物的最大负荷量；后者是指某一环境在污染物的积累浓度不超过环境标准规定的最大容许值的情况下，每年所能容纳的某污染物的最大负荷量。大气、土地、动植物等都有承受污染物的最高限制。就环境污染而言，污染物存在的数量超过最大容纳量，这一环境的生态健康和正常功能就会遭到破坏。

环境容量主要应用于环境质量控制，是工农业规划的一种依据。任一环境，它的环境容量越大，可接纳的污染物就越多；反之则越少。污染物的排放，必须与环境容量相适应。如果超出环境容量就要采取措施，如降低排放浓度，减少排放量，或者增加环境保护设施等。在产业规划时，必须考虑环境容量，如工业废弃物的排放、农药的施用等都应以不产生环境危害为原则。在应用环境容量参数来控制环境质量时，还应考虑污染物的特性。非积累性的污染物，如二氧化硫气体等在环境中停留的时间很短，依据环境的绝对容量参数来控制这类的污染有重要意义，而年容量的意义却不大。如在某一工业区，许多烟囱排放二氧化硫，各自排放的浓度都没有超过排放标准的规定值，但合起来却大大超过该环境的绝对容量。在这种情况下，只有制定以环境绝对容量为依据的区域环境排放标准，降低排放浓度、减少排放量，才能保证该工业区的大气环境质量。积累性的污染物在环境中能产生长期的毒性效应。对这类污染物，主要根据年容量这个参数来控制，使污染物的排放与环境的净化速率保持平衡。总之，污染物的排放，必须控制在环境的绝对容量和年容量之内，才能有效地消除或减少污染危害。"十五"期间，我国开始编制环境容量指标，国家环保总局制定了环境容量总额，然后按年度分配给各省份，各省份再往各地市分解。

随着研究的深入，环境容量在各分支学科方面也获得了极大的拓展，如水环境容量、大气环境容量、土壤环境容量及旅游环境容量等方面。环境容量的常用评估方法有：环境毒理学化学学会提出的物质代谢生命周期分析法，霍德华·奥德姆（H.T Odum）提出的能值分析法，威廉里斯（W.Rees）和威卡莱基（Wackernagel)）提出的基于土地利用的生态足迹法，巴特尔（Bartell）、苏特（Suter）提出的生态风险分析法，威斯德（F.Vster）提出的基

---

[1] 周密,王华东,张义生.环境容量[M].长春:东北师范大学出版社，1987.

于反馈机制的生态控制论分析法，等等[1]。人类的衣、食、住、行等生活和生产活动都需要消耗地球上的资源，并且产生大量的废物。因此，对环境容量的评估关乎人类和整体生态系统的生存和发展。

生态足迹（ecological footprint）是一个可持续发展的综合度量指标，是用土地和水域的面积来估算人类为了维持自身生存而利用自然的量，从而评估人类对地球生态系统和环境的影响。即在现有的技术条件下，某一人口单位（一个人、一个城市、一个国家或全人类）需要具备多少生产能力的土地和水域，来生产所需资源和吸纳所衍生的废物。生态足迹的意义不仅仅在于强调人类对自然的破坏有多严重，而是探讨人类持续依赖自然以及要怎么做才能保障地球的承受力，不仅可以用来评估目前人类活动的永续性，在建立共识及协助决策上也有积极的意义[2, 3]。

二、承载力

承载力（carrying capacity）最早应用于草业科学，是在19世纪90年代，是由与放牧家畜土地使用有关的一些管理者创造出来的，是以畜群承载力研究为重点的。马尔萨斯（Malthus）在《人口原理》（An Essay on the Principle of Population）中将粮食作为人口增长的限制因素，讨论了人口增长的极限问题，奠定了承载力研究的基本框架[4]。1972年罗马俱乐部发表《增长的极限》，引起了对全球可持续发展的关注，承载力研究也得到了推动。承载力被引入到了土地、水、矿产、环境等不同领域，发展了针对性更强的土地承载力、水资源承载力、矿产资源承载力、环境承载力等概念[5]。

承载力理论由种群承载力发展到人类承载力，由基于单一资源要素约束到人口、资源、环境、经济、社会等综合要素约束，经历了几个重要的阶段（表3-2）。

1　赵跃龙,张玲娟.脆弱生态环境定量评价方法的研究[J].地理科学，1998(l):73-79.
2　谢鸿宇.生态足迹评价模型的改进与应用[M].北京:化学工业出版社,2008:22-38.
3　晓兰,王丹丹.生态足迹应用研究进展[J].赤峰学院学报(自然科学版)，2013(1):20-26.
4　张林波等.承载力理论的起源、发展与展望[J].生态学报，2009(2):878-888.
5　曹智等.基于生态系统服务的生态承载力：概念、内涵与评估模型及应用[J].自然资源学报，2015(1):1-11.

表3-2　承载力内涵演变历程[1]

名　称	时　间	内　涵
种群承载力	1922	不损害环境条件下，种群的最大规模
土地承载力	20世纪40年代	土地向人类提供饮食住所的能力
资源承载力	20世纪70年代	可预见时期内，利用该地的能源和其他自然资源及工艺水平、人员素质、技能等条件，在保证与其社会文化准则相符的物质生活水平下能够持续供养的人口数量
土地资源承载力	1987	未来不同时间尺度上，以一定的技术、经济和社会发展水平及与此相适应的物质生活水准为依据，一个国家或地区利用其自身的土地资源所能持续供养的人口数量
环境承载力	1995	在某一时期、某种状态或条件下，某地区的环境所能承受的人类活动作用的阈值
生态承载力	2001	生态系统自我维护、自我调节能力、资源与环境子系统的供容能力及其可维持的社会经济活动强度和具有一定生活水平的人口数量
土地综合承载力	2001	在一定时期，一定空间区域，一定的社会、经济、生态环境条件下，土地资源所能承载的人类各种活动的规模和强度的阈值
水资源承载力	2002	在一定的水资源开发利用阶段，满足生态需水的可利用水量并能够维系该地区人口、资源与环境有限发展目标的最大社会经济规模

随着经济发展，各种资源环境要素都成为制约人类发展的限制因素，针对单一要素的承载力研究的局限性越来越突出[2]。如果生态系统遭到破坏，那么单一要素的承载力也就失去了意义，当然可持续发展也就实现不了。所以，人类的活动必须限制在生态系统的某个承受阈值之内，从这个意义上讲，人类的可持续发展必须建立在生态系统的承载力基础上。基于此，有学者提出了生态承载力（ecological carrying capacity）这一综合概念。生态承载力是较资源承载力、环境承载力等更为复杂和综合的概念，它试图用系统的思想解决人类活动受各种限制因素制约的问题。生态承载力是指在某一特定环境条件下（主要指生存空间、营养物质、阳光等生态因子的组合），某种个体存在数量的最高极限。生态承载力的提出对于承载力理论的研究是一个很大的进

---

[1]　谢高地.中国生态资源承载力研究[M].北京:科学出版社，2011:5.

[2]　Arrow K(ect).Economic growth,carrying capacity,and the environment[J].Science,1995(28):520-521.

·158·

第三篇 度之维

步，和单因素承载力相比，生态承载力更多地关注生态系统的整合性、持续性和协调性。生态承载力的提出为实现由单纯支撑人类的社会进步变成促进整个生态系统和谐发展的进步奠定了基础。生态承载力包括两层基本含义：第一层涵义是指生态系统的自我维持与自我调节能力，以及资源与环境子系统的供容能力，为生态承载力的支持部分；第二层涵义是指生态系统内社会经济子系统的发展能力，为生态承载力的压力部分。生态系统的自我维持与自我调节能力是指生态系统的弹性大小，资源与环境子系统的供容能力则分别指资源和环境的承载能力大小；而社会经济子系统的发展能力指生态系统可维持的社会经济规模和具有一定生活水平的人口数量。近几年来，生态承载力研究方法不断完善，案例研究不断增多，丰富了生态承载力实证研究[1]。

三、伦理学容量

伦理学容量（ethnical capacity）意指社会伦理观对各类社会组分的系统性包容能力，从道德关怀的对象和道德目标等方面去考量，藉以保持社会稳定。它体现社会伦理观对社会诸系统的理解协调能力和弹性包容机制[2]。

伦理学容量的大小与社会的多维结构有关。社会由它所包含的诸“系统（systems）”构成，如农业系统、工业系统、商业系统、教育系统、卫生系统、金融系统、信息系统、宗教系统，等等。不同的系统为各自的“界面（interface）”所包围，越出系统的界面，系统内部的相关运行规律即归于无效。社会所包含的系统越多，社会的多维结构越复杂，不同系统和族群之间的思维方式和伦理规范彼此融通越广泛深入，其伦理学容量也越大。生活于这个社会的人的视野也较为开阔，较为能够容纳更多异于自我的事物或现象[3]。

伦理学容量大小是关于系统维度与“体积”的综合测度，它由两个特征向量决定，即在什么维度下的“大小”问题。显然，“大小”在同一数值时，维度越高表明测度越精细。如“大小”为1时，在一维时我们论及的是“线段”的长度，在二维是面积，在三维是体积，等等，以此类推。需要特别说明的是伦理学容量涉及的多维结构中，势必某些维的取值为离散变量，对于此类离散变量的“体积”我们是指其取值范围。

在生活节奏缓慢的传统农业社会，其伦理学容量的扩大，从物理学层面

[1] 曹智等.基于生态系统服务的生态承载力：概念、内涵与评估模型及应用[J].自然资源学报，2015(1):1-11.
[2,3] 任继周,方锡良,林慧龙.伦理学容量与农业文明发展的史学启示[J].中国农史，2017(5):3-11.

·159·

的物质容量发展到精神层面的伦理学容量，往往需要一个漫长的历史过程。中国传统的城乡二元结构，城镇系统与乡村系统发生的系统耦合，维系了社会系统的生存，而且在漫长的历史时期中创建了以农耕文明为主体的中华文明。但在这一系统耦合过程中，系统相悖带来的重负总是压向农村一侧，为此做出牺牲最多的是因系统相悖而受益较少甚至权益受损的农村和农民。在当时的历史条件下，城乡系统耦合即使社会收益的正值和社会受害的负值并存，其结果还是换来了社会发展，即中华农耕文明的光大。这一伦理学悖论，在当时社会表达为利大于弊，处于社会伦理学容量以内。

社会在系统耦合中发生系统进化，释放生产潜力，推动社会进步。系统耦合与系统相悖并发。前者释放生产潜力，为社会进步的正值；后者反之，为系统进步的负值。中国农业社会为城乡二元结构，其系统耦合所产生的正值，即社会效益，绝大部分为社会强势的城市占有，是为社会发展的受益方；而系统相悖发生的负值，则由社会弱势方农村全部承担，所获社会发展效益甚少或根本不得效益，是为社会发展的少受益方或受害方。因而城市与乡村形成利益对立的双方。以往对社会进化弱势群体关注不足，导致其或阻碍社会发展，或发展为社会乱源。

传统农耕文明的伦理学容量过分狭小，不适当地扩大到其他社会系统，则产生不良后果。1949年新中国成立以来，中国在城乡二元结构的框架下，经历了两次全国规模的农业结构大改革。一次是1949年后，从小农经济改为计划经济的大农业系统，给我国带来怎样的大饥荒，大家记忆犹新，无需赘言。第二次是20世纪80年代初起，从计划经济到市场经济的改革。为了追求粮食高产，大水、大肥、大农药，高投入的结果，引发水土污染、食物污染，不但产品成本高于进口产品到岸价，还严重浪费了水土资源，危及食物及生态安全。原来支撑棉花、粮食生产的杠杆先后夭折，油料作物处于寻寻觅觅的艰苦处境。尤其突出的问题是在大国崛起的一片大好形势下，却发生了全国为之忧虑的"三农问题"。形势倒逼我们不得不考虑实施以调结构、去库存、去杠杆、供给侧改革为主要内容的重大改革措施。实际上第三次农业结构改革已经拉开序幕。这些问题的症结在于以粮为纲的农业政策伦理学容量太小，既不能适应当今社会的发展需求，又没有对弱势群体予以适当的伦理关怀。

拓展农业伦理学容量，确保农业生态系统均衡有序与社会公平正义，需要统筹系统耦合与系统相悖，兼顾系统各方权益，尤其是要关注系统相悖中的受损方或社会发展中的弱势群体。给予他们更多的关注、理解、同情和帮助，要倾听他们的呼声，保护他们的权益，建构保障社会公平、促进社会稳定有序的安全阀。

目前我们面临社会伦理学容量扩大的良好机遇，即对历史上长期使社会对立的城乡二元结构的破除，自十八大以来已经取得重大突破性进展。特别是农村户籍壁垒的逐渐消除和城市房产购租同权的决定，对破除城乡二元结构起了"四两拨千斤"的作用。进城务工的农民与城市居民将比肩而立，具有完全的国民身份，这是我国历史性的大跃进。这必将引发一系列系统进化和众多界面结构的重建，它所建设的不仅仅是现代化农业，还将对我们古老的农耕文明的伦理学容量带来飞跃式扩容[1]。

第三节　社会伦理学容量

社会可容纳的不同生态系统和平共处协调发展的能力，称为社会伦理学容量。我们向往的人类命运共同体，就是具有全球性的宏大的社会伦理学容量的美好社会。

人类从大自然的渔猎社会走来，逐步随着社会的分工而产生了聚合点，进而过度为城邑，即城市的雏形，又逐步发展为成熟的城市。由于城市的分工而使复杂的界面矩阵化，进而产生界面矩阵群。界面矩阵群的巨量界面必然发生巨量的系统耦合与系统相悖，从而发生了巨量的社会伦理学问题，并由此产生了源于农业生产的社会伦理学容量的问题。

人类原始社会是简单而扁平的，就是族群和他们的领袖，或称谓酋长，或如中国原始社会形态中所称谓的头人。头人的称呼直到中华人民共和国成立之初在牧区还普遍流行。游牧社会因为迁徙频繁，不需定居的城邑。只是发展到后期，受农耕社会的影响，或抄袭了某些农耕社会的技术和管理，引入了小规模的、以制造生活用品、特别是战争所需要的武器，如锻造战刀而设立的群聚位点。其社会伦理学关系简单而明确。这时的社会伦理系统只有个人与个人、族群与领导、族群与生存地境的伦理学关联。他们约定成俗，不需要契约或道德的、或法律的约束。他们的生存单位为放牧系统单元，即人居-草地-畜群的生存地境。这就是当时人类生态系统生存与发展的基本要求。其时发生的族群之间的纷争，无非是为了满足本族群生存与发展的基本需求对放牧系统单元的争取。务请注意，这个放牧系统单元的概念至关重要，其影响深远，直到现代化的今天仍然不失其重要性。我们将放牧系统单元称之为人类文明的最初基因也许并不过分。

[1] 任继周,方锡良,林慧龙.伦理学容量与农业文明发展的史学启示[J].中国农史，2017(5):3-11.

随着农耕系统的诞生，从上述的放牧系统单元的草地中，分出部分土地用为农耕，随之有了定居的聚落，逐步发展为城邑及其所演化的城市。这时社会生态系统内部分工趋于细化，界面趋于复杂，管理层加多增厚，伦理系统复杂性增加了，因而社会的伦理学容量加大。

社会伦理学容量之扩大，从物理学层面的物质容量发展到精神层面的伦理学容量，往往需要一个漫长的历史过程。前面我们举例的起于晋国的农耕系统与内蒙古的草原畜牧系统的耦合过程，经过3 000年的融合，在一定的历史环境下，才产生了当前我们所见到的具有农牧业社会系统的文化特色。在这里我们还可举出一个更早的反例，那就是春秋时期的秦国。秦穆公（前659年—前621年）时期草原游牧系统大发展，"益国十二，开地千里，遂霸西戎"，改封地为县治。在与游牧社会的西戎的长期斗争与融合中，不仅增强了国力，还吸纳了草原游牧文化，从西部给衰老的周朝"礼乐"伦理大厦送来新风。这发生在秦孝公商鞅变法（前356年）以前303年，远早于晋国与北邻的草原游牧社会系统的融合，从而产生了有别于内地文化的"虎狼之秦"新文化雏形。可惜限于当时的历史条件，不仅未能继续良性发展，扩大社会伦理学容量。至秦始皇时期反而"以吏为师""焚书坑儒"[1]，建立了皇权政治，一扫战国时期百家争鸣的宽容气象，社会伦理学容量被急剧压缩。

秦的灭亡，为汉代打开了"罢黜百家，独尊儒术"一扇窗口。这扇窗口实际上半开半闭，即所谓"内法外儒"。直到汉武帝，其法本质赤裸凸显，诚如司马光所说汉武帝"穷奢极欲，繁刑重敛""其所以异于秦始皇者无几矣"[2]。这一传统伴随城乡二元结构和农耕文明，历时两千多年，直到近代绵延不绝。"文革"期间，一度聚焦"评法批儒"，实为力挺法家的术、势诡道。这反射了我国源远流长的传统耕战思想的历史烙印。我国城乡二元结构之难以消除，农民的国民权利之迟迟未能落实，应与此不无关联。

我们说社会的伦理学容量，应该是个不容忽视的概念。

随着人类社会的生态系统增多，如草原系统、农耕系统、森林系统、水面系统（如东南沿海的疍民，以舟楫水产为生），甚至扩大到工业革命以后的海洋系统、商贸系统，等等，形成界面复杂的矩阵群界面巨系统，各个界面

1　任继周等.中华农耕文明伦理观的历史足迹及城乡二元结构伦理溯源[J].中国农史,2013(6):3-12.任继周等.中华农耕文明伦理观的历史足迹及城乡二元结构伦理溯源（续）[J].中国农史,2014(1):13-20.

2　参见（宋）司马光《资治通鉴》："孝武穷奢极欲，繁刑重敛，内侈宫室，外事四夷。信惑神怪，巡游无度。使百姓疲敝起为盗贼，其所以异于秦始皇者无几矣。"

之间无不发生伦理学关联，社会的伦理学容量处于巨量扩大之中。

　　社会由扁平发展到宏达，几乎成为无所不在的恢恢巨网，笼罩大千世界。其中的重要媒介，或称节点就是城市。这里发生着繁复的系统耦合，也发生着繁复的系统相悖。创新机遇与冲突层出不穷，社会就在这些机遇与冲突中不断前进，文化也不断蜕变更新。社会伦理学容量也已成熟为（城市）营养基而不断扩大。城市是人类社会进步镌刻在历史磐石上的大而深的足迹，是社会发展的必然，不容忽视，不可抹杀。

　　在全球一体化的大潮下，农业系统为社会巨系统所裹挟，系统耦合也不断发生，构成新的、高一级的生态系统的同时，也引发不同系统之间本身所固有的难以融合的系统相悖，从而构成社会发展的负能量。

　　历史在永不停步的前进之中，系统耦合与系统相悖不断发生。前者使社会部分个人或集体成员获得较大收益，他们是推动社会发展的主力；后者则使社会另一部分成员较少受益甚至受到损害，成为非受益者或受害者。伦理学的任务就是妥善处理两者之间的关系，使系统相悖的负值能消减至尽可能的最小，而系统耦合的效益的正值放大到尽可能的最大，以取得社会的总体发展。农业生态系统总是倾向于获取最大的系统耦合效益。但是伦理学的适度原则告诫我们，永远不要忽略系统相悖的负能量，聆听系统耦合过程中非受益方甚至受害方需求的呼声至关重要。世界的乱源，古今中外，莫不与系统相悖的处理不当有关。因此，我们不应该把系统相悖全然视为系统进化无关的负值。只有负值得到消减，正值才能稳增。农业伦理学所承担的重大任务就是探索对系统相悖的处理艺术。因为系统耦合是不断发生的，因而对系统相悖处理的探索也是无尽的。系统相悖的妥善处理，是保障社会公平、促进社会稳定的安全阀。

　　伦理学应力求使参与系统耦合过程中的多方都可获取适当的利益，承担适当的奉献。所谓奉献，其实质就是自愿地接受可以承受的系统相悖带来的负值。这就是为什么我们在享受生态贡献的同时，要提倡生态保护；我们在与友邻交易时，要提倡适当让利；在武力对抗时要提倡"上兵伐谋"[1]，留有余地；在收获农产品时，种植业要保护地力，林业要砍伐有度，畜牧业要留有"临界贮草量"[2]和保留种畜。概括言之，对生产资源不要"竭泽而渔"，以利保持生态健康。只要系统相悖所含负能量还处于社会伦理学容量以内，就表

[1]　参见《孙子兵法·谋攻篇》："故上兵伐谋，其次伐交，其次伐兵，其下攻城。攻城之法，为不得已。"

[2]　任继周.草原资源的草业评价指标体系刍议[G]//农牧渔业部经济政策研究中心.中国畜牧业发展战略研究.北京:中国展望出版社，1988:242-262.

明其负能量还不至阻碍生态系统的运行。至于运行是否正常，就看距离伦理学容量的阈限多少。

说到这里，明确了社会伦理学容量就是社会众多界面的系统耦合中社会较多受益方，与系统相悖的较少非受益方甚至受害方两者之间，调和达到社会正义所能够接受的程度。在这个容量以内，社会可正常运行或带病运行，如社会伦理学容量过分狭窄，不能容纳它所包含的多种社会生态系统，不同生态系统之间发生不可调和的对抗、斗争，社会将逐步失序而趋向崩溃。伦理学容量的大小有赖于社会的自组织功能。所谓的社会自组织功能，实质就是社会对系统耦合受益方与非受益方的协调机制。社会文化水平较高，协调机制较为灵活有效，亦即系统耦合的受益方与非受益方的利害位差，没有失去取得相对平衡以保持在社会伦理容量以内的能力。这是我们判断社会的稳定程度的量纲之一。

在全球一体化的社会巨生态系统中，众多层次的界面构成了复杂的界面矩阵。这个复杂的界面矩阵所引发的系统耦合巨量发生，而系统相悖也相应地巨量发生。面对这一系列复杂问题，其关键不在推动社会进步的系统耦合的受益方，他们是社会发展的动因，而是如何妥善处理系统相悖引发的少益方的各类问题，他们是社会发展的惰性因素。

不幸的是，在人类文明发展过程中，往往过分追求耦合的既得利益方，而忽略了系统相悖引发的非得益方的遭遇。因为他们往往处于社会弱势地位，最终引发不可调和的对抗和斗争，酿致社会乱源。中国历史上的改朝换代，以及当前世界多处的动乱和战争，其伦理学意涵就是社会伦理学容量不能满足社会需求所致。

中国的城乡二元结构，城镇系统与乡村系统发生的界面耦合，维系了社会系统的生存，而且在漫长的历史时期中创建了以农耕文明为主体的中华文明。但在系统耦合中，系统相悖带来的重负总是压向农村一侧，为此做出牺牲最多的是农村和农民。在当时的农业社会状况下，城乡系统耦合即便使社会发展和社会不公并存，其结果还是换来了社会发展，即中华的农耕文明的光大。这一伦理学悖论，在当时的社会表达为利大于弊，处于社会伦理学容量以内。

但当社会进入后工业化时代以后，系统相悖非受益方的农村和农民所遭受的压力没有及时得到关注和解决，其所承受的压力超越了社会伦理学容量，城乡二元结构成为社会发展的巨大障碍。例如，农村户口享受不到城市居民同样的医疗、教育、交通、文化以及一系列的公共福利。农民收入只有城市居民的1/3或更少一些。起于西周时代的农业劳动者所处的弱势地位沿袭数千年而余绪犹存。尽管新中国成立以来，政府从未停止过多种支农政策，但传统的城乡二元结构不但没有破除，一个时期反而有所强化。由于城乡二元结构的壁垒，使上亿进城务工农民失去完整的家庭结构。几十年来，数以千万计的"留守儿童"，一代又一代，累计当以亿计，得不到父母抚爱和社会关怀，此外还有大量的"空巢老人"，这无疑将为社会发展留下隐患。20 世纪80 代以来，虽然对"城乡二元结构"带来的传统弊端有所反思，但农村的文化落后和经济贫困沉疴已久，非短期可以逆转，即使在全国崛起的大好形势下，还是酿成了全国为之忧虑的"三农问题"[1]，严重阻滞了社会进步。这一非正义的社会现象，已经越过社会伦理学容量阈限，成为我国社会发展的阻力。

这里发生了一个值得深思的问题。中国共产党巧妙地利用中国传统城乡二元结构的城乡巨大反差，将其传统功能翻转利用，否定城市的传统社会发展动因优势，动员农村和农民，以农村包围城市，取得了政权，应该对城乡二元结构有所反思而加以削弱。但遗憾的是，在20 世纪80 年代以前，城乡二元结构不但没有削弱，反而一度有所强化，直到2002 年中共十六大，才明确城市反哺农村，提出"三农"问题，和改革"城乡二元结构"的必要。[2] 2013年中共十八大以后，才提出消灭城乡差别的明确目标并采取有效措施，距新中国成立已经过了近80 年。城乡二元结构的解决如此姗姗来迟，其中有多种原因，但最主要的问题在于对城市的社会生态学意义认识不足，甚至抱有偏见，因而使"三农问题"陷于农业伦理学的盲区。

第四节　农业伦理学之度的量化表达

一、中度原则的统计学释义

"中庸"不单纯是儒家最重要的伦理思想，也具有方法论意义。孔子以"中庸""适度"思想为最高美德和至高境界[3]，儒家世界观保持中正平和，

---

[1]　温家宝提出，农民、农村和农业问题为"全党工作的重中之重"，"把农业放在国民经济发展的首位"、"加强农业基础地位"，参见：温家宝.为推进农村小康建设而奋斗[N].人民日报,2003-02-08(2).

[2]　十七届三中全会公报，提出解决"城乡二元结构"这一难题。

[3]　参见《中庸》："喜怒哀乐之未发，谓之中；发而皆中节，谓之和；中也者，天下之大本也……致中和，天地位焉，万物育焉"。《论语·子罕》："叩其两端而竭焉"。《礼记·中庸》"执其两端，用其中于民。"

主张凡事因时制宜、因物制宜、因事制宜、因地制宜。柏拉图曾经说："需要'中'的原则以论证绝对精神的真理"[1]。亚里士多德所说的"适度"也是指"中道、适中、执中"，是"无过无不及"的中间状态。只有以中道充实的生活才是最高尚而又最美好的生活。"德性是一种适度，因为它以选择中间为目的"[23]。可见，摒弃农业开发过度和发展不足而"取中"，抑制人类发展欲望的无度泛滥，调控发展失范行为，取予有度，是建立公平和正义等伦理观的标尺。因此，中度原则是从系统论角度和农业伦理学角度对传统"中道原则"的传承与发展，应该成为人类农业行为的应存敬畏之心的标尺，也是农业生存与发展的可持续性的伦理学依据。

以大数据分析为依据，世间万事万物，中间状态是事物的常态，过高和过低都属于少数。其统计意义是：如果一个事物受到多种因素的影响，不管每个因素本身是什么分布，它们加总后，结果的平均值就是正态或近似正态分布（图3-4）。举例来说，人的身高既受先天因素（基因）、也受后天因素（营养）的影响。每一种因素对身高的影响都是一个统计量，不管这些统计量本身是什么分布，它们和的平均值符合正态分布。正是许多事物都受到多种因素的影响，才导致了正态分布的常见[4]。从这个意义上说，正态分布论实质上是对中度原则的统计描述。

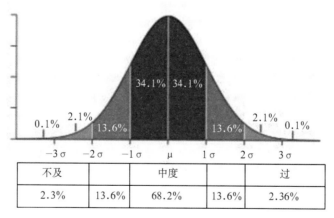

不及		中度		过
2.3%	13.6%	68.2%	13.6%	2.36%

图3-4 许多事物都受到多种因素的影响，
这导致了正态分布的常见

1　柏拉图;黄克剑译.政治家[M].北京:北京广播学院出版社，1994:75.
2　亚里士多德;廖申白译.尼各马可伦理学[M].北京:商务印书馆，2003:47.
3　宋希仁.西方伦理思想史[M].北京:中国人民大学出版社，2004:25-30.
4　Cook John D. Why isn't everything normally distributed? [EB/OL]. https://www.johndcook.com/blog/2015/03/09/why-isnt-everything-normally-distributed/[2015-03-09]

二、"度"的测度（有序度）

农业的再生产过程是同自然再生产过程交织在一起的。随着技术手段的日新月异，人类向自然索取能力不断增强，负效应日益显露出来。产生负效应的根源在于人类本身，技术只是手段。减少现代技术可能带来的负面影响，必须重新确立新的伦理观。农业伦理学的兴起是人类对农业发展不断反思、不断觉醒的产物，是实施农业可持续发展战略的内在要求，也是重新调整人类与自然关系的一种新的手段。如何以农业伦理学工具，将农业发展、节约资源和保护环境协调统一起来，不仅满足当代人和后代人需求，同时取得较好的生态效益、经济效益、社会效益，已成为摆在我们面前的科学命题。

本部分从伦理整体主义（ethical holism）视角，即维持整体的和谐、稳定和美丽是最高的善，生态系统和物种这类集合体拥有绝对的价值，而构成共同体的个体（包括人）的价值则是相对的，判断其价值量的大小要以生命共同体的利益为标准。为此，通过分析、演绎、归纳和总结得出农业伦理学"度"测度的概念体系和"度"的测算模型。

（一）"度"的测度（有序度）评价的框架

度的内涵和机理是其测度的基础，直接对农业生态系统度的"结果"进行评价的做法是一种"就结果论结果"的静态思维方式，具有较大的滞后性，难以提出预警。为此，需要将造成农业生态经济问题的"原因"纳入到"度"的测度（有序度）体系中去。因此，运用结构模型来描述农业生态系统各要素之间作用机理的结构化定性模型成为较好的选择[1]，本节在DPSIR[2,3,4]结构模型的基础上，呈现度影响因素的综合作用。

DPSIR框架模型是欧盟委员会在1999年通过欧洲经济区和欧盟统计局提

[1] Wolfslehner B,Vacik H. Evaluating Sustainable Forest Management Strategies with the Analytic Network Process in a Prossure-State-Response Framework[J].Journal of Environmental Management,2008 (1):1-10.

[2] Waheed B,Khan F,Veitch B.Linkage-Based Frameworks for Sustainability Assessment: Making a Case for Driving Force-Pressure-State-Exposure-Effect-Action(DPSEEA)Frameworks[J]. Sustainability,2009 (3):441-463.

[3] Spangenberg JH(etc.).The DPSIR Scheme for Analyzing Biodiversity Loss and Developing Preservation Strategies[J].Ecological Economics,2009 (1):9-11.

[4] Meyar-Naimi H,Vaez-Zadeh S.Sustainable Development Based Energy Policy Making Frameworks,a Critical Review[J].Energy Policy,2012(43):351-361.

出的，它是由驱动力、压力、状态、影响、响应五部分构成（图3-5）。其中，驱动力包括影响生活方式、消费水平和生产模式的社会经济发展活动，压力描述了污染物排放量的增长和自然资源的利用，状态指的是特定区域自然、生态和化学现象的数量和质量，影响描述了压力对象健康、环境状况这样的状态的效果，响应包括努力补偿、改善或适应状态变化等[1, 2]。其基本内涵是：人类经济社会活动的"驱动力"给生态环境和自然资源施加了"压力"，改变了生态环境的"状态"和自然资源的数量与质量，给整个生态系统内部和外部造成了"影响"，人类社会又通过调整水土资源、环境、经济等政策或措施对这些变化做出"响应"，以便减轻生态环境和自然资源的压力，维持生态系统的健康、可持续发展[3]。

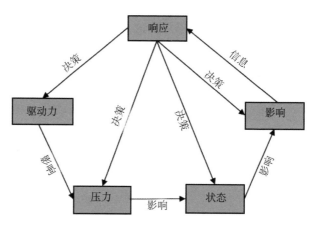

图3-5　DPSIR 基础框架模型

（二）"度"的测度（有序度）的维度分析

1903年摩尔发表的《伦理学原理》[4]在当代西方伦理学发展史上具有划时代意义。按照摩尔的思想，非自然属性的善可以随附于具有自然属性的事物或效果，前者不可测度，然而，后者却是可以测度的。摩尔反对的是用自然

---

[1] Svarstad H(etc.).Discursive Biases of the Environmental Research Framework DPSIR[J].Land Use Policy,2008(1):116-125.

[2] Singh RK(etc.).An Overview of Sustainability Assessment Methodologies[J].Ecological indicators,2009(2):189-212.

[3] 于伯华,吕昌河.基于DPSIR模型的农业土地资源持续利用评价[J].农业工程学报，2008(9):53-58.

[4] 乔治.爱德华.摩尔；长河译.伦理学原理[M].上海：上海人民出版社，2003.

属性定义善的自然主义，但并不反对通过可以测度的效果（善随附于这种效果）来决定一个行为或事物的应当与否。按照他的效果主义的规范伦理学，一个行为的正当性是可以通过其效果来加以界定的。一个行为的效果往往被视为是可以测度的自然属性。在摩尔看来，一个具有自然属性的事物可以具有非自然的属性（善）并不是问题，非自然的属性（如善）可以随附于自然属性。因此，作为一种非自然属性的善虽然不可测度，但具有这种属性的自然之物或行为却是可以测度的。这种可以测度的效果可以用于决定一个行为或事物的应当与否、正当与否。

总的来说，度是多维的，对"度"的测度（有序度）也应体现这一特征。

1. **经济学视角**：社会经济压力——对象关注的转向　农业生态系统作为社会经济系统应包括投入和产出情况，以及它与环境的关系。投入主要就是广义资源，其产出主要是商品和服务，它与环境的关系主要包括资源的永续利用和对人类生态环境的影响。然而，从"伊斯特林悖论"所呈现的现实——经济的增长与国民的快乐与幸福并不完全存在明显的正向关系这一现实状况出发，经济学出现了从单纯关注经济增长到关照人的全面发展的转向，出现了从探讨有限资源下财富最大化到有限财富前提下幸福最大化的转变的端倪。

基于此，社会经济压力应包含农业生态系统的社会经济及产业发展对农业资源需求和对生态环境破坏等压力。

2. **资源经济视角**：资源与环境状态　农业资源与环境状态应包含农业资源总量、质量、覆盖率、分布、类型结构以及温室气体浓度等状态。

3. **生态视角**：生态影响即生态系统自身的健康性、完整性和可持续性　应包含农业生态系统健康与活力、生产力、调节力、灾害发生率、生物多样性、水土流失、气候变暖等影响。

4. **社会学视角**：人类响应　在一定的社会大背景中，人们应该对农业生态系统"度"进行认知评价，测度指标应主要包括人类改善生态状态的投入、循环经济、科技支撑、法律政策保障、生态文明意识、应对危机机制等响应。部分指标本质上是一种主观体验，主要应关注农业生态系统的客观发展条件与人们主观心理体验的统一。

由于度包含的内容十分宽泛，由此测度它的指标体系也应该是全方位的（表3-3）。

表3-3　农业生态系统"度"的测度（有序度）的评价指标

总目标	准则	指标
农业生态系统的可持续发展	社会经济压力	年末大家畜数量、耕地复种指数、人均耕地指数、土地垦殖指数、径流中总氮含量、径流中总磷含量、人口密度、农村人均纯收入、环境污染指标、化石能源与非化石能源比例、农业资源投入产出比、农产品交易额占市场规模的比例、农业从业人员占全社会就业人员的比例、农业从业人员的收入占全社会GDP的比例、农业固定资产投入占全社会固定资产投入的比例、农业产值占GDP的比例、农业生态系统的脆弱性、农业生态系统的生态服务价值与环境破坏损失等
	资源与环境状态	耕地面积、草地面积、林地面积、有效灌溉面积、草地退化面积、鼠害发生面积、化肥施用量、森林覆盖率、年降水量、年径流量、>0℃积温、年日照时数、粮食单产、农用土地资源的质量、区位因素、农业技术水平等
	生态影响	农业生态系统健康指标、农业生态系统活力指标、年水土流失量、生物多样性指标、农用土地资源的生物生产能力等
	人类响应	农村人均消费支出、农业教育投入指标、法制化指标、信息化程度指标、农业资源的道德价值与审美价值等

表3-3是在DPSIR基础框架下的一个未完成的开放的评价指标体系基本框架，可以根据实际需要修改和替换其中的具体指标，也可以根据时代变化的要求增加新的指标。在多指标综合评价中，遇到的主要制约问题是指标数量多，彼此间相关性复杂，使计算效率降低。可以降维为基本思想，用几个关联度较小的综合指标来代表繁多的指标，这样可以简化工作程序并且抓住研究的关键点，从而可以为后面的模型构建打基础。指标筛选的目的是搜索和选择关联度小、重要值大、能够包含大部分信息的系列指标，较好地去除系统冗余，实现以较小的计算代价，相对全面真实地反映应用目标。常用的筛选方法主要采用数理统计方法，如频度统计、极大不相关法，以及应用于权重分析的方法，如层次分析法、主成分分析法、模糊数学法，等等。

（三）基于DPSIR框架的"度"的测度（有序度）概念模型

规范伦理学是对道德行为的认知系统。规范的实质就是明确其道德适用的阈限和在此阈限内的关联系统。所谓道德的关联系统，就是大道理管小道理。道德有上下位之分，下位道德即小道理，应为上位道德即大道德所认同。故此，农业伦理也具有同类的层级结构。按照目标层—准则层1—准则层2—指标层—目标层的层次划分结构，基于对DPSIR模型的分析，我们可构建驱动力-压力-状态-影响-响应框架下的农业生态系统"度"测度的概念模型（图3-6）[1]。本研究从社会经济压力、资源与环境状态、生态影响、人类响应四个维度对农业伦理度进行测度，即通过组合一系列反映"度"各个方面及相互作用的指标，形成模拟系统的层级结构；并根据指标间的相关关联和重要程度，对参数的绝对值或者相对值逐层加权并求和；最终在目标层得到某一绝对或者相对的综合参数，来反映农业生态系统"度"的状况。

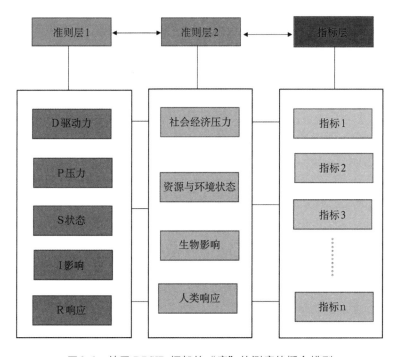

图3-6　基于 DPSIR 框架的"度"的测度的概念模型

根据贡献度和区分度对指标集做适当筛选。决定评价模型有效性的两大因素分别是贡献度和区分度，①采用模糊数学的隶属度检验指标的贡献度，把前述整体评价指标视为模糊集合，把单个指标视为元素，计算每个指标的贡献度，删除贡献度低于0.2的指标；②指标区分度即指标区分其所指状态差异的能力，一般通过计算各指标值分布的离散系数来考察。将经过贡献度筛选后所剩的指标进行方差分析并计算相应的离散系数。删除区分度低于0.16的指标后，剩余的指标进入评价模型。农业生态系统的有序结构都受到少数几个变量的支配，可以由少数几个参量来描述。上述探索性因子分析的目的

---

[1] 于伯华,吕昌河.基于DPSIR模型的农业土地资源持续利用评价[J].农业工程学报，2008(9):53-58.

是找出在农业伦理"度"的测度（有序度）体系中起"序参量"作用的主因子。为此，我们将农业生态系统伦理"度"的测度值称为"有序度"，它表征了农业生态系统生存与发展的阈限。其涵盖的幅度：0～1，在"有序度"阈限内，存在有序度的增减，即系统的较为不好（趋于恶）或较为好（趋于善）之分别。有序度以外，即"不及"～"逾越"（即我们常说的"过""过犹不及"，都背离中度原则），背离中度将使系统趋于"无序"。从有序到无序，是系统结构和功能螺旋下降的过程。最终的无序会导致农业生态系统的崩溃，农业社会的灾殃。对特定农业生态系统，有序度值代表该系统在农业伦理容量空间位置的合理性评价或得分。

（四）"度"的测度（有序度）的理论模型的建立

基于DPSIR框架的"度"测度的概念模型中势必涉及基于主观感受的指标，加之对各指标进行无量纲化处理，因而导致综合指标失去生态经济意义，不便于理解和运用。而且，在确定指标权重时，通常主观性较大，导致测度结果的随意性和灵敏性较高（指标及其权重的微小变动都可能导致测度结果的较大波动）。若采用主成分分析法或因子分析法，虽然可以客观地求取综合指标，但是其综合评价值同样失去了生态经济意义，而且评价模型中的系数也偏离了指标权重的本意。其科学性和准确性有待进一步的实证支撑。

度的内涵和机理是测度的基础，为此，需要在系统机理研究的基础上，构建反映农业生态系统中生态、经济和人文因素相互作用的"综合指数"，不仅具有总体的生态经济意义，其评价值也便于理解和应用。

基于此，借鉴英国智库新经济基金会所开发的幸福星球指数（Happy Planet Index）[1]的设计思路，可建立农业伦理"度"的测度（有序度）的理论模型：

有序度＝畜牧业产值占农业总产值的比率 × 伦理容量/生态足迹

农业生态系统具有开放性，有物质输出与输入的功能，农业活动因而有付出与收获。其中取予之道，应使农业系统营养物质在一定阈限内涨落，保持相对平衡，以维持生态系统健康，即所谓取予有度，以实现生态系统营养物质的合理循环。该模型试图把农业现代化水平、伦理容量和环境影响结合起来，测度农业生态系统的性能。其中，畜牧业产值占农业总产值的比率是农业现代化的主要标志*，生态足迹是将研究区域农业生态系统的资源和能源消费转化为提供这些物质流所需生物生产性土地面积（即生态足迹），并同该区域能够提供的生物生产性土地面积（即生态承载力）进行比较，从而定量判断该农

---

[1] 何强，吕光明.福利测度方法的研究述评[J].财经问题研究，2009(7):31-36.

业生态系统的生态状况[1]。显然，该模型还需要进一步的实证研究验证。

三、农业伦理"度"的测度（有序度）的分级

根据农业生态系统伦理"度"的测度（有序度）与健康状况特征，可以构建如图3-7所示的农业生态系统有序度与健康的双特征判断图。图中，纵坐标为有序度，横坐标是农业生态系统健康状况（或风险预警），根据两者关系可划分为5个区域：健康阈（生态健康，有序度大于0.9）、警戒阈（黄色预警区：生态系统亚健康，有序度介于0.9～0.7；橙色预警区：生态系统亚健康，有序度小于0.7）、不健康阈（蓝色预警区：生态系统不健康，有序度小于0.7）、系统崩溃阈（红色预警区：生态系统健康指数小于0，有序度小于0）。

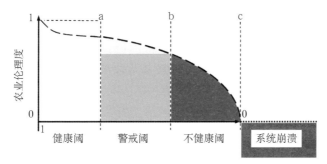

图3-7 农业生态系统健康与有序度的双特征判断矩阵

a.健康阈值下限,警戒阈值上限 b.警戒阈值下限,不健康阈值上限 c.不健康阈值下限

知识链接

盛彤笙和任继周从农业生态系统能量转化规律的视角，提出我国传统农业只是完成了初级生产的过程，而没有或很少进入次级生产，绝大部分能量在变成动物产品以前就阻滞不通，白白流失了。因而形成了劳动生产率低的无畜或少畜的跛脚农业，实质上是重视粮食生产，而忽视动物生产的半截子农业。提出畜牧业产值占农业总产值是衡量农业现代化的主要标志，并实证了农业生产先进国家的畜牧业产值都占农业总产值的50%以上，而农业生产落后的国家畜牧业产值都偏低。详见盛彤笙，任继周.黄土高原的土壤侵蚀与农业格局[J].农业经济问题,1980(7):2-7.

---

[1] Huang Q(etc.).Regional ecological security assessment based on long periods of ecological footprint analysis[J].Resources,Conservation and Recycling, 2007 (1):24-41.

第三章　农业伦理观之中度法则

作为"农业伦理学"的核心原则之一，"中度法则"强调农业生产、经营、管理、规划和开发等相关活动，要在遵循自然法则、保护生态环境与维护生产条件的前提下，服从农业系统各个界面、生产层的特点与规律，努力做到"合乎时宜、因地制宜、取予有度、均衡种养、产销衔接、中和均衡"，兼顾各方利益，寻求系统耦合与公平正义，促进城乡均衡协调发展，确保农业健康可持续发展。

农业伦理学的"中度法则"，植根于深厚的文化土壤，在"中和协调、中道思想和中庸之道"等思想传统中孕育成长。"中度法则"主要有三重内涵：首先是因法因序为度，即道法自然、系统耦合；其次是因时因地为度，即合乎时宜、用养结合、利用厚生；最后因事因势为度，即结合农业现代化任务与乡村振兴战略，促进农业发展"事势相应、均衡协调"。

第一节　中度法则的文化蕴涵

中国文化传统中，虽然没有较为明确的"中度"概念，但是有许多与之意义相近的概念。如"中和、中道、中庸、中正"等，它们既具有形而上学和本体论意义，又具有认识论和方法论意义，贯穿于天人之际，落实于人伦日用和生产生活，有助于我们深入理解"中度法则"的历史文化底蕴。

一、中和协调

中和协调观念，强调在人类社会生活之中，以及在人与自然之间，应道法自然、中和协调，避免邪行妄作、任情返道，否则就会失据丧德、招致灾祸。它是中华民族在数千年的生产生活实践与社会历史发展过程中形成的。

"中和协调"思想既源于传统农业文明和农业生产实践，同时也对中国传统农业社会产生了深远影响。中国传统农业生产实践充分体现了"中和协调"的观念，"在宏观上表现为自然环境(天地)、农作物与人的社会活动之间的调和平衡,即天地人物的协调统一；具体到农业生态系统中则注重农业生态关系的利用、选择及优化,即以人的生产实践实现各种生态因子的优化组合"[1]。"中和协调"观念强调在天地人物所构成的有机整体中"取中、均衡与协调",追求人与自然之间的和谐、共生与协调,它既引导着中国传统农业的生态化趋向,又"逐渐发展为人们认识和处理一切自然社会事务的重要思想观念,由此进入生产实践与社会生活的各个层面,成为人们普遍遵守的行为准则"[2]。进而,先民还借助于联想、类比等方法建立起人类社会生活的"本源""根基"与"尚中""中和"等观念之间的内在关联。"我国早期农耕实践经验不仅折射了大量反映天地人之间'适中''平衡''和合'现象,强化了尚中观念[3],而且,与这种农业生产及社会生活中的"中和协调"观念相适应,先民在处理天人关系、统治秩序与文化传统等基础问题时,重视求"地中"。古时王国建立,必先定中建都,以之为中心,确定四方方位、行政区划、伦序格局乃至历法系统,如《周礼·地官·大司徒》所载:大司徒以土圭之法"测土深、正日景,以求地中……日至景尺有五寸,谓之地中:天地之所合也,四时之所交也,风雨之所会也,阴阳之所和也。然则百物阜安,乃建王国焉,制其畿方千里而封树之"。求地中,以确定国都与边界、分封建制,辅佐君王安邦定国、富庶民众、协和万物,核心要义是通过"地中"来确立地域、制度与文化上的秩序,维护其均衡有序与中和协调。"数千年来,以'中'为美满的空间时间概念,积淀而成为中华民族的一种审美情趣和价值取向,影响到传统文化的各个层面,至深且巨"[4]。

二、中道思想与中庸观念

如果说"中和协调"观念是对农业生产生活经验与社会运行规律秩序的总结提炼与概括提升的话,那么与之相应的"中道"思想与"中庸"观念,则可视为一种贯通"形而上之道"与"形而下之用"的更为普遍的观念,对中华民族文化传统与生产生活影响至为深远。这在儒家思想之中表现尤为明显。尤其是作为儒家思想源头的《周易》经传系统,较为明确而系统地阐发了"中道"思想[5]。

---

[1]　胡火金."尚中"观与中国传统农业的生态选择[J].南京农业大学学报（社会科学版）,2002(3):71.

[2]　胡火金."尚中"观与中国传统农业的生态选择[J].南京农业大学学报（社会科学版）,2002(03):7.

[3]　袁玉立.尚中、中道、中庸:自古就有的普遍观念[J].学术界,2014(12):153.

[4]　陈跃文.论中道——中庸思想的起源[J].孔子研究,1993(3):46.

[5]　关于《周易》的中道思想,重点参考了喻博文的论文"论《周易》的中道思想",载于《孔子研究》,1989年第4期。

（1）《周易》的"中道"思想有正确、内心和中度等含义。循着中道来行动，则往往能走向正确，这个正确的道理、原则，可称之为"中道"。其具体内容往往随各卦而异，如恒卦讲的是如何恒守正道，从而明晓天地万物长久运行、生生不息的情况；而损益二卦，讲的是减损或增益的正确道理与原则。"中"还指"内心"，如中孚这一卦，中，中虚，内心之意；孚，信诚，诚心诚意合乎中道。合而言之，在内心中诚意保持中道，才能真正修身养性，进而感化邦国、协和万物。同时"中"也是一种思想方法，强调"无过无不及"，"任何事物，无论是刚健、柔顺、泰亨或归复、或增益、或否损，都有个'度'。这个'度'就是上面指出的正确的道理、原则"[1]。

（2）《大传》系统发展了《易经》的中道思想，尤其是奠定了"贯通天人、和合伦序、修齐治平"的儒家政治思想与伦理观念的根基。《大传》一方面采取"以中爻为重"的方式去宣传"中道"思想，另一方面强调"中道"思想是贯通天地人的根本之道，奠定了修齐治平的政治伦理基础。

《大传》采取"以中爻为重"这种方式来宣扬中道思想，强调每一卦的中爻（尤其是第二、五爻）非常重要，因其"得中、中正、刚正"，故而往往能利贞、大吉、无咎，体现了每一卦的主要内容和性质。《周易·系辞下》说"若夫杂物撰德，辨是与非，则非其中爻不备"。《大传》进一步将"中道思想"置于"天人关系"中加以阐发提升，中道既是天的基本属性，也是人的美好德性，它构成了天人合一的灵魂与纽带，是贯穿天地人的根本之道*。

某种意义上，"整部《周易》体现了中道哲学，一部奇特的系统与过程哲学。《大传》还为每卦确定了中道的内容和标准，也可以说是确立了一个'度'，超过或不及就不是中而是偏。这样既利用卦的形式发挥宣扬了儒学思想，又树立起一个无过无不及的方法"[2]。

知识链接

如《文言》对乾坤两卦的解释阐发，乾元博施于天下而能利生万物，具备刚健中正的性质（"大矣哉，大哉乾乎！刚健中正，纯粹精也"）；而坤卦的解说也强调君子应秉中和、处正位、存美德、发事业，如此才能成就美的最高境界（"君子黄中通理，正位居体。美在其中，而畅于四支，发于事业，美之至也"），这一点将美与善内在关联在一起。

1, 2　喻博文.论《周易》的中道思想[J].孔子研究，1989(4):15, 19.

先秦经典，如《论语》、《中庸》中关于"中庸之道"的系统阐发和理论提升，有助于我们进一步深入理解和领会"中道原则"的伦理意涵。先秦儒家"中庸之道"，上承《周易》经传系统的"中道"观念，经由孔子加以原创性阐发，在《中庸》中得到系统阐述，并为后起儒家所进一步阐释。

传统"中道思想或中庸之道"，往往在认识论、方法论和修养论等方面为大家所熟知。如"叩其两端而竭焉"（《论语·子罕》），"执其两端，用其中于民"（《礼记·中庸》），它强调认识事物、分析问题时，充分把握事情的正反面、过度与不及等不同的两端，相互叩问，穷尽事物之本来面目，换位思考，调节各种力量与利益，在两端之间达致必要的动态平衡。"中"其实就是一种必要的"度"与合理的"节"，"执两用中"其实就是对"过与不及"这两端保持一种动态均衡和弹性调剂，从而"中道而行"。此外，还要根据形势、时局乃至时代的变化而随机应化、与时俱进，既合乎大义（经），又能变易日新（权），保持整体之生机活力、系统之协调有序与社会之和谐中正，是为"君子而时中"。

概括而言，就是执两用中、中道而行；因势时中，经权相应；日新又新，生生不息。

我们对"中庸之道"的理解，不能仅仅停留在原则观念层面，更应渗透到生活实践与具体情境之中。其核心思想是：致中和，守至诚，成己成物，参赞天地之化育。具体而言，"中庸的轴心是'诚'，作为德性规范则广泛作用于自然、社会、思维各个领域，其功用表现为'正己正人''成己成物'，其理想的人格载体是'君子'，而理想状态则是'致广大而尽精微，极高明而道中庸'"[1]。

实际上，"中道思想或中庸之道"乃是"轴心时代"中西文化的核心观念之一。尽管经常被误解为某种折中调和的认识方式或实践准则，但就其本意而言，"'中庸'不能被理解为'中间'、'中等'的同义语，而是指美德或技艺做到了恰如其分或恰到好处的那个'度'"[2]。如亚里士多德在《尼各马科伦理学》（Ethika Nikomachea）中强调伦理学作为追寻幸福与至善的学问，对于德性的理解至关重要。那么，何谓德性？"德性就是中庸，是对中间的命中……中庸在过度和不及之间，在两种恶事之间，在感受和行为中都有不及和超越应有的限度，德性则寻求和选择中间……（伦理）德性就是中间性，中庸就是最高的善和极端的美"[3]。

[1,2] 任剑涛.中庸：作为普世伦理的考量[J].厦门大学学报（哲学社会科学版），2002(1):36,34.
[3] 亚里士多德；苗力田译.尼各马科伦理学[M].北京：中国人民大学出版社，2003:34.

关于中庸之德性，亚里士多德特别强调三点，与孔子的相关思想具有很大的一致性，有助于我们深入理解"中度法则"。

其一，中道之认知基础是善恶有别、明断是非，并非所有的行为或感受都有中间性或中道，如恶意、无耻和偷盗、杀人等，无所谓过度或不及，它们本身都是错误或恶的。与此类似，孔子特别反对"乡愿"，这种人表面看来似乎老实谦和、与人为善，实则缺失了"是、非"这个基础，其实是败坏、危害德性的人，正所谓"乡愿，德之贼也"[1]。就农业而言，对于那些危害农业生态系统安全、农业健康可持续发展或社会公平正义，从而有悖于农业伦理的观念或行为，如对于农业生产、经营与管理过程中，各类"涸泽而渔、焚林而猎"的短视行为，各种"不顾民生、肆意妄为"的不义之举，我们理应旗帜鲜明地予以批判与抨击，它们不存在什么过或不及的情况，更毋庸说什么"中道"了。

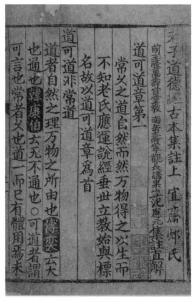

图3-8 （宋）范应元注《老子道德经古本集注直解》
（宋刻本，国家图书馆藏）

其二，普遍伦理原则应结合具体德性来理解和领会，换言之，应结合具体事务或情景来判断其过度、不及与中道。就少量财富而言，挥霍之人，收入不足而支出过度；吝啬之人则反之。这两者之间则可能产生助人为乐、仗义疏财的中道而有德的人。与此类似，面对同样的追问："听说之后是否就应立刻行动？"孔子因人而异、因材施教，对待子路，就说有父母兄长在，不能这么做；对待冉有，却说可以这么做。何以如此？因为二人性格处于两端，相应地予以矫正与中和，寻求"中道或中度"。子路好勇过人，就教给他谦恭；而冉有却畏首缩脚，所以要鼓励他大胆行动。是即"求也退，故进之；由也兼人，故退之"。在农业生产经营活动中，经常要在具体事务的过度与不及之间寻求中道与合理之度，如《氾胜之书》中根据土壤"强弱"性质之差别，提出适时合理耕作，做到强土而弱之、弱土而强之，最终实现"和土之道"；而《齐民要术》也针对土壤肥瘠不同，提出了作物耕作时机的差别，"良田宜种晚，薄田宜种早"。

---

[1] 参见《论语·阳货》。

其三，过度、不及与中道三者之间的对立情况，需合理地判断、抉择与行动，应具体情况具体分析。这三者两两对立，但两个极端之间的对立最大，但就过度或不及分别与中道对立而言，有时中道与不足更加对立，如较之于鲁莽，怯懦与作为中道的"勇敢"更加对立；有时过度与中道更加对立，如较之于感觉迟钝，自我放纵与作为中道的"自我节制"更加对立。这一点，在《论语》中也有非常鲜明的案例，而且涉及一个很根本的问题——礼制的根本与德性的实质何在？在回答林放关于"礼之根本是什么"的追问时，孔子答道"礼，与其奢也，宁俭；丧，与其易也，宁戚"。无论是一般之礼，还是丧礼，与其拘泥于、纠结于外表形式、礼仪规范，不如抓住礼的根本——诚敬之心与合情合理之举。奢华与质朴，都是两端，相较而言，质朴更接近于"礼之本"，因为它更有实质精神而非奢华形式；与之相类，心中悲戚较之于形式上和顺条理，更加接近于诚敬之本心。退一步来说，即使我们无法有效做到"中道而行"，也应合乎礼法的根本精神所在，不忘其初衷，如："不得中行而与之，必也狂狷乎，狂者进取，狷者有所不为也"。中庸之道，高妙精微，日常生活中或难以有效把握，所以是狂者进取，健进不已；狷者有内在规范，自我约束，故有所不为。或狂或狷，合而言之，谨守德性与善心，有所为有所不为，这就是伦理规范的现实化与中道化。引申开来，我们开展农业伦理学研究，也需要追问和思考"何为农业伦理之本"？或者说其宗旨目标与根本规范是什么？概括而言，是保障农业的生存权与发展权，争取农业各系统的系统耦合与系统相悖的理性处理，维护"三农"领域的社会公平正义，促进农业的健康可持续发展。这一宗旨目标与根本规范，其实就是农业伦理学"中道思想或中度法则"的实质内容所在。

中国传统文化中的"中度"思想，一方面从宇宙论、本体论等角度，强调宇宙自然和生活世界是一个有机联系、运动不已、生生不息的整体系统，并被赋予某种文化内涵与伦理意蕴，具有中和协调、中正得位等德性。这一德性贯穿天人之际，人们应道法自然、德合中庸、尚衡用中、协和万物；另一方面又从认识事物、立身行事和修身养性的方法与途径角度，强调要执两用中、中道而行，无过无不及，掌握事物发展和处理事务的"正确之道与合理之度"，确保事物或系统的良性协调发展与均衡有序。

第二节 中度法则的三维解析

我们除了要从文化蕴涵角度来理解农业伦理学的"中度法则"或"中道思想"，还要进一步结合系统论思想和社会历史发展，尤其是结合农业系统"系统耦合、系统相悖"的分析，以及农业转型升级、农业现代化和乡村振兴战略，理解和认识作为农业健康可持续发展之核心理念的"中度法则"。我们将从"因法因序为度、因时因地为度、因事因势为度"三个维度进行详细阐发。

一、因法因序为度[*]

中华思想文化中儒家"中和协调、中道而行、中度而立"的观念，道家"道法自然"的思想，以及现代系统论"系统耦合"的基本观念，都是讲的要因法因序。根据自然无为之大道，以及农业系统健康有序运行之规律法则来引导（道）、衡量（度）我们的农业相关活动，则知常道而无妄为，守中道而不盈满，体玄德而贵自然；进而遵循农业系统耦合之道，有序循环、合理利用、互利共生，促进农业永续发展。我们不妨概括为"道法自然、系统耦合、因法因序为度"。这个道、这个法，就是自然无为之道、系统耦合之法。

（一）道法自然、因法为度

1. 中道就是要知常顺道 "知常曰明，不知常，妄作凶"。这个"常"就是自然之道，更确切地说是万事万物运动变化、循环往复的规律，只有真正理解并遵循这一"常道"的人才能明晓通达，否则肆意妄为会招致灾祸。对此，贾思勰在《齐民要术》中引申为："顺天时，量地利，则用力少而成功多。任情返道，劳而无获"。即便儒家，如《孟子·公孙丑上》讲述宋人揠苗助长的故事，其理相通。揠苗助长、任情返道、急切无度，有害无益，适足以害事。知常顺道，根本就在于以自然为皈依，体认自然而行，对待万事万物，不横加干涉，不妄加主宰，依其本性而使其自然生长衍化。古人一再告诫人们不要违反自然之道（常道）而强力作为（妄作），否则祸不旋踵，而且承受其灾难苦痛的往往是底层民众，以农民为最。人们应遵循自然无为之道，

知识链接

"因法因序为度"中的"因"，指的是根据、依照之意，即依据自然之法、系统之序来合理安排农业活动的方法、节奏、范围和秩序，促进农业合宜适度、合理有序的健康可持续发展。以下"因时因地为度"与"因事因势为度"中的"因"也主要取"依据、参照"这一涵义。

为自己的行为合理划界，既要有知道做什么的知识与眼界，也要有知道不该做什么的自觉与意识，明确应做与不应做的边界与范围，这就是"中度"。从"道法自然"这一根本原则上来自我认识、自我划界，这是"中道而行、因法为度"的第一层含义。

2. **因顺自然、虚而不盈、节用御欲、养备动时**　人应知足、知止，不过分追求泰奢盈逸，舍弃各种极端、过度的举措行为，"是以圣人去甚、去奢、去泰"，故体道之士不欲盈。盈满，或骄奢淫逸，或强力妄为，或过分自满，都会招致灾祸；反之，"夫唯不盈，故能蔽而新成"，虚而不盈，方能革故鼎新、吐故纳新。所谓去甚、去奢、去泰、不盈，都是《道德经》对"顺应自然之道、敬守中和之理、掌握合适之度"一种否定性的言说方式。进而，从促进农业生产与保护民生之本的角度来看，如果不顾万物生养之四时规律与合理限度，不注重生产与积贮，骄奢妄为，终究会造成用度匮乏、民生困窘的局面。正所谓"生之有时而用之亡度，则物力必屈……，今背本而趋末，食者甚众，是天下之大残也；淫奢之俗，日日以长，是天下之大贼也。残贼公行，莫之或止，大命将泛，莫之振救。生之者甚少而靡之者甚多，天下财产何得不蹶"。《陈旉农书·节用之宜篇》则进一步发展了这一思想，"传曰：'收敛蓄藏，节用御欲，则天不能使之贫；养备动时，则天不能使之病'，岂不信然？"所以节用御欲之德、长远久虑之忧、养备动时之功，对于农业的持久生存与健康发展显得尤为重要。从"虚而不盈"这一立身行事方式上进行自我约束、自我规范，这是道家"中道而行、因法为度"的第二层含义。

3. **道法自然、虚而不盈，成就"玄德"**　"生而不有，为而不恃，长而不宰，是谓玄德"。虽有生长、抚育、成就万物之功，却不据为己有、不自恃有功、不为之主宰，这才是真正深厚的德性。以这种态度来对待天地自然，突破狭隘的物质欲望、自我观念乃至人类中心主义的限制，才是真正符合天人关系或者说具有现代生态伦理意味的德性。"玄德"，突破人自身的各种局限与狭隘，成就万物而不居功自傲、不强力主宰，功成身退，其最终目标是在"天人之际与古今之变"中持守"自然无为"之道，领会其中的生存、生活与生态智慧，这是道家"中道而行、因法为度"的第三层含义。

（二）系统耦合、因法因序为度

从农业生态系统健康可持续发展的角度来看，当今广泛发展的"工业化农业或石油农业"，过度消耗自然资源能源，不断污染农业生态环境，破坏农业生态系统，严重危害农业健康可持续发展。为了解决这些系统性问题，现代农业系统应道法自然、系统耦合、协和共生，维护农业生态系统和经济社会系统的有序运行，朝着有机农业、生态农业和循环农业的方向发展。

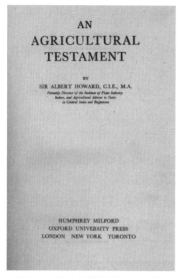

图3-9　英文原版《农业圣典》
(An Agricultural Testament，1945，
国家图书馆藏)

作为欧洲有机农业的创始人，霍华德（Albert Howard）在《农业圣典》这部经典之作开篇之首即提出"土壤管理的自然法则"（图3-9）。他认为良好的农业生态系统，推崇混合农作，动植物互利共生，自然资源有序循环、合理利用，生长和腐解保持着良好的平衡状态。土壤中富含腐殖质，有利于维护自然高效循环和生态均衡有序，因此，"大自然就是一个优秀的管理者，它能把养分有效地储存在土壤库里，在任何地点这些养分都不会造成浪费"[1]。自然法则乃是简一之道，经济高效，兼容共存。

霍华德认为现代工业化农业，本质上是打破生命年轮，在加速生长的同时却毫不重视分解，破坏了自然界生长与腐解、索取自然与回馈土地之间的平衡；同时滥用化肥、农药等，导致土壤的退化和田地的毁坏，作物品质降低、病害加剧和病人的增加。其解决之道，以农业病虫害为例，并非借助于农药、杀虫剂等发起一场针对病原生物和害虫等的化学战争，而是借助自然之法以恢复自然，恢复作物与病虫害之间、人类与微生物之间的平衡，这种平衡观念非常重要。

所以，师法自然，回归自然简一之道，发展生态有机农业，乃是解决农业问题的一个重要途径。某种意义上，我们可以说生态农业是现代农业的发展趋势。生态农业以各类资源的合理永续利用和生态环境的修复保护为重要前提，遵循生态学原理、生态经济学规律*，结合传统农业的有益经验和生态智慧，运用系统工程方法、现代科学技术和现代管理手段，寻求"经济、生态与社会"三重效益的良好平衡点与有效结合点，从而有助于确保农业和国家的基础安全与健康可持续发展。现代生态农业"以节地、节水、节肥、节药、节种、节能、资源综合循环利用和农业生态环境保护为重点，按照'植物生产、动物转化、微生物还原'的农业循环经济理念，结合农业区域资源特征，调整优化农林牧副渔结构，大力发展高效

1　艾尔伯特·霍华德.农业圣典[M].北京:中国农业大学出版社，2013:3.

生态农业、循环型农业、绿色农业"[1]。

二、因时因地为度

总结各类生产生活经验和历史发展教训，农业活动应避免各类"逆时妄为、竭泽而渔、焚林而猎"的短视行为，反思这类盲目短视行为给农业生态系统所带来的巨大破坏，以及给人们生产生活所带来的无穷祸患。这一方面，中国农业传统文化中丰富的护生厚生思想、时禁野禁观念、用地养地结合传统，可资借鉴。

（一）护生厚生、合宜有度

中华农业文明有着丰富的护佑生灵、利民厚生和节用裕民的传统，它发扬"厚德载物、生生不息"的"易道"精神，保护着世间万物的繁衍生息与农业的长盛不衰。从农业伦理学角度来看，它们可以发展成为保护农业生物多样性与农业生机活力的重要伦理观念。

《淮南子·主术训》载："故先王之法，畋不掩群，不取麛夭。不涸泽而渔，不焚林而猎"。这一先王之法，在《周礼》中有较为明确的阐发。《周礼·地官》对守护"山林、平地、川泽、湖泽"等官员之职责进行了较为详细的描述，如"山虞，掌山林之政令，物为之厉而守为之禁……林衡，掌巡林麓之禁令而平其守，以时计林麓而赏罚之"。这种制度性的安排，兼顾物产、人事和时节，设立合理的使用边界，设置相应禁令。这么做，既充分保护万物繁衍生息之正常时序与必要条件（爱物护生），也为民众提供了丰富持久的资生之材（利用厚生）。恰如《荀子·王制》中所说"春耕、夏耘、秋收、冬

知识链接

这些原理和规律，首先表现为生产与环境的协调均衡、物质能量的合理循环利用、输入与输出的均衡，尤其是各类资源的合理循环利用和农业废弃物的综合利用。同时生态农业是一个统合农业生态系统与农业经济系统的复合系统，是农林牧副渔综合起来的大农业，同时也是将农业生产、加工、销售、开发综合起来，具备"三产联动、适应市场经济"特征的现代农业。

---

[1]　金鉴明等编著.生态农业——21世纪的阳光产业[M].北京:清华大学，2011:209.

藏四者不失其时，故五谷不绝而百姓有余食也；汗池、渊沼、川泽谨其时禁，故鱼鳖优多而百姓有余用也；斩伐养长不失其时，故山林不童而百姓有余材也"。《吕氏春秋·士容论·上农》为此制定了非常详细的"乡野之禁与四时之禁"，也就是基于"乡野土地与时令节气"的禁令，有所为有所不为。

（二）因时为度、合乎时宜

传统农业往往以"不违农时、合乎时宜"为首要原则，其中蕴含着丰富的"因时为度"思想。如《吕氏春秋·士容论·审时》开篇即说："凡农之道，厚之为宝"[1]，天时物候之谓也。农作之道，以笃守天时物候为要，既不可急躁妄为、揠苗助长（先时），更不可懒惰懈怠、贻误农时（后时）。"审时篇"接着分别分析了"得时""先时""后时"三种不同情况对于谷子、水稻和豆子等农作物长势、产量、品质与口感的不同影响，最后总结为"得时之稼兴，失时之稼约"。农作合乎时宜，庄稼得天地时宜，才能丰收昌盛、籽粒饱满、芬芳耐饥，反之亦然。而不懂农事的人，往往"时未至而逆之，时既往而慕之，当时而薄之，使其民而郄之。民既郄，乃以良时慕，此从事之下也。"农时未到就急躁妄为（逆之），农时已过却又徒劳思念（慕之），正当农时之际却又轻慢懈怠（薄之），随意役使农民使之无法尽力适时耕作，事后却又后悔错过农时良机，这真是最为蠢笨的管理农事之法。所以农事一定要把握农时之机，即不必太早，更不可延误农时，而应适时适宜耕作。

以《齐民要术》为例，其中分析了多种作物合适的播种期，区分了"上时""中时"与"下时"，其中"上时"为最佳时节，"下时"为最迟的时令。它同时强调要因时因地合理播种，如"地势有良薄，良田宜种晚、薄田宜种早"，薄田切不可种晚，否则错过时令节气就不能结实。种谷之时节、气候不同，方法也不同，"凡春种欲深，宜曳重挞。夏种欲浅，直置自生"。因为北方春天气温低、出苗迟，如果不拖曳重挞以压实土地，种子的根系虚浮生长，无法与土壤紧密接触，出苗后就会死去；夏天天气热、出苗快，拖曳重挞后遇上大雨，就会板结，苗就无法出来。

就耕作而言，也要因时因地合理耕作，"秋耕欲深，春夏欲浅……初耕欲深，转地欲浅"。因为华北地区秋季多阵雨，秋耕深耕有助于收墒、蓄墒，为来年春播提供良好墒情，秋耕后经冬入春，土壤经过反复冻融风化，深耕后有利于深土熟化，所以秋耕宜深，以利于保墒熟土；春夏两季多风干旱，夏天高温，深耕就会造成揭底跑墒，土壤不易熟化，故春夏欲浅。初耕如果

---

[1] 厚之为宝，即重时为宝。

不深，土地就不会匀熟；再耕如果不浅的话，就会将生土翻起来，影响作物播种和生长。简而言之，适时合宜而耕，可得良田；失时不当而耕，则得败田。

合乎时宜，不仅仅指合乎农时、时令、节气、物候等狭义的农业"生产时宜"，更进一步讲，农业的发展还要符合现实情况和时代要求这个更广大的"时代之宜"，即农业发展"必须要联系到加工企业、运输条件、市场需要和竞争能力等工、交、商等几个方面，不能脱离现实。要综合考虑到需要与可能、当前与长远、局部与整体之间的关系。综合考虑到自然条件的适合性，技术条件的可行性和经济条件的合理性"[1]。简而言之，推动现代农业的均衡协调、健康可持续发展，构成了中国农业发展最大而且持久的"时宜"。

（三）因地制宜、用养结合、取予有度

就农业生产、经营与管理而言，中国传统农业形成了因地制宜、辨土施治、因物制宜与精耕细作的农业传统，如《吕氏春秋·士容论》所载，"任地"篇强调要根据土地刚硬与柔软（力与柔）、耕作频次之稀少与频繁（息与劳）、土地的肥沃与贫瘠（肥与瘠），或者潮湿与干燥（湿与燥）等性质差异，强调要辨土施治，使某种性质过于鲜明的土地向其相对方向适度转化，适度中和。耕作时，应根据天时、地利与苗情合理耕作、管理，使之"合宜、合理、有度"。如《农政全书》所载："采、摘、修、捋，生熟急缓之度宜中也。饮、饲、闲、放，好恶新故之情宜调也"。

随着经济社会的发展和科学技术的进步，人们利用土地的能力、频率和强度不断提升，与之相应，土地肥力下降、土地健康状况堪忧、农业生态环境恶化，使得"土地的肥力和健康"问题日益突出。中国传统农业非常注重通过合理耕作、有机肥积制施用，以及用养结合、种养合宜和物质循环利用等方法，来保持土地肥力与健康，足资借鉴。

如《氾胜之书》中所阐发的耕田之道——"凡耕之本，在于趣时和土，务粪泽，早锄早获"[2]。适时耕作，有利于改良土壤性状，如秋分时节，气候状况（天气）与土壤中的水热通气（地气）等状况相互调和，乃秋耕之最佳时节，此时耕作，效果明显，土壤性状优异，命名为"膏泽"。反之，耕作不当，则伤田之性，造成"脯田或腊田"等。所谓"和土之道"，强调通过各种

1　金鉴明等编著.生态农业——21世纪的阳光产业[M].北京:清华大学，2011:58.

2　任继周主编.中国农业伦理学史料汇编[M].南京:江苏凤凰科学技术出版社，2015:265.

精细的耕作措施，来调节土壤的水、肥、气、热等状况，改善土壤性状，利于作物生长发育。传统农业也很重视粪肥的合理施用，对施肥的节点、用量与用法都有深入的研究和总结。《陈旉农书》中更是提出"粪药"理论，认为施用粪肥如同用药，要因时因地因物制宜、辨证施用，尤其要合理有度，如果急切贪求，任意施用，结果往往适得其反、劳而无获。

陈旉还提出了著名的"地力新壮论"，他认为如果我们能够经常在田地里加入新鲜而肥美的土壤，勤加施肥，善加改良，则土地能够做到精熟肥美，地力能够保持新壮。"地力新壮论"可以说是对于我国数千年农耕传统中"保持地力"措施的理论总结与提升，这一理论将传统"用地与养地相结合"的思想提升到一个新高度。与之类似，霍华德也在《农业圣典》中强调"保持土壤的肥力与健康"是发展有机农业、保持农业健康可持续的关键，"任何持久的农业系统，其首要条件是土壤肥力的保持"[1]。通过对比分析东西方农业文化传统，以及反思现代西方农业实践的缺陷，他高度赞扬东方农业重视"保持土壤肥力、物质循环利用"传统的积极意义。惠富平在《中国传统农业生态文化》一书中进一步总结中国传统农业文明之所以能够持续不衰的基本原因："中国传统农业以有机肥积制和施用为基础，注重物质循环利用的思想和技术经验，对于当今的有机农业建设具有重要借鉴价值"[2]。

简而言之，中华农业文明中的"用养结合、循环利用、保持肥力、地力常新、长远养护"等生产经验和生态智慧，需要结合时代加以发扬光大。

三、因事因势为度

现代农业是一个统合自然生态系统与经济社会系统的复合系统，是包括农林牧副渔、休闲观光、生态旅游等在内的大农业，覆盖了农业生产、加工、销售、开发全过程。在现时代，尤其要关注"三产联动、市场开发与政策引导扶持"，寻求"经济效益、社会效益与生态效益"三者的有效结合点与合理平衡点，以促进"三农问题"有效解决和农业的健康可持续发展。这些构成了中国农业发展所面临的基本任务，亦即农业发展之"事"。

随着中国经济结构转型与调整升级，我国农业发展也面临着新趋势和新机遇：农业供给侧结构性改革、农村集体土地制度改革和可耕地"三权分置"制度改革、"互联网＋农业"模式、农业物联网建构、特色城镇建设、振兴乡

---

[1] 艾尔伯特·霍华德.农业圣典[M].北京:中国农业大学出版社，2013:1.
[2] 惠富平.中国传统农业生态文化[M].北京:中国农业科学技术出版社，2014:234.

村战略实施等，这一系列变革构成农业结构转型与产业升级、农业生态恢复、农民增收致富、美丽乡村建设的"基本趋势"。

与此同时，在着力解决"三农问题"，尤其是推动农业产业结构转型和农业发展方式转变过程中，我们也会面临着一系列挑战和矛盾。主要表现为[1]：农产品供求结构失衡突出，国际竞争日益激烈，农业资源和环境压力持续加大，农民增收难度加大，农业生产方式深度转变和产业结构深度调整任务加重，村庄的"空心化"问题严重，农民合法权益受到侵害，城乡差距仍然较大。这些挑战和矛盾也构成了我们解决"三农问题"的"基本情势"。

农业的健康可持续发展和"三农问题"的有效解决，需要顺应时代发展大趋势，回应时代发展关切，直面"三农"所面临的挑战与矛盾，使农业发展之"事"与时代发展之"势"密切呼应，是为"事势相应"。

鉴古知今，中国传统社会非常重视农业发展和农事活动，有不少"利民厚生、事势相应、均衡有度"的农业持久发展观念。如"称数"之说，可资借鉴："量地而立国，计利而畜民，度人力而授事，使民必胜事，事必出利，利足以生民，皆使衣食百用出入相揜，必时臧余，谓之称数"。其中强调要计算收益来役使民众，根据能力差异来分配民众合适的事务，使得民众胜任所从事之事，并且能够生利获益，能够养活民众，日常用度收支相抵，而且能够经常有所结余以备不虞之需。这一系列的均衡农事、利民厚生之举，就是"称数"，也即合乎法度的意思。贾思勰在《齐民要术·杂说》也认为："凡人家营田，须量己力，宁可少好，不可多恶"。《陈旉农书》开宗明义："从事于务者，皆当量力而为之，不可苟且，贪多务得，以致终无成遂也"。这些观点都强调对于农业或农事，不可贪多求大，宜量力而行、量入为出、财力相称、节用养备，如此方能合情合理而中道稳行。

目前，我国社会主要矛盾已经转化为人民日益增长的美好生活需要与不平衡不充分发展之间的矛盾，其在农业领域具体化为：人民群众对于"美丽乡村、绿色优质农产品、致富增收和农业健康可持续发展"日益增长的需求，和农业领域不均衡、不充分发展之间的矛盾。对于这些挑战与矛盾，需要结合我国农业自身发展规律和时代发展趋势，因势利导，在保护生态环境、促进就业、改善民生、推进社会公平正义、保持社会发展活力等方面，把握合理均衡点与有效结合点，推动农业的稳步改革与可持续发展。

---

[1] 深化农业供给侧改革：把住农村改革制度是关键[EB/OL].新华网，2017-02-26. http://www.xinhuanet.com/politics/2017-02/26/c_1120531488.htm

（一）绿色农业的均衡协调发展

绿色农业发展虽然已经成为现代农业发展的一大趋势，但其发展过程也存在着不少矛盾或失衡之处，尤其需要着力缓解农业资源合理利用、生态环境保护与经济社会发展之间的矛盾。

1. 着力修复和保护农业生态系统，保障绿色农业发展　党的十八大以来，虽然农业绿色发展开局良好。但总体来看，农业绿色发展过程中的一些基础问题依然存在，有待解决：主要依靠资源消耗的粗放经营方式没有根本改变，农业面源污染和生态退化的趋势尚未有效遏制，绿色优质农产品和生态产品供给还不能满足人民群众日益增长的需求[1]。为此，我们需要着重关注如下几个方面：

（1）变革生产经营方式，促进绿色投入和防控。尽量减少农药、化肥等的使用总量，提升其使用效率，减少农业面源污染；同时推动有机肥的积制使用和病虫害的绿色防控治疗，以改善土壤肥力与健康状况，保护农业资源，修复和养护农业生态环境。

（2）加快农业废弃物资源化利用与循环农业发展。因地制宜，探索规模化养殖场的畜禽粪污资源化利用机制，提升其利用水平，推进沼渣沼液有机肥利用，畅通种养循环机制；同时推动秸秆、麸皮等的综合资源化利用，可用于畜牧养殖业、造纸业或有机肥积制。

（3）加强农业资源和生态环境养护。借助于立法、政策、产业与技术，统筹山水林田湖草系统治理，加大土地、草原、牧场、森林和水域生态环境保护力度，降低农业资源利用强度，提升其利用效率，大力保护和提升耕地质量，强化土壤污染管控和修复，推广轮作休耕制度，落实生态补偿制度和转移支付机制。

2. 推动农业系统均衡协调发展，促进绿色农业健康可持续发展　我国幅员辽阔，各地自然条件、经济与产业发展水平、历史文化传统与生产生活方式差异较大，解决农业资源合理利用、农业生态环境保护与经济社会发展之间的张力，也应考虑当地实际情况，综合考虑"生态系统、农民、企业、政府"各方的利益诉求，合理有度地发展"绿色农业"，促进"生态效益、经济效益与社会效益"的均衡协调发展，不能片面强调其中一方面而忽视另一方面。

---

[1]　参见中共中央办公厅、国务院办公厅印发的《关于创新体制机制推进农业绿色发展的意见[EB/OL].新华社,http://www.xinhuanet.com/2017-09-30/c_1121754117.htm[,2017-09-30]

（1）我们不能狭隘功利，靠滥用化肥农药、耗竭地力、污染破坏环境的方法获取一地一时之利，根本破坏农业生产发展的土地之本和生态之基，从而陷入不可持续发展的系统性危机。

（2）我们既不能脱离当地发展阶段、客观状况和民生诉求，孤立片面强调农业生态环境保护而忽视民生改善；也不能脱离市场，片面或无序发展绿色农业，从而陷入产业自身不可持续发展的境地。无论是忽视民生还是与市场脱节，都会导致农业发展缺乏现实基础和持久动力，最终危害"绿色农业"的健康持续发展。

为此，我们有必要因时因地制宜，尤其是结合时势发展，在不同的产业模式或发展路径的实践探索中，寻求生态环境保护与经济社会发展的有效结合点，在农业的"生存权"与"发展权"之间寻求合理均衡点。

（二）农业现代化与发展方式变革

农业发展方式的结构性失衡，突出表现了传统农业模式与现代农业变革之间的张力，需要着力解决。

1. **农业发展方式的结构转型与传统农业现代化**　传统农业现代化过程中，有一个很基础性的观念与机制转变问题，即从"耕作农业"和"以粮为纲"向着大农业观、大食物观方向转变。中国传统农业过于注重耕作农业和主粮作物，严重限制了我国农业的全面发展和现代化进程。首先，过分强调"耕作农业和以粮为纲"，集中于获取谷物籽实，无法充分利用作物秸秆等生物质，造成了耕作业与养殖业的割裂，阻滞了农林牧副渔等大农业的系统耦合和综合发展；其次，为了支撑粮食稳产增收，农业领域不断加大农药、化肥、除草剂等生产资料的投入，既加大了生产成本，又加大了环境压力和产品质量隐忧，且不断压低农业的产值效益和农民的经济效益，从而挫伤农民的生产积极性，损害农业健康可持续发展的基础；再次，过分强调"耕作农业和主粮生产"，一方面会造成农业基础狭窄、效益低下、市场竞争力弱，另一方面会造成粮食收储压力加大、结构单一、抗风险能力降低，无法有效对接产业变革和市场需要。

针对这一情况，我们需要结合现代人饮食结构的变化和市场需要的状况，因地制宜发展各具特色的优势农业。一方面提供具有地域特色且质量上乘的农产品，打造品牌农业，从而夯实农业基础，提升其品牌优势和综合效益；另一方面可加强大农业与工业、商贸、服务等行业的合作，三产联动、产销对接，丰富其产业结构，延长其产业链条，提升农业的产业内涵与厚实度，促进农业的整体结构转型升级。从传统耕作农业向现代综合大农业的转变，将引发生产观念、产业模式、科学技术、管理方式与生活方式的全方位转变。这一转变过程应该是循序渐进、均衡协调、健康可持续发展的。

2. 农业供需关系的结构优化与转型升级 传统农业的现代化，也指从传统自发、小规模的小农生产向市场化、大规模的现代农业转变。现代农业生产经营活动是在社会大系统中进行的，尤其要与经济社会发展规律和市场机制密切关联，如果违反这些规律，与市场脱节，供需失衡、错配资源，则往往会给农业生产经营和农民致富增收带来极大的负面影响。推究其原因，首推生产与市场脱节，尤其是缺乏特色与品牌，供需失衡；其次是农业生产成本提高，不断压缩农业的经济效益空间，加剧农产品价格劣势；此外，中间环节成本过高，又进一步压缩了农业生产经营者的利润空间。

各类农产品滞销消息经常见诸各类媒体，其根本解决之道，还是需要整合农户、企业、市场和政府等相关主体来综合解决，尤其是利用返乡创业群体、网络信息技术、电商平台和便捷的物流网络来引导生产、拓宽销售，进而建构起富有特色的农业产业集群或构建农业特色品牌。

3. 培养规则意识与诚信观念 诚信意识和规则意识，构成了现代农业社会生态系统良性循环、健康可持续发展的重要社会规范和伦理基础。"三农"领域很多问题一定程度上与农产品生产、加工，或农业销售、服务过程中的种种失信和失范行为有很大的关系，如瓜果种植过程中滥用膨大剂，畜禽养殖加工过程中滥用抗生素、添加剂，农产品销售过程中以次充好、短斤少两，乡村旅游行业中失信爽约、欺诈宰客……这一系列事件，不仅造成严重的食品质量风险从而危害民众身体健康，而且破坏着整个行业的信任基础，破坏整个地区或行业的声誉，败坏消费者的消费体验，最终受损的不仅是这些失信或失范行为的直接主体，还有受其波及、影响的广大群众和地区。

从社会生态系统均衡有序、良性循环的角度来看，农业领域的种种失信或失范行为，是社会生态意义上"涸泽而渔、焚林而猎"的短视行为，破坏和侵蚀着社会生态系统良性运行、均衡发展的根基——社会信任和社会规则，我们必须要像保护眼睛一样保护农业相关领域的金字招牌——信誉与品牌，政府、企业、行业组织和广大群众要齐心协力确保农产品或服务的质量与信誉、奖优罚劣、打假治劣。

第四章　度在农业系统中的应用

农业伦理学是农业生产过程中物质和能量的给予与获取的伦理学认知，也就是对农业生产的各个子系统能量和物质交流过程中的收支关系的伦理学认知。如果收支失衡，就是"失度"，将危害农业生态系统的健康。如果帅天地之度以定取予，使农业系统营养物质在一定阈限内涨落，保持收支相对平衡，不至于"失度"，将维持农业生态系统的健康。这一农业伦理学的"度"具体表现在时宜性、地宜性和尽地力（即传统农学"三才"理论的"天/时""地""人/力"）三个方面，而且贯穿于种植业、养殖业和渔业等所有农业子系统中，对大农业系统的可持续发展具有十分重要的意义。

第一节　种植业的度

中国自古就以农业立国，农耕（种植）文化一直是中华文化的主体。以耕读渔樵为代表的农耕文明是千百年来中华民族生产生活的实践总结，成为不同形式延续下来的精华浓缩并传承至今的一种文化形态，应时、取宜、守则、和谐的伦理学理念已广播人心，尤以种植业的"时宜性""地宜性"和"尽地力"农业伦理观为代表，根植于中华大地。

一、时宜性

古代农耕民族以时序演进的圜道规律为线索，将天象、气象、地象、水象、生物象、社会象等世间万象联系在一起，形成天运定时、地物应候、人作相和的完整而又和谐的天人合一的自然观。"民以食为天"讲的就是要依据天时、遵循自然规律开展农事活动、收获粮食。在农业生产中最重要的是掌握农时，就是根据作物的生长规律安排耕作活动。中国古代先贤倡导的"不违农时"的基本观点，就是种植业时宜性伦理观的最佳例证。如《孟子·梁惠王上》曰："不违农时，谷不可胜食也"；《鬼谷子·持枢》曰："持枢，谓春生、夏长、秋收、冬藏，天之正也，不可干而逆之。逆之者，虽成必败"；《史记·太史公自序》曰："夫春生夏长，秋收冬藏，此天道之大经也。弗顺则无以为天下纲纪"。贾思勰在《齐民要术》的《耕田》篇中指出："凡耕高下田，不问春秋，必须燥湿得所为佳。若水旱不调，宁燥不湿……凡秋耕欲深，春夏欲浅"。寒来暑往，花开花谢，四季更替，周而复始，自然界就是这样演绎着季节的变化，掌握了农作物的生长规律之后才不会"虽成必败"。《陈旉农书》中提到："种莳之事，各有攸叙。能知时宜，不违先后之序，则相继以生成，相资以利用，种无虚日，收无虚月"。如果掌握了农时，耕耘树艺，就会丰收在望，硕果累累，稇载而归，五谷丰登；如果违背了农时，将会颗粒无收，年谷不登。

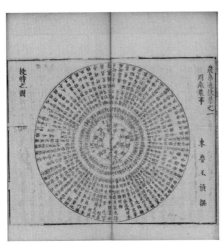

图3-10 授时之图，(元)王祯撰《农书》，明嘉靖刻本，国家图书馆藏

在中国农业生产发展的进程中，农耕民族总结出了"春生、夏长、秋收、冬藏"的基本规律。由此衍生、细分的二十四节气就是古代制定的指导农时的历法，如谷雨、芒种等。《王祯农书》将指导农事活动的二十四节气制作成"授时指掌活法之图"（图3-10），是对农时历法和授时问题所作的简明小结，在于改变农人"无相当之常识，于农忙农闲，无预定之规则"的状况，实现"务农之家当家置一本，考历推图，以定种艺"的目的。该图以平面上同一个轴的八重转盘，从内向外，分别代表北斗星斗杓的指向、天干、地支、四季、十二个月、二十四节气、七十二候，以及各物候所指示的应该进行的农事活动，把星躔、季节、物候、农业生产程序灵活而紧凑地联成一体。这种把"农家月令"的主要内容集中总结在一个小图中，简明、直观、使用方便，对农业伦理学范畴的种植业时宜性进行了较为科学、精准的图示化表达。授时指掌活法之图的出现，对推动种植业时宜性的感知，甚至对推动农业文明的进展，都有巨大的促进作用。对于现代人认识古代农作活动，关注物候现象，领会气象变化，掌握不同作物的种植规律，也具有十分重要的指导意义。

二十四节气体现的"时宜性"的农业伦理观常见于中国古今各地农业谚语："立春天渐暖，雨水送肥忙""惊蛰一犁土，春分地气通""春分种麻种豆，秋分种麦种蒜""谷雨前后，种瓜种豆""雨水早，春分迟，惊蛰育苗正适时""惊蛰不放蜂，十笼九笼空""清明前后，点瓜种豆""清明种高粱，六月接饥荒""谷雨下秧，立夏栽""立夏麦挑旗，小满麦秀齐""立夏种棉花，有苗无疙瘩""小满不种棉，种棉也枉然""小满种谷，憋满仓屋""芒种忙，三两（打）场""夏至种芝麻，头顶一朵花；立秋种芝麻，老死不开花""小暑前后种绿豆""小暑泥鳅赛人参""大暑到立秋，割草压肥不能丢""立秋栽葱，白露种蒜""处暑不种田，想种等来年""处暑谷渐黄，大风要提防""白露没有雨，犁地要早起""秋分一到，谷场见稻""寒露到霜降，种麦莫慌张""霜降至立冬，种麦莫放松""种麦过冬，来年少收成""小雪到冬至，浇麦正适时""大雪不见雪，来年不收麦""立冬无雨看冬至，冬至无雪一冬晴（暗指春旱）""小寒冻土，大寒冻河""小寒、大寒，杀猪过年"。这一农业伦理学之"时宜性"，对中国从古至今的农业生产具有十分重要的指导作用。在科学技术高度发达的今天，尽管设施农业、转基因技术等改变了少数农作物（尤其是蔬菜）种植的时域限制性，但以二十四节气为代表的农时节律仍主导着田间作物如小麦、玉米、棉花、水稻等的大规模耕作活动，充分体现了种植业时宜性（"不违农时"）的伦理学精神永续存在。

二、地宜性

自古以来，中国的种植业一直遵循"因地制宜"的原则。两千多年前的《周礼》指出："职方氏辨九谷，以宜九州之土：扬州、荆州，其谷宜稻；豫州、并州，其谷宜五种（黍、稷、菽、麦、稻）；青州，其谷宜稻麦；兖州，其谷宜四种（黍、稷、麦、稻）；雍州，其谷宜黍稷；幽州，其谷宜三种（黍、稷、稻）。"，这是历史上农作物种植区划的雏形。汉代《史记·货殖列传》记载"……水居千石鱼陂，山居千章之林。安邑千树枣；燕秦千树栗；蜀汉江陵千树桔；淮北常山已南，河济之间千树萩；陈夏千亩漆；齐鲁千亩桑麻；渭川千亩竹……"，这些论述不仅体现了"物承天泽，顺地而长，逆则杀之，顺则成之……各方之土宜物性，不可一概而论"的地宜性农业伦理学思想，而且也是中国古人根据气候和地形条件，因地制宜发展种植业，扬长避短、发挥地区优势的生动写照。

另外，中国古代遵循的"地宜性"原则还表现在根据土地的地势、地域和肥沃、水分的程度来确定作物种植的种类。《吕氏春秋》的《辩土》中提出，要根据土壤的结构和墒情来安排耕地的先后次序，并规定了先垆后埴的原则，即先耕干而坚硬的"垆土"，以免其水分流失后变得坚硬而难耕，然后再耕比较柔软松散的"埴土"。《任地》指出：耕地深度要以见墒为度，"其深殖之度，阴土必得"，这样才能达到"大草不生，又无螟蜮"的效果。《吕氏春秋》的《任地》篇中提出，要合理密植，肥地可种密些，瘦地则要稀些。还提出："上田弃田，下田弃畎（同"圳"）"的种植方法。土地经耕种后，田中隆起的高垄为亩，垄与垄之间凹下的小沟为畎。"上田弃亩"，是指在高田旱地或雨水稀少的地区，土壤墒情往往不足，因此要把庄稼种在沟里，可防风并减少水分的蒸发。"下田弃畎"，是指在低湿田里，水分多，必须把庄稼种在较高而干燥的垄上。只有通过合理的种植，才能保证土地得到充分利用，也才能使农作物的产量得到提高。

中国的现代种植业发展体系中对地宜性原则的传承主要体现在种植业区划中，其原理是根据粮、棉、油、糖、麻、烟、茶、桑、果、菜、药、杂等不同类型作物的地理分布特点（图3-11）、作物结构、耕作制度、生产水平及增产潜力及区域发展方向，以及各个区域发展不同类型种植业生产的适宜程度的研究，从而为合理开发利用农业资源、调整种植业生产结构和布局、选建农作物商品生产基地、制定种植业生产规划提供科学依据。根据这一原则，中国种植业区划共分为10个一级区（图3-12）：Ⅰ东北大豆春麦玉米甜菜区；Ⅱ北部高原小杂粮甜菜区；Ⅲ黄淮海棉麦油烟果区；Ⅳ长江中下游稻棉油桑茶区；Ⅴ南方丘陵双季稻茶柑橘区；Ⅵ华南双季稻热带作物甘蔗区；Ⅶ川陕盆地稻玉米薯类柑橘桑区；Ⅷ云贵高原稻玉米烟草区；Ⅸ西北绿洲麦棉甜菜葡萄区；Ⅹ青藏高原青稞小麦油菜区。这个种植业区划和两千多年前《周礼》

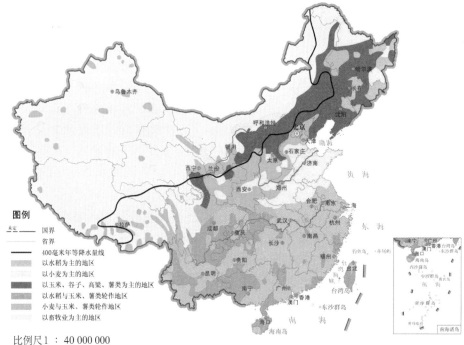

图3-11　中国主要农作物的分布图

审图号：GS（2018）6313号

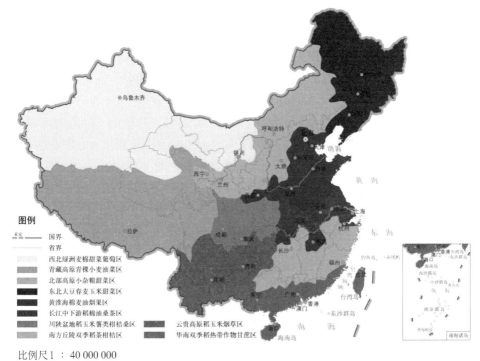

图例

- 国界
- 省界
- 西北绿洲麦棉甜菜葡萄区
- 青藏高原青稞小麦油菜区
- 北部高原小杂粮甜菜区
- 东北大豆春麦玉米甜菜区
- 黄淮海棉麦油烟草区
- 长江中下游稻棉油桑茶区
- 川陕盆地棉玉米薯类柑桔茶区
- 南方丘陵双季稻茶柑桔区
- 云贵高原稻玉米烟草区
- 华南双季稻热带作物甘蔗区

比例尺 1 ： 40 000 000

图 3-12　中国种植业区划图

审图号：GS（2018）6313 号

中的"职方氏辨九谷，以宜九州之土"理论一脉相承。

三、尽地力

地力即土地生产潜力或称土地生产力，是指在现有耕作技术水平及与之相适应的各项措施下土地的最大生产能力。在农业上，土地生产潜力是指一个地区土地能生产人们可能利用的能量和蛋白质的能力。对于耕地和粮食作物来说，土地生产力是指单位面积耕地生产粮食的能量或数量。与之相应的概念是土地承载容量或土地承载能力，即土地承载的人口数量不会导致环境质量恶化的限值，它是根据土地资源的生产潜力，即土地所能提供的粮食、油料、经济作物和畜禽水产品等的数量，按中等发达国家人均需要量衡量，计算出的理论最高承载能力。土地承载能力是指在一定时期内，在维持相对稳定的前提下，土地资源所能容纳的人口规模和经济规模的大小。显然，土地资源的承载力也是有限的，人类的农业生产活动必须保持在土地承载力之内。"尽地力"的思想不仅强调土地的生产潜力，而且强调人对土地的伦理关怀，可以理解为伦理学容量。

保证"地力常新"、提高土地生产潜力的农业伦理观，是中国自古以来的优良传统，也是中国古代尽地力思想的重要内容。早在春秋战国之际，人们就开始注意养地问题，《吕氏春秋·任地》指出"息者欲劳，劳者欲息；棘者欲肥，肥者欲棘"的土地休闲或施肥以恢复地力的原则。战国初，李悝在魏国为相时，倡导"治田勤谨，则晦（古同"亩"）益三升"的"尽地力之教"，就是加强劳动强度，实行精耕细作，提高土地生产潜力的观点。西汉赵过倡导"代田法"，以两套更替的方式交替利用地面，使土地轮换休闲以恢复地力。西汉时期的《氾胜之书》主张"区田不耕旁地，庶尽地力"的用深耕提高土地生产潜力的观念。晋代傅玄提出"不务多其顷亩，但务修其功力"，即主张提高农业产量，不要靠扩大耕地面积，而应重视在一定单位面积上多投入劳动。后魏农学家贾思勰《齐民要术》提出"凡人家营田，须量己力"，意指经营农业的规模，需要度量自己的力量，与物力、劳力等相称。南宋时期陈旉在《农书·粪田之宜篇》中指出"斯语殆不然也，是未深思也，若能时加新沃之土壤，以粪治之，则益精熟肥美，其力当常新壮矣，抑何敝何衰之有"，核心要义是在"地力常新"的思想指导下，综合应用耕作、施肥等措施，提高土地生产潜力的方法。元代王桢的《农书·粪壤篇》指出"所有之田，岁岁种之，土敝气衰，生物不遂，为农者必储粪朽以粪之，则地力常新壮而收获不减"，核心思想是通过施肥（粪肥）改土，提高土地生产潜力。清代《知本提纲》指出"地虽瘠薄，常加粪沃，皆可化为良田。……产频气衰，生物之性不遂；粪沃肥滋，大地之力常新"，其主要观点是通过"多粪肥田"来提高土地生产潜力。

此外，我国古代根据长期积累起来的关于各种农作物的生态特性的知识，利用农作物生态特性的互补，采用轮作、套作、间作、混作等农作方式，以充分利用地力，提高单位面积的产量和质量。两汉时期就有了谷麦轮作、麦豆轮作的记载，基本上形成了轮作制。在此期间还出现了间作。《氾胜之书》记载了瓜、薤、豆间作法，即每坎在瓜的外面种薤十株，又在坎与坎之间的空地上种小豆，趁瓜蔓没有长大时，尽量利用土地以增收益。此书还介绍了黍桑混合播种的种植法，不但可以充分利用土地，多收一季庄稼；还可以借此防止桑苗地杂草丛生，节省除草的人工。古代还强调关于不同农作物轮作、间作的最佳配置思想。《齐民要术·种谷》指出："凡谷田，绿豆、小豆底为上，麻、黍、胡麻次之，芜菁、大豆为下。……谷田必须岁易。"《种麻》指出："麻田以小豆底为佳。"《种麻子》指出："慎勿于大豆地中杂种麻子。六月中，可于麻子地间散芜菁子而锄之，拟收其根。"《齐民要术》中还说明各种作物换茬配套的作用，谷子换茬是为了防杂草，谷用瓜茬是为了利用瓜地施肥多的余力。桑与绿豆、小豆混作，是为了二豆良美，润泽益桑。总之，把豆科作物和禾谷类作物、深根作物和浅根作物、高秆作物和低秆作物，等等，加以搭配，合理轮作、套种、间作和混作，就可达到以地养地，充分利用地力，提高单产的目的。

中国近现代的种植业发展体系中，曾一度在"以粮为纲""农业学大寨""人有多大胆地有多大产""高肥高水高产""化肥农药增产"等错误观念的引导下，对土地资源掠夺式开发或经营，造成土地污染、土壤退化、地力下降等一系列环境和伦理问题。但是，"地力常新"的农业伦理学理念亦在艰难中前行，延续至今。当前，在全民"重环保、重健康"的大背景下，这一传统的农业伦理观得到了重视，主要表现在施肥和耕作制度两个方面。其中，测土配方施肥和复种轮作是在现代农业生产体系中应用的最佳印证。

测土配方施肥是以土壤测试和肥料田间试验为基础，根据作物需肥规律、土壤供肥性能和肥料效应，在合理施用有机肥料的基础上，提出氮、磷、钾及中、微量元素等肥料的施用数量、施肥时期和施用方法。测土配方施肥的主要理论依据包括：以养分归还（补偿）学说、最小养分律、同等重要律、不可代替律、肥料效应报酬递减律和因子综合作用律等为理论依据，确定施肥总量和配比。通俗地讲，就是在农业科技人员指导下科学施用配方肥。测土配方施肥技术的核心是调节和解决作物需肥与土壤供肥之间的矛盾。同时有针对性地补充作物所需的营养元素，作物缺什么元素就补充什么元素，需要多少补多少，实现各种养分平衡供应，满足作物的需要；达到提高肥料利用率和减少用量，提高作物产量，改善农产品品质，节省劳力，节支增收的目的。实践证明，推广测土配方施肥技术，可以提高化肥利用率5%～10%，增产率一般为10%～15%，高的可达20%以上。实行测土配方施肥不但能提高化肥利用率，获得稳产高产，还能改善农产品质量，降低土壤污染，提高农田环境容量，是一项促进"地力常新"的技术措施。

复种轮作是指在同一块田地上按不同时间依次轮种（一年多熟）多种作物。复种轮作制又可分为间作、套作、混作等多种形式。复种轮作是对中国汉代的《异物志》中"一岁再种"的双季稻和《周礼》"禾下麦"（粟收获后种麦）和"麦下种禾豆"的耕作方式的更新和改进，也是对北魏《齐民要术》中"豆类谷类轮作"的养地和用地相结合的农学思想的提升和强化。目前，中国复种轮作的主要类型有：华北地区旱地多为小麦-玉米两熟或春玉米-小麦-粟两年三熟；江淮地区为麦-稻或麦、棉套作两熟；长江以南和台湾，为麦（或油菜）-稻和早稻-晚稻两熟、麦（或油菜、绿肥）-稻-稻三熟；

旱地为大（小）麦（或蚕豆、豌豆）－玉米（大豆、甘薯）两熟，部分麦、玉米、甘薯套作三熟。从复种轮作的耕地面积来看，至1990年中国复种指数已达150.5%，长江以南各省份平均在200%以上；1999—2013年间，中国耕地复种指数整体上呈现显著上升趋势，年均增加约1.29%。这是"尽地力"的农业伦理学效应的量化体现。

四、度的优化——生态农业

从时宜性、地宜性和尽地力的论述可见，我国古代人民已经认识到种植业必须遵循农业伦理学之"度"，生产系统诸要素必须协调配合，处处注意它们之间是否"相宜""制宜""适度"，以达到种植业稳产、丰产的整体目标。与中国古代国情相适应的农业经营思想，有的直到今天还具有生命力和现实意义。当前，中国生态农业在研究和实践中，依据各地的社会、自然环境和资源条件，因地制宜地开发了体现农业伦理学之"度"思想的一系列农业生态系统工程，即生态农业模式。该模式是一种在农业生产实践中形成的兼顾农业的经济效益、社会效益和生态效益，结构和功能优化了的农业生态系统。在土地利用强度和方法上强调把握好"度"，使土壤处于有利于农作物种植的适宜耕作状态。此外，要进行合理轮耕，因地、因时、因物施肥，不断培肥土壤，保证"地力常新"。这些生态农业模式中，以种植业为主的模式包括以下几种。

（一）北方"四位一体"生态模式

"四位一体"生态模式是在自然调控与人工调控相结合条件下，利用可再生能源（沼气、太阳能）、保护地栽培（大棚蔬菜）、日光温室养猪及厕所等4个因子，通过合理配置形成以太阳能、沼气为能源，以沼渣、沼液为肥源，实现种植业（蔬菜）、养殖业（猪、鸡）相结合的能流、物流良性循环系统。这是一种资源高效利用、综合效益明显的生态农业模式。这种生态模式是依据生态学、生物学、农学、畜牧学、经济学、系统工程学等学科理论，以土地资源为基础，以太阳能为动力，以沼气为纽带，进行综合开发利用的种养生态模式。通过生物转换技术，在同一地块上将节能日光温室、沼气池、畜禽舍、蔬菜生产等有机地结合在一起，形成一个产气、积肥同步，种养并举，能源、物流良性循环的能源生态系统工程（图3-13）。这种模式能充分利用秸秆资源，化害为利、变废为宝，是解决环境污染的最佳方式，并兼有提供能源与肥料，改善生态环境等综合效益，为促进高产高效的优质农业和绿色食品生产开创了一条有效的途径。

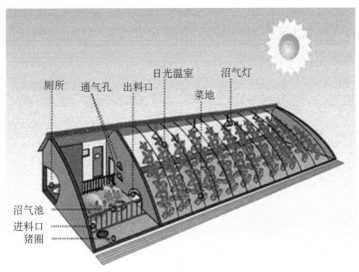

图3-13 四位一体农业模式

（引自王惠生）

（二）平原农林牧复合生态模式

农林牧复合生态模式是指借助接口技术或资源利用在时空上的互补性所形成的两个或两个以上产业或组分的复合生产模式。所谓接口技术是指联结不同产业或不同组分之间物质循环与能量转换的连接技术，如种植业为养殖业提供饲料饲草，养殖业为种植业提供有机肥，其中利用秸秆转化饲料技术、利用粪便发酵和有机肥生产技术均属接口技术，是平原农牧业持续发展的关键技术，包括"粮-饲-猪-沼-肥"生态模式及配套技术、"林果-粮经"立体生态模式及配套技术、"林果-畜禽"复合生态模式及配套技术。平原农区是我国粮、棉、油等大宗农产品和畜产品乃至蔬菜、林果产品的主要产区，进一步提高农林、农牧、林牧不同产业之间的相互促进、协调发展的能力，推进平原农林牧复合生态模式的发展，对于我国的食物安全和生态环境保护具有重要意义。

（三）生态种植模式

生态种植模式是在单位面积土地上，根据不同作物的生长发育规律，采用传统农业的间种、套作等种植方式与现代农业科学技术相结合，从而合理充分地利用光、热、水、肥、气等自然资源、生物资源和人类生产技能，以获得较高的产量和经济效益。

（四）设施生态农业模式

设施生态农业是在设施工程的基础上通过以有机肥料全部或部分替代化学肥料（无机营养液）、以生物防治和物理防治措施为主要手段进行病虫害防治、以动植物的共生互补良性循环等技术构成的新型高效生态农业模式。

（五）观光生态农业模式

观光生态农业是指以生态农业为基础，强化农业的观光、休闲、教育和自然等多功能特性，形成具有第三产业特征的一种农业生产经营形式。主要包括高科技生态农业园、精品型生态农业公园、生态观光村和生态农庄四种模式。

第二节　畜牧业的度

中华文化是北方游牧文化、中原农耕文化与南方渔业文化（也有人称之为海洋文化）经过千百年来的"文化混血"凝结而成。尽管农耕文明决定了中华文化的特征，但是草原游牧文化与中原农耕文化的融合推动了整个中华文化的发展。与以农耕文化为主导的种植业相似，以牧养（包括草原放牧和农区饲养）文化为主导的畜牧业，也体现了"时宜性""地宜性"和"尽地力"的农业伦理观。

一、时宜性

在漫长的畜牧业生产历史中，"时宜性"一直是中国草原区牧民和农区家畜饲养者十分珍视的伦理学原则，这种"时宜性"的原则体现在家畜饲养、放牧、育种管理等多个方面，如"故养长时，则六畜育""暑伏不热，五谷不结；寒冬不冷，六畜不稳""春放阴坡，夏放东西，秋放近坡，冬放高坡""先远后近，早阳午阴""春不啖（喂盐），夏不饱；冬不啖，不吃草""牲畜看季节，膘情看经由（管理）""春放一条鞭，夏秋满天星""夏天给庄稼追肥，冬天给牲畜加料""与其冬天干熬，不如夏天抓膘""夏天赶着放牲畜，冬天拣着喂牛羊""秋来追膘冬不愁，春天羊羔满山游""春不吃盐羊无力，冬不吃盐饿肚皮""冬不吃夏草，夏不吃冬草"（藏族民谚）、"春天牲畜像病人，牧民是医生；夏天好像上战场，牧民是追兵；冬季牲畜像婴儿，牧民是母亲"（藏族民谚）、"开春羊赶雪，入冬雪赶羊"（哈萨克族民谚）、

"夏抓肉，秋抓油"（哈萨克族民谚）、"早晨在向阳坡放牧，中午在背阴处放牧"（哈萨克族民谚）、"春来剪毛两头落，冬来剪毛落两头""霜降配羊，清明分娩""马配马，一对牙（二岁就可配种）"。这些基于时宜性的"顺天时"的农业伦理观，不仅在历史上对中国的畜牧业生产活动起了十分重要的指导作用，而且对当前中国的可持续畜牧业生产具有十分重要的指导意义。

在古今畜牧业生产所强调的诸多伦理观中，"逐水草而居"是草原牧民高度凝练、概括和全面的草地畜牧业生产原则，对维系中国国土面积40%以上的草原区的畜牧业生产和民族文化发展起了不可忽视的作用，这在历代的民族史或传记中可以印证。诸如：《史记·匈奴列传》记载"（匈奴）随畜牧而转移，……逐水草迁徙，毋城郭常处耕田之业"，《后汉书·乌桓传》记载"（乌桓）俗善骑射，弋猎禽兽为事。随水草放牧，居无常处。以穹庐为舍，东开向日。食肉饮酪，以毛毳[1]为衣"，《南齐书·河南传》称"（吐谷浑）多逐水草，无城郭，稍为宫室，而人民犹以穹庐毡帐为屋"，《新唐书·吐蕃传》说"（吐蕃）其兽……牦牛、名马、犬、羊、彘……，其畜牧，逐水草无常所……，其宴大宾客，必驱牦牛，使客自射，乃敢馈"。古人所指的"逐水草而居"就是草原游牧，实际上"逐"是循自然规律所动，按照牧草和水源的季节变化（时间节律）移动放牧（家畜）。今天当我们用人类生态学的观点看，游牧是人类适应自然并实现人类与自然之间和谐共生、协同发展的结果。从生态学观点看，游牧是牧民、家畜和草场之间相互依存、相互影响的自然资源管理系统（图3-14），具有移动性、适应性、灵活性、多样性、有效保护和共同支持的特点（Dong et al.，2016）。通过迁徙来适应水、草的季节变化就是草地畜牧业"顺天时"的伦理学最佳诠释。"逐水草而居"一方面满足了夏秋季畜群对食物和水源的需求，另一方面也保证了冬春季家畜繁殖和保膘的需求。这种畜牧业生产方式不仅在中国牧区得以延续，而且在全球干旱半干旱或高寒地区得以传承，如欧亚大草原、蒙古高原、中亚山地（包括喜马拉雅山区和青藏

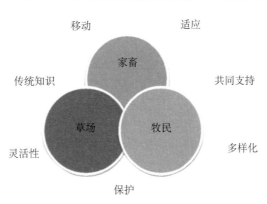

图3-14　游牧草地畜牧业的组成要素（家畜、草地、牧民）及其特点

（Dong Shikui et al.，2016）

---

[1]　毳，cuì，鸟兽的细毛。

高原)、欧洲阿尔卑斯山区、北欧高原、北非干旱荒漠区、东非热带稀树草原区、南美安第斯山区的季节畜牧业（Dong et al.，2016）。

在中国北方地区和青藏高原地区，以牧业为生的蒙古族、哈萨克族、裕固族和藏族具有悠久的游牧文化，形成了基于草地畜牧业时宜性的游牧生产方式。按照迁徙方式可以分为如下几种类型。

（1）多次迁徙。一年搬迁十次之多，这样的搬迁历史上曾经大量存在，而现代只有少数地区存在。

（2）一年之中搬迁四次，即春夏秋冬四时营地，牧民迁徙各地营地的规律、时间的分配、路线和范围的划定，一般来说是比较固定的，但也要看水草是否充足而定。一般来说，春牧场为5～6月份，夏牧场为6～8月份，秋牧场为9～11月份，冬牧场为12～2月份。传统的放牧草原蒙古族、哈萨克族都有四季牧场。

（3）一年之中迁徙两次，即冬营地和夏营地。哈萨克族一些游牧群众，夏天到布尔加尔地区伏尔加河流域放牧，冬天到巴拉沙究过冬，迁徙距离甚至远达1 500千米。

（4）按照三季转场轮牧。在江河源的青藏高原上，头年11月份到翌年4月份为冬春季节，牧民在各地避风定居，5～8月份夏季转入高山牧场，9～10月份秋季畜群逐渐下牧，是为秋季牧场。在高原东部的湿润和半湿润草原也是按照夏秋—冬春—春夏三季划分牧场的。

（5）走场游牧。除了季节固定的牧场之外，还选择其他的牧场放牧，目的是为了抓膘。

从古至今的实践表明，"逐水草而居"的游牧生产方式对中国草原区脆弱生态环境的维持和草原民族文化传承所起的积极作用不容置疑，基于时宜性原理的移动和适应是草原民族在这一环境中生存下来的前提与基础，不论是生产、生活方式和文化传统，都充满了人与自然和谐统一的生态智慧。正是由于"顺天时"的游牧传统和生态伦理，才使得这片神奇珍贵的土地得以保留至今。这也是我国现代放牧管理学原理之一——草原季节畜牧业诞生的基础，对科学利用草地资源、提高草地畜牧业生产水平具有指导意义。当前，人们不得不开始反思盲目的改造自然、"人定胜天"所带来的恶果时，古老游牧文化的伦理观念愈益显示出它的可贵与难得，其适应特征也愈益显示出科学与合理。

自20世纪80年代以来，中国先后在牧区推行草地家庭承包、牧民定居、草原围栏、"退耕还林还草"、"退牧还草"等政策措施等，但是这些政策措施并没有达到预期的生态、经济和社会效应，在一定程度上影响了相应区域的草地牧业生产、生态和生计功能的良性互动发展（Harris 2010；Yan et al. 2005，Davidson et al. 2008）。对于这些政策的影响，内蒙古高原干旱半干旱草原区的影响已经显现，部分学者认为该区草地荒漠化与草地承包到户、牧民定居、草原围栏建设、退牧还草政策等密切相关。正如草原生态学家刘书润所讲："我们汉人刚到内蒙古地区，老觉得蒙古人怎么还这么落后，原始地放牧，逐水草而居，到处游荡。住蒙古包，风刮得挺冷的，原始的生态。放牧蒙古羊，那么一群土羊赶不上一只澳大利亚羊产值高，这怎么行？太落后了，要改善他们原始落后的面貌，一般刚去的人都是这个概念。于是我们做了好多工作——把家畜改良好，让他们定居。结果怎么样呢，造成现在大家知道的恶果（草地荒漠化）。好心办坏事的原因何在？我们对游牧文化的理解出了问题……。人类社会由游牧到定居，到农业，到工业，到城市化，好像是发展的必经之路，草原也不应该例外。其实这是偏见，小农的偏见！游牧对当地来讲，是经过多年选择，利用草原最经济、最实惠而且效率最高的一种经营方式，却被我们消灭了……"（董世魁，2015）。对于游牧文明的重要性，同处干旱半干旱草原区的蒙古国居民亦有深刻认识，正如一位接受访问的蒙

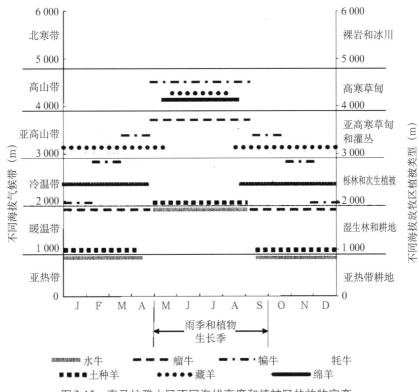

图 3-15 喜马拉雅山区不同海拔高度和植被区的放牧家畜

古国牧民达娃所述（文沁，2007）："对于牲畜来讲，逐新鲜水草而牧是非常重要的。放牧草场是要精心选择的，为了给牲畜提供最好的采食条件，我们会经常更换草场……不以移动来更换饲养环境，牲畜是不会健康繁殖的……只有健康的牲畜才能提供健康的肉食和奶食，所以牲畜的健康是所有的前提……我们的电视里经常有介绍中国内地和内蒙古的报道，今天中国的经济发展很快，人们的生活水平在不断提高。据说内蒙古的畜牧业已经走向了定居，尽管生活可能会变得舒适一些，但在我看来这种做法对草原、特别是对牲畜的健康产生不良的影响"。这些质疑声音的出现，正是从伦理学的角度对现行的草原畜牧业政策的拷问，也是激发公众对强调"时宜性"伦理观的游牧方式的重新审视的理性呼唤。

二、地宜性

"扬长避短，发挥优势"是中国农业生产的传统思想之一，也是指导农牧业布局的基本依据。清代唐甄在《潜书·富民》中根据其所处时代的情况，作了"陇右牧羊，河北育豕，淮南饲鹜，湖滨缫丝"的真实描述。这是"因地制宜"的伦理思想在畜牧业（养殖业）生产中的最佳体现，对发展区域特色畜牧业具有指导意义。从古至今的"逐水草而居"的草原游牧文化则更体现了"地宜性"的伦理观，根据地形、气候、水源、牧草（生长情况），合理放牧家畜，可有效利用草地资源，提高畜产品产量。这种"因地制宜"的畜牧业布局思想，对当今草地畜牧业生产的空间优化格局制定具有指导意义。中国主要牧区优良牲畜品种的空间分布和畜牧业区划便是最佳例证（图3-16）。

"逐水草而居"是游牧民族在生产实践中形成的生态智慧，其地宜性的伦理观在草地资源利用、家畜品种搭配、农牧生产耦合的空间格局优化方面起到了十分重要的作用，对当今草原区的可持续畜牧业/生态畜牧业的发展具有指导意义。藏族、蒙古族、哈萨克族和裕固族等典型的游牧民族的草地畜牧业生产实践，可以诠释"逐水草而居"的地宜性伦理观的重要性，并可以为中国草原区畜牧业可持续发展提供借鉴。

世代生活在青藏高原的藏族牧民的游牧生活实际上是按自然规律所动、按自然变化而行的行为。藏族牧民的游牧方式是按季节在不同区域迁徙，这与青藏高原野生动物的迁移方式有一致之处，是一种较典型的既饲养家畜又保护草原的方式（汪玺等，2001）。每年春夏之交（5月底到6月初），青藏高原海拔3 000米以上的高寒草原区进入暖季，草地青草已长出长齐，早晚气候凉爽，还无蚊蝇滋扰，牧民们此时进入高寒草地，喜凉怕热的牦牛和藏

图3-16　中国主要牧区优良畜种分布

审图号：GS（2018）6313号

羊等家畜适宜这种气候，能充分利用牧草资源（图3-17）。夏季（6月中旬至8月中旬），高寒草地各种植物利用短暂的生长季迅速生长，牧民放牧早出晚归，让牲畜充分利用快速生长的牧草，早晚放牧于高山沼泽草地或灌丛草地，中午天热时放牧于高山山顶或湖畔河边泉水处，此时大量的野生岩羊、黄羊与家畜遥遥相伴，甚至混群，牧民们不会去干扰。秋季（8月下旬至10月中旬），高寒草地天气变冷，此时牧草已经结籽并成熟，正是抓秋膘的时期，牧民驱畜进入中山地段秋季草场育肥（俗称"抓膘"）。冬季（10月下旬至来年5月），牧民进入平地或山沟的冬季牧场，这里海拔较低、避风向阳、气候温和，牧草枯黄晚，经过一个暖季的保护，足够家畜在漫长的冬季食用。在放牧实践中，藏族牧民总结出"夏季放山蚊蝇少，秋季放坡草籽饱，冬季放弯风雪小""冬不吃夏草，夏不吃冬草""先放远处，后放近处；先吃阴坡，后吃阳坡；先放平川，后放山洼""晴天无风放河滩，天冷风大放山弯"等丰富的放牧经验。这既是传统的生态智慧，又是朴素的牧业伦理。正是这种"地宜性"的伦理观所使，人畜都循一年四季按照气候与植物生长周期而移动游牧，成为自然规律的执行者、维护者（汪玺等，2001）。

图 3-17　夏季青藏高原放牧的羊群
（郑晓雯摄于青海省黄南藏族自治州尖扎县）

　　蒙古族牧民世世代代在北方草原游牧，与畜群朝夕相处，精通养畜之道，积累了非常丰富的放牧实践经验（图 3-18）。蒙古族牧民在经营畜牧业的生产实践中，根据草地的具体情况和草原五畜的生态特征，采取了依据气候和草地资源的季节变化而游动放牧的经营措施。其中，四季营地轮牧是蒙古族牧民在草地资源利用方面的最大特点。在这个体系中，牧民根据各个季节的气候和牲畜的膘情不同，选择春、夏、秋、冬四个营地，春季对牲畜是最为严酷的季节，经过了寒冷、枯草、多雪的冬季，牲畜膘情急剧下降，抵抗能力减弱，春营地一般选择在低山丘陵地带避风遮寒、气候相对暖和之处，比较适宜羊群保存体力和接羔育幼，可以达到保膘保畜的目的；夏季为了增加牲畜的肉膘，一般选择山阴、山丘、山间平川的细嫩草地为夏营地，气候相对凉爽，牧草丰富，同时要注意有山顶、山丘可乘凉，比较适宜各类牲畜抓膘；秋营地是以低山丘陵为主的荒漠较湿润草原为主，海拔较低，气候相对凉爽，牧草以豆科、半灌木、蒿属类为主，这些牧草营养丰富，有利于牲畜固膘，为安全越冬打基础；冬营地主要以低山丘陵或山阳地带的草地为主，虽然气候寒冷，但避风性很好，牧草主要为半灌木，为保护家畜安全过冬奠定基础。冬营地一般特别注重牲畜的卧地（圈棚）建设，蒙古族牧民常说的谚语"三分饮食，七分卧地"，说明冬天保膘的重要环节是卧地。在四季游牧的过程中，根据牲畜的不同特性选择不同的草场，一般是绵羊、山羊、马群选择长有菅草、苇子、蒿草等的草地，牛和骆驼要选择茂盛的带刺的高草。在历史长河中，蒙古族牧民们经过长期的摸索和经验积累，逐渐确立了基于地宜性原理的四季牧场划分和利用原则，具有很高的科学性和可操作性。

图3-18　内蒙古锡林郭勒盟东乌珠穆沁旗萨麦苏木
（张曙光摄）

哈萨克族牧民主要生活在中国西北的山地草原区，由于其生活以山区为主、平原和盆地为辅的特点，哈萨克族长期以来习惯于游牧生产。哈萨克族牧民常年在草原上通过长期的游牧生活逐渐掌握了自然规律，特别是细微观察有蹄类野生动物的活动规律，对野生动物的迁移时间、路线以及进入交配期的时机进行长期观察和研究，得出这些活动规律与气候、自然界的微妙变化都有着密切的关系。按照这一规律，哈萨克游牧民族很好地掌握了什么时候进行转场、什么时候对羊群进行配种等等知识。另外，根据游牧区地形地貌的特征、植被分布规律及气候特征的差异性，按照春旱、多风，夏短、少炎热，秋凉、气爽，冬季严寒漫长、积雪厚等特点，把草地划分为四季牧场，随四季牧草的变化流动放牧：3月底，牧民把家畜赶往低山丘陵地带、避风遮寒的春牧场；6月底，牧民把畜群赶往高山夏牧场；9月，牧民将畜群赶到低山丘陵的秋牧场；11月，牧民又将家畜迁到平原或绿洲的冬牧场，利用那里冻干了的牧草过冬，补饲少量储备的干草。牧民在长期的游牧实践中总结出不同草地适于不同的家畜放牧，草甸草原适合于饲养牛马等大畜，典型草原则宜于放养绵羊、山羊等小畜，荒漠草原多放养骆驼，马、牛适合在高山牧场放牧。正是这种基于地宜性伦理观的游牧生产、生活方式，才使哈萨克族的游牧文化延续至今，经久不衰。

裕固族是生活在东迁到祁连山北麓的一个古老的游牧民族，人口不及一万、家畜只有十几万头，但仍然保持游牧的生产、生活方式。主要以牧养牦牛、藏羊、蒙古羊为主，游牧方式主要由原始的"逐水草而居"的大搬迁改为季节性循环放牧。一般将草地分为冬、春秋、夏三类放牧场，6月中旬至9月底，在夏季牧场，每5～10天转换放牧地，进行地带性轮牧，让家畜抓好膘；10月在春秋牧场进行羊牛驱虫、整群、牲畜出栏，做入冬准备；11月月中旬，进入冬季牧场（冬窝子），在冬季牧场采用"先放远，后放近；先放山，后放川；早放阴坡，后放阳坡；公放远，母放近；公放山，母放川"等原则进行草地轮牧，在冬季牧场（冬窝子）完成接羔、育羔；5月中旬进入春秋牧场，在这里再进行春季羊牛驱虫，紧接着开始拔牛毛、给牛羊去势、剪羊毛；6月中旬又进夏季牧场。正是"因地制宜"的伦理观支撑下的游牧文化，使得裕固族年复一年进行着畜牧业生产活动，续写着千年的游牧历史。

尽管从地宜性的伦理观来看，"逐水草而居"的游牧生活和生产方式是草原民族适应干旱或高寒气候条件、高效利用生态脆弱区草地资源的有效途径。而长期以来中原农耕民族长期的农业生活和物产丰盈的文化氛围使其形成了特有的思维模式和传统观念，为了保证农作物正常生长、提高产量，农民绝不允许其他杂草存活其中，久而久之其头脑中形成排斥草、贬低草、视草为敌的观念，随之自然表现在语言词汇和行为方式之中。诸如"草莽""草包""草率""草稿""草芥""草寇""草昧"等，对草的鄙视由此波及草地畜牧业上，一些含有愚蠢、讽刺之意的词汇常常与家畜联系在一起，诸如"吹牛""拍马""牛头马面""牛脾气""马虎""马前卒"等。由此可见，农耕民族传统文化中涵有轻视、蔑视畜牧业的价值观念，认为以游牧为代表的草地畜牧业是落后的、原始的、低下的生产方式，一度排挤草地畜牧业生产。

近年来，随着草原区的生态环境保护问题逐渐得到重视，以草原禁牧为主的草原保护和恢复政策措施在牧区推广，包括"游牧民定居""围封转移""退牧还草"等工程。但是，多数草原和畜牧专家认为，完全禁牧并不是科学的决策，应"考虑民族习惯和人民生活，依据自然规律，遵循客观事实，不要轻易宣布绒山羊是草原罪人""生态建设不许养羊是错误的……是人破坏生态，不是羊破坏生态；农田种草，减轻天然草地压力，支持生态建设，对羊开刀大可不必"（任继周，2004）。从草地畜牧业发达的国家——新西兰的经验来看，草地生态保护应该是"人管畜，畜管草"，建立人—草—畜和谐共处关系；他们根据草地生长状况，决定什么时间、什么地点、放牧多少家畜；不仅获取经济优良的畜产品，也靠家畜放牧来控制杂草、改良草地，即靠放牧来维护草地的健康。科学的放牧系统中，有不禁牧的"禁牧"，长期轮牧就是把草地分为若干轮牧分区/放牧单元，某一轮牧分区/单元有一年到几年休牧；还有短期轮牧，在一年的放牧季内，按牧草在不同季节的生长状况，分区轮流放牧（任继周，2004）。这也是"逐水草而居"的中国草原游牧民族的生产实践，《蒙古史》中曾经有这样的记载"各部落各有其地段，有界限之……"，说明蒙古各部的牧场大体划分区域，以一个区域为基本核心构成游牧空间，季节迁移、转换营地基本限于在划定的区域内进行。哈萨克族的游牧也是以部落和阿吾勒（牧村）为单位进行，"轮牧区域由部落和阿吾勒头人、元老和比官会议协调划分，因而他人不能插手更不能随意改变，是固定的"。可见，中国草原民族"逐水草而居"的游牧生产和生活方式，强调放牧的时宜性和地宜性原则，体现了季节畜牧业＋划区轮牧的原始思想，其伦理学价值应在重视生态文明的今天得以珍视。

三、尽地力

对于畜牧业生产，尽地力就是通过合理养殖实现单位土地面积的最大牧业产量。与之相对应的就是土地承载容量或承载能力，即土地承载的家畜数量不会导致环境质量恶化的限值。对于草原牧区的草地畜牧业，这个限值就是家畜放牧不会导致草地退化的载畜量；而对于农区的舍饲畜牧业而言，这个限值就是养殖业不会导致面源污染的环境容量。显然，畜牧业生产潜力是有限的，必须保持在土地的承载力之内。尽地力的思想不仅强调土地的生产潜力和环境容量，而且强调人对自然的伦理关怀，可以理解为伦理学容量。古今草原民族尤其珍视草地畜牧业生产中的伦理学容量。汉代晁错在《守边劝农疏》中对匈奴游牧生活的描述"美草甘水则止，草尽水竭则移……"，今天蒙古族等以畜牧业为生的牧民经常强调"畜能熟悉草场才会长膘""放牧牛马草地好""没有草场就没有畜牧"。这些都是尽地力的伦理学思想在草地畜牧业生产中的完美体现。

在生态学、畜牧学、草业科学理论体系不断发展完善的过程中，草地畜牧业"尽地力"的思想主要体现在载畜量的制订和实施。载畜量的概念最早由植物生态学家桑普森（Sampson，1923）提出，认为在草地牧草被（家畜）正常采食而不影响下一生长季草地产草量的条件下，一定面积的草地能够承载的一种或多种家畜的数量。1964年美国草原学会规定了载畜量的标准，即每年最长放牧时间内，一定土地面积上存活的最大家畜数量（并不意味着持续生产），在草原管理学中，它与载牧量的含义基本相同。1989年，美国草原学会又将这一标准进行了修订，提出载畜（牧）量是以饲草（料）资源为基础（包括粗料和精料），一定土地面积上承载的家畜总数。1985年，我国草原学家任继周提出了载畜量的综合概念：单位时间内单位草地面积可以正常养活的家畜数量，并由此提出了载畜量的表示方法，即时间单位法、面积单位法和家畜单位法。

针对草地国家公园和野生动植物的管理，野生生物学家提出了平衡生产和生态关系的载畜量核算方法。1979年，考勒（Caughley）给出了不同放牧密度下植物和草食动物的图示关系（图3-19）：当植物的生长量和动物的采食量相等时，受食物供应量的限制，动物种群的数量不再增加（动物的出生率等于死亡率），此时植物和草食动物的关系处于平衡状态，草地的承载力最大，达到了生态载畜量（点D）。从生产角度讲，放牧系统达生态载畜量时，草地承载的草食动物数量最多，但其体况并非最好、生产力并非最高；同时与未放牧系统相比，草地植物的群落组成发生了较大变化。为此，1985年，贝尔（Bell）在此关系图中引入了草食动物出栏率的变化，并强调指出，草食动物的数量应以动物健康状况和草地稳定程度而定，当草地载畜密度达生态载畜量的1/2或2/3时，草食动物的可持续出栏率最大、生产力最高（点F），此时的载畜量为草地经济载畜量（点E）。当草地经济载畜量向生态载畜量增加（草地放牧率增大）时，草地资源的退化趋势也会随之增加。

从生态载畜量和经济载畜量的概念可以看出，一般文献中述及的多为生态载畜量，其估算方法为：根据草地产草量和家畜采食量，求算一定时期内单位草地面积能够承载的家畜数量。从严格意义上讲，它只是"短期草畜供

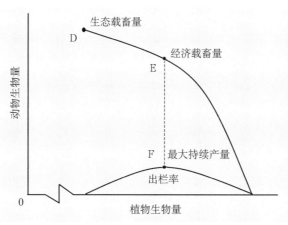

图3-19 草地生态载畜量和经济载畜量的关系
(董世魁等)

求关系"。由"供求关系"估算的生态载畜量无法准确反映草地的载畜能力，且不能明确判定草地的超载程度。因此，在进行草地基况或草地健康评价时，必须监测草地的放牧率（实际载畜量），根据放牧率与载畜量的平衡关系，结合草地植被、土壤和动物的表观特征说明草地的放牧利用程度。放牧草地的土壤状况、植被组成和动物产量的变化与草地的放牧率密切相关，草地超载与否取决于放牧率与载畜量的平衡关系。载畜量可以理解为最适放牧压力下的放牧率，或者为不破坏植被和相关资源条件下的最大放牧率，或者为不破坏植被土壤和相关资源且不影响家畜生产条件下的最大放牧率。从放牧率与载畜量的关系可以看出，载畜量是放牧率的额定标准。当放牧率高于载畜量时，放牧压力和植物再生能力之间的平衡关系被破坏，草地基况变差，这就是所谓的草地超载过牧。如同运输业中货重长期大于车体载重，车况受到严重破坏一样，高强度、长时间的超载过牧最终会导致放牧草地的退化。

在草地退化程度的判定指标中，土壤和植被变化较为明显，而动物生产不如前二者直观。放牧状态下，动物生产是植物变化和土壤变化综合作用的结果。有些情况下，放牧可以完全改变草地的植被组成，但对动物生产却没有影响；甚至有些情况下，植被组成变化反而有利于动物生产力的提高。因此，评价草地生产能力（量地力）时，必须以动物生产为标准。放牧率对草地可食牧草的产量和品质有一定影响，放牧家畜的牧草（干物质）采食量也因此受到影响，最终表现为家畜生产力的变化。一般而言，每单位面积草地毛利润最大时的放牧率低于总收入最大时的放牧率，有时低的放牧率比雇用更多的劳动力或者靠增加设备条件以提高放牧率有更大的经济效益。为此，草地生态学家又提出了经济最佳放牧率的概念，并给出了相应的模型（图3-20）：$\pi_p = P[aS-bS^2]-cS-EC$

式中：π_p表示单位面积总收益；P表示单位畜产品的价格；c表示每头家畜的可变支出；EC表示单位面积的固定支出；$P[aS-bS^2]$代表单位面积的总收，$cS+EC$代表单位面积的总支出。

根据这一模型可以推知：当单位草地面积的总收入与总支出的差值最大时，放牧系统的经济收益最高。这完全符合微观经济优化原则，即总收入最大、总支出最小时，利润最高。放牧系统利润最高时的放牧率称为经济最佳放牧率（Semax，其值为$[a-c\cdot p-1](2b)-1$。

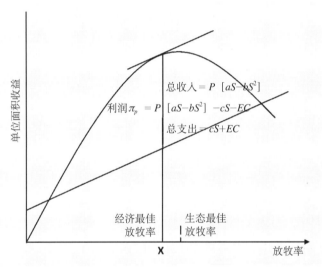

图3-20　草地经济最佳放牧率和生态最佳放牧率的关系
（董世魁等）

经济最佳放牧率可以理解为接近经济载畜量的草地放牧率，生态最佳放牧率可以理解为接近生态载畜量的草地放牧率。经济最佳放牧率和生态最佳放牧率是草地放牧利用适宜度的参照标准，此标准适用于任何一个草地放牧系统。但对不同的行为主体其意义不尽相同：对一个草地生态学家而言，其目标在于草地放牧系统的稳定性，因此他所关注的是生态最佳放牧率；但对一个草地经营者而言，其利益在于草地放牧系统的经济收入，因此经济最佳放牧率是他所追求的目标。对于生态功能和经济功能并重的草地资源，生态、生产稳定性是其合理利用的基础。当放牧利用率达经济最佳放牧率时，草地放牧系统的经济收益最高且其生态稳定性不受影响，可以较好地维持草地资源的持续发展和高效生产，可以将其称之为生态经济载畜量。因此，草地放牧适宜度可以理解为：最大经济收益下，达到草地生态经济载畜量时，维系草地持续生产的最大放牧利用强度（董世魁等，2002）。放牧适宜度理论是牧场合理利用和高效管理的基本原则。精明的草地管理者可以用生态经济载畜量为指挥棒，奏出一曲曲优美的草地畜牧业交响乐；相反，放牧率的调控失误会导致严重的后果。放牧率过高，草地没有特殊情况下的应变能力，出现退化现象；放牧率过低，草地收益不抵成本，导致经营者破产（董世魁等，2002）。

　　近几十年来，中国的草场管理策略违背了放牧适宜度理论。新中国成立初期，在"以粮为纲"方针政策的误导下，北方大部分地区的放牧草地被大面积开垦，造成了家畜数量较多、放牧草场面积较小的草畜"供需矛盾"，引发了北方草原的大面积退化。改革开放后，随着家畜和草场的"双承包"责任制的落实，"头数观念"驱动牧区群众盲目扩大畜群数量，从而进一步加深了"草畜矛盾"，加速了放牧草地的退化进程。退化草地的经济载畜量和最佳放牧率降低，草地的经济收益并未随放牧家畜数量的增加而增加，反而随草地生产力的下降而下降。当前，在生态文明建设为主导的政策背景下，"草地禁牧即为保护"的极端做法与草地畜牧业"草畜协同发展"的伦理观相左。因此，草地管理者和经营者应根据放牧适宜度理论对草地管理策略进行调整，实现放牧草地的最大经济收益和生态功能的发挥。只有这样，才能实现广大牧区草地畜牧业生产的伦理学容量扩增。

　　尽管从面积来看，草地畜牧业占有十分重要的地位。但是，从产量来看，农区畜牧业是我国畜牧业的主体。2008 年的统计数据表明，98% 以上的猪肉、鸡肉、鸡蛋，95% 以上的牛肉和 80% 以上的羊肉都是由农区提供的。由于农区的家畜饲养方式主要为舍饲，因此农区畜牧业的发展并不受制于耕地及草地资源，而主要受制于要素投入量特别是饲料的投入水平。从生产潜力或尽地力的原则来看，只要有市场需求，饲料、兽药等投入品供给充足，农区畜牧业的规模及家畜饲养量就能迅速扩大。然而，农区畜牧业规模化和家畜数量增加，虽然满足了人们对动物食品日益增长的需求，但是畜禽粪便污染超过了环境容量，带来了严重的社会问题。环境容量是指一个特定的环境（如一个自然区域、一个城市、一个水体）对污染物的容量是有限的，与环境空间的大小、各环境要素的特性、污染物本身的物理和化学性质密切相关。据农业部统计，中国畜禽粪污年产生量约 38 亿吨，40% 的畜禽粪污未得到资源化利用或无害化处理，给环境带来严重影响，已经成为农村的突出环境问题。在环保压力下，多地政府出台了严格的农区"禁养"政策。然而，不少地区在实施畜禽禁养政策的过程中也出现了"一刀切"的问题：有的地方政府为了政绩形象，盲目扩大畜禽禁养范围，甚至搞全区域禁止养殖畜禽，大小规模的养殖场全被关停，完全忽视了百姓的切身利益；有些畜禽养殖场地处偏僻，养殖规模和养殖数量不大，且具有一定的粪污处理能力或稍加投入和改造便能达到生态养殖标准，但是也因在禁养区范围而遭受关闭；更有甚者将已经纳入享受国家和地方政府补贴的各级畜禽遗传资源保护品种的保种场、保护区，也列入关停范围。这种为防止农区畜禽粪便污染而"一刀切"的"禁养"政策，与为防止牧区超载过牧引发草地退化而"一刀切"的"禁牧"政策一样，严重违背了尽地力的农业伦理学原则。

事实上，从古今中外的农区养殖业生产实践来看，种养结合、发展生态农业、将耕地作为其承载和消纳场所是解决农区畜禽粪便污染问题的根本出路。因为畜禽粪尿等废弃物既是畜牧业生产过程中的新陈代谢产物，又是种植业所必需的有机肥资源。中国先民早在商代就已经开始给农田施用农家肥，西汉《氾胜之书》记载"汤有旱灾，伊尹作为区田，教民粪种，负水浇稼；区田以粪气为美，非必良田也"。当时，农户为了给农田积肥，对家畜进行舍饲并收集家畜粪肥。在科学技术高度发达的今天，集约化畜禽养殖场产生的富含氮、磷养分的固体粪便和液体粪污作为有机肥料还田利用，是一种最为经济有效的资源化利用和粪污治理方式。欧美发达国家如美国、荷兰、丹麦、德国等，都建立了基于氮磷养分管理的畜禽场粪污还田利用匹配农田面积的规定。在中国，部分学者从粪便养分排出量与农作物的需求量的关系出发，分析得出了不同种植业可以承载的畜禽数量。因此，基于"尽地力"的农业伦理学基础，根据粮食、蔬菜和果树等农林作物生产模式的不同需求，按照养分循环利用过程中的供需平衡原则，确定单位面积土地氮磷输出与输入量，建立不同种植模式下单位养殖规模匹配的农田面积，可为实现农牧循环、粪污与土地养分平衡管理提供科学依据。

四、度的优化——生态畜牧业

从时宜性、地宜性和尽地力三个维度来看，草原游牧民族"逐水草而居"的生产和生活方式是畜牧业伦理学之度的最佳体现，千百年来这一伦理观维系了草地畜牧业的永续发展。中原农耕民族一直践行"地力常新"的农业伦理观，建立了农牧结合的生产模式。无论是游牧民族还是农耕民族，一直秉承畜牧业生产的"相宜"和"适度"的原则，保持了畜牧业的旺盛生命力，这些思想对当今的畜牧业具有指导和借鉴意义。当前，在生态环境退化带来挑战和生态文明建设带来机遇的背景下，如何继承传统畜牧业的伦理思想，在保护生态环境、提高农牧民生活水平、促进农牧区经济社会发展等方面，探寻解决畜牧业发展困境的出路和途径，是关系农业伦理学容量扩增的重要命题。从国内外的实践经验来看，生态畜牧业是解决生态环境保护和农牧区社会经济发展矛盾的有效途径。

生态畜牧业是指运用生态系统的生态位原理、食物链原理、物质循环再生原理和物质共生原理，采用系统工程方法，并吸收现代科学技术成就，以发展畜牧业为主，应用农、林、草系统工程方法，并吸收现代科学技术成就来发展畜牧业的牧业产业体系。生态畜牧业主要包括生态动物养殖业、生态畜产品加工业和畜禽废弃物（粪、尿、加工业产生的污水、污血和毛等）的无污染处理业。生态畜牧业有几大特征：一是以畜禽养殖为中心，同时因地制宜地配置其他相关产业（种植业、林业、无污染处理业等），形成高效、无污染的配套系统工程体系，把资源开发与生态保护有机地结合起来；二是生态畜牧业系统的各个环节和要素相互联系、相互制约、相互促进，如果某个环节和要素受到干扰，就会导致整个系统的波动和变化，失去原来的平衡；三是生态畜牧业系统内部以"食物链"的形式不断地进行着物质循环和能量流动、转化，以保证系统内各个环节生物群的同化和异化作用的正常进行；四是生态畜牧业具有完善的物质循环和能量循环网络，通过这个网络，系统的经济值增加，同时废弃物和污染物不断减少，以实现增加效益与净化环境的统一。

世界各国根据各自的资源条件，在生态畜牧业的实践过程中探索出了各具特色的发展模式，归纳起来主要有四种：一是以集约化发展为特征的农牧结合型生态畜牧业发展模式，以美国和加拿大为典型代表；二是以草畜平衡为特征的草地生态畜牧业发展模式，以澳大利亚和新西兰为典型代表；三是以农户小规模饲养为特征的生态畜牧业模式，以日本和韩国为典型代表；四是以开发绿色、无污染天然畜产品为特征的自然畜牧业模式，以英国、德国、荷兰等欧洲国家为典型代表。中国草原区的生态畜牧业发展模式以第二种为主，即草畜平衡的草地畜牧业模式；农区的生态畜牧业发展模式以第三种为主，即农户小规模饲养的生态畜牧业。另外，也有学者按照畜牧业的空间布局分为草原生态畜牧业、城郊型生态畜牧业、农区生态畜牧业和山区生态畜牧业等类型。但是，无论何种类型的生态畜牧业，都应综合考虑自然生态—社会经济复合系统的结构和功能、科学永续地利用自然资源（草地资源和饲料资源），生产优质、高产、安全的草畜产品，减少生态破坏和环境污染，达到人与自然和谐相处，生态、经济、社会效益协调统一。

第三节　渔业的度

渔业文化是中华文化的重要组成部分，在中华文明的历史长河中一直熠熠生辉，其伦理观对当今社会的启迪不可忽视。中国渔业文化所代表的伦理观不仅能反映渔业生产的发展历程，而且能从一定层面上反映渔业生产的时空秩序，对当今渔业的可持续发展具有一定的指导作用。中国的渔业文化按照地理位置可以分为海洋渔业文化和内陆渔业文化两类。海洋渔业文化是海洋区域从事渔业生产活动的渔民所创造的物质财富和精神财富（疍家人为代表），内陆渔业文化是江、河、湖、泊等水域地区从事渔业生产活动的渔民所创造的物质财富和精神财富。无论是海洋渔业文化还是内陆渔业文化，它们都与中华民族的农耕文化、牧养文化一样，体现了"时宜性""地宜性"和"尽地力"的农业伦理观。

一、时宜性

中国的渔业起源较早，据《易·系辞》载"古者包牺氏之王天下也……作结绳而为网罟，以佃以渔"，指在伏羲氏（包牺氏）统领天下的时候，人们学会了制作绳子，又把绳子按照一定的规律连接起来做成渔网，用来捕鱼。另据《史记》记载"舜耕历山，渔雷泽"，指当年舜帝在历山耕种，在雷泽（今山东菏泽地区）捕鱼。这些史料表明，原始氏族社会时期中国的渔业已经成型，并与种植业、养殖业一并发展。在渔业生产实践中，当时古人已经产生了"时宜性"伦理意识。例如，《史记正义》载"（黄帝）教民江湖陂泽山林原隰皆收采禁捕以时，有之有节，令得其利也"，意指黄帝已经教导民众，在江河湖泊山林草原湿地（图）采集渔猎时，适时适度，由此获利。其后，在中国历朝历代的渔业生产发展过程中，人们不断丰富与渔业相关的伦理学思想。例如，周代的《逸周书·聚篇》记载"夏三月，川泽不入网罟，以成鱼鳖之长"，即指夏季三个月内河流和湖泊不宜捕鱼，以保证鱼鳖的生长；《荀子·王制》在描述"圣王之制"时指出"……鼋鼍、鱼鳖、鳅鱣孕别之时，罔罟毒药不入泽，不夭其生，不绝其长也……，污池、渊沼、川泽，谨其时禁，故鱼鳖优多，而百姓有余用也"，意指（圣明的君王治理国家时）……巨鳖、扬子鳄、鱼、鳖、泥鳅和鳝鱼孕育的时候，不将渔网撒入池塘、湖泊、河流，不要将它们全部捕杀，抑制它们的生长……，如果严格遵守池塘、湖泊、河流的季节性禁令，则出产的鱼鳖数量会很多，而百姓吃不完、用不尽。从古至今，中国的渔民在渔业生产中一直继承、并不断完善"时宜性"的伦理学思想，不但指导了渔业生产实践，而且形成了丰富的渔业文化。

当前，无论在海洋渔业文化还是在内陆渔业文化中，"时宜性"的伦理观仍在渔业生产中发挥着重要作用。这一点可以从各地的渔业谚语中得到印证。以浙江舟山地区为代表的海洋渔业文化中，常常可以听到这样一些谚语"过了三月三，草绳好带缆""三冬靠一春，三春靠一水；一水靠三潮，一潮靠三网""谷雨到渔场，立夏赶卖场""夏至鱼头散，苛秋要拢班""七月八月，青蟹脱壳""九月九，望潮吃脚手""种田靠三秋，苛鱼靠早冬""六月出洋要晒煞，冬天苛鱼要冻煞""蟹立冬，影无踪"。以内蒙古杜尔伯特（嫩江流域）为代表的内陆渔业文化中，可以听到这样一些渔业谚语"二、三月网，四、五月渔（即二、三月是结补渔网的季节，四、五月是打鱼的季节）""三月三，上江滩（即春天来临，鱼大多喜欢游到江河滩岸附近）""雨水鱼起水，惊蛰鱼张嘴""三月三，不行船；九月九，还能走""小满前后，打鱼没够""黄豆开花，打鱼摸虾""寒露霜降水退滩，鱼洄深水船上岸""小雪不种地，大雪不行船"。这些朴素的民间谚语和歌谣，富含生态哲理，体现了渔民对渔业"时宜性"的伦理认知。

当前，夏季休渔就是时宜性的农业伦理观在现代渔业生产体系中的最佳体现。休渔期就是禁渔期，它根据水生资源的生长、繁殖季节习性等，避开其繁殖、幼苗生长时间，以保护渔业资源。中国自 1995 年起在黄海、东海两大海区，自 1999 年起在南海每年施行 2～3 个月的禁渔期以来，多年来的实践证明，伏季休渔保护了主要经济鱼类的亲体和幼鱼资源，使海洋渔业资源得到休养生息，具有明显的生态效益。渔船在休渔期间也节约了生产成本，休渔结束后渔获物产量增加、质量提高。

二、地宜性

中国古人较早认识到了人居生活、农业生产与地域的关系最为直接，要求人们因地因势选择适宜的农业生产方式。尽管 2 000 多年前的春秋时期中国的航海业并不发达，人们并不知道海洋面积有多大，但是齐国战略家管仲就已在《管子·揆度》中指出"（天下）水处什之七，陆处什之三，乘天势以隘制夫下"，意指全天下的面积水域占到十分之七，陆地占十分之三，应尽量因势利用。西汉时期的《淮南子·齐俗训》明确提出"水处者渔，山处者木（采），谷处者牧，陆处者农"的农业生产布局原则，充分体现了"因地制宜""扬长避短，发挥优势"的农业伦理学思想。这一思想强调了农业生产具有很强的地域性，即俗语讲的"靠山吃山，靠水吃水"，各个区域地区必须发展或从事与当地环境相适应的农业产业方式。时至今日，中国大农业的各个分支包括种植业、畜牧业、渔业等仍在沿用这一思想，指导各自的生产布局。中国当前的渔业区划按照"因地制宜"的地宜性农业伦理学原则，细化了"水处者渔"的方案，明确了内陆河流、湖泊（包括池塘）、湿地、滨海、滩涂、海岛等不同水域的渔业资源和空间分布格局（图3-21），为现代渔业生产的空间合理布局提供了科学依据。

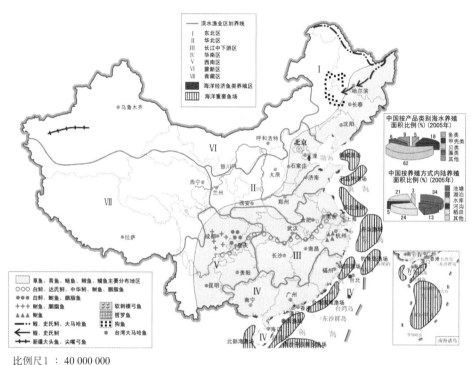

比例尺1：40 000 000

图3-21　中国渔业资源与渔业区划

审图号：GS（2018）6313号

除渔业生产区域布局（区划）外，地宜性原则还体现在具体的渔业养殖技术中。据《齐民要术·养鱼》所述"池中九洲、八谷，谷上立水二尺，又谷中立水六尺……，所以养鲤者，鲤不相食，易长又贵也"。这种生态设计能让鱼环洲而游、栖谷而息，深水利于鱼类避暑和越冬，浅水适于鱼类产卵孵化和幼苗活动，各得其宜（董恺忱，2000）。另据《庄子·大宗师》所载"鱼相造乎水……，相造乎水者，穿池而养给"，意指鱼依赖水而生，若选好适宜鱼类生存的地方，掘地成池养鱼就可以达到供养丰足。可见，中国古代先民依据地宜性的原则，模拟鱼类生存的适宜环境条件，进行人工饲养管理，促进了渔业养殖的可持续发展。这些可持续渔业的理念传承至今，指导现代的渔业养殖和捕捞实践。例如，浙江舟山的渔业民谚"北边生，南边养，养大再到北边来剖鲞""带鱼向南跑，网要朝北套""种田靠三秋，扪鱼拦上游"等，都体现了地宜性的原则。可见，"因地制宜"的伦理学思想在中国渔业从古至今的发展历程中发挥了十分重要的作用。

三、尽地力

对于渔业生产而言，尽地力就是通过合理养殖实现单位水体内的最大渔业产量。渔业的最大产量一方面取决于水体的环境容量或承载能力（水体养殖的鱼类数量不会导致环境质量恶化的限值），另一方面取决于渔业的合理养殖结构（鱼种结构和年龄结构）。中国古人"上善若水"的人水和谐思想，不仅强调水体中的渔业产量，而且强调人对自然（水生生物和水环境）的伦理关怀，可以理解为渔业的伦理学容量。老子所说的"上善若水，水善利万物而不争"以及王安石后来注解的"水之性善利万物，万物因水而生"，均说明水资源对世间万物生长的重要性。《吕氏春秋·义赏》论及的"竭泽而渔，岂不获得，而明年无鱼"，说明了鱼的高产不仅要依靠充足的水资源，而且要靠种源（鱼苗），如果把水放干来捕捞（池塘、湖泊）所有的鱼，来年将不会再有鱼产出。《孟子·梁惠王上》所述的"数罟不入洿池，鱼鳖不可胜食也"，则说明细密的鱼网不放入池塘捕捞，鱼鳖就可以持续生产、吃不完。甚至有些伦理道德已经上升为法律法规来约束人们的行为。例如，《淮南子·主术训》记有"先王之法：……不涸泽而渔，不焚林而猎……，獭未祭鱼，网罟不得入于水……，孕育不得杀，鷇卵不得探，鱼不长尺不得取"。

这些伦理思想以维护自然平衡为根本，山水并养，统筹兼顾，成为中国古代自然资源管理的基调，对于渔业资源维持、生态保护、维护和谐的人水关系，具有十分重要的作用，可谓善莫大焉（李茂林等，2014）。时至今日，中国渔民传承了先辈们"人水和谐"的"尽地力"伦理思想，并将其变为捕鱼作业中的行动指南。例如，以浙江舟山为代表的海洋渔业文化中的谚语"浅水养不住大鱼""一日三潮，捕大养小，吃用勿光""风打正月半，春夏七水网勿满，风打七月半，秋冬七水网勿满""种田靠三秋，扪鱼拦上游"等；以内蒙古杜尔伯特（嫩江流域）为代表的内陆渔业文化中的谚语"泡子打鱼留鱼种，江里打鱼也得懂""秋风响，鱼脚痒，浪打草根鱼虾墙""寒伏温浮，日伏夜浮，清伏浑浮"等，都是渔业生产中人水和谐关系的真实写照。

除强调捕鱼作业中的"人水和谐"思想外，中国古人在渔业养殖中也强调"鱼水一家"的思想（李茂林等，2014）。西汉刘安等编著的《淮南子·说山训》载："欲致鱼者先通水……，水积而鱼聚"，意指要优化水环境，使水生生物能自然滋育，自然繁荣昌盛，从而实现经济目的（图3-22）。东汉班固所著的《汉书·沟洫志》中记载，西汉太始二年，泾水、渭水之间的白渠修成后，"水流灶下，鱼跳入釜"，意指合理调配水资源既得到水利之益，又不经意间为人民增加了一份丰饶的渔业收成。清代郑元庆所著的《湖录》载："青鱼饲之以螺蛳，草鱼饲之以草，鲢独受肥，间饲以粪；盖一池之中畜青鱼、草鱼七分，则鲢鱼二分，鲫鱼、鳊鱼一分，未有不长养者"，说明古人充分利用"大鱼吃小鱼、小鱼吃虾米"的食物链关系，实行青草鲢鲫鳊等鱼类的混

图3-22　青海湖湟鱼

（从2007年开始，青海省政府采取封湖育鱼措施以助湟鱼生息。根据《青海湖流域生态环境保护条例》《青海省人民政府关于贯彻实施中国水生生物资源养护行动纲要的意见》等规定，捕捞贩售青海湖湟鱼属违法行为）

（郑晓雯摄于青海省海北刚察县"湟鱼家园"）

养，利用不同鱼种食性、食量、生活水层等生态习性的差异，合理配比养殖密度，既可以实现多品种鱼类的健康、优质高产，又可以通过不同营养级生物的互作关系净化水体、改善水质。

然而，面对当前日益严峻的水环境问题，今天的人们很难再感受到古人对渔业生产的伦理情怀。水利工程拦河筑坝彻底改变了天然河道自然流态，阻隔了鱼类索饵、繁殖的洄游通道；大坝构筑使鱼类天然的产卵场被淹没，产浮性卵的鱼类因流速、流程不够而沉淀死亡，产黏性卵的鱼类因失去鱼卵赖以黏附的水生维管束植物而至资源枯竭，幼鱼也因坝流冲击过大而致死亡，原江河急流型鱼类及底栖生物因水域生态环境骤变而消亡。海洋石油钻探和运输造成的油类泄露对鱼类生存环境造成严重影响，油类中的水溶性组分可使鱼类出现中毒甚至死亡；油膜附着在鱼鳃上妨碍鱼类的正常呼吸；油类会使藻类和浮游植物死亡，进而降低鱼类的饵料基础，降低鱼类的繁殖率和成活率。生活污水和工业废水直接排入养殖水体或海域中，导致一些水体和海域严重富营养化，甚至产生重金属污染问题，对渔业资源造成严重破坏。渔业养殖自身的环境污染也呈发展之势，大水面的过度开发，"三网"（围网、拦网、网箱）养殖的无序增加，引进品种不当，鱼苗放养量过大，投放饵料营养单一且投放量过大，放养品种混养不当，生长激素和药品使用量过大，等等，严重影响了鱼类的生活环境甚至通过食物链影响人体健康。当前，水体污染问题日趋严重、渔业生产严重受限的困境，呼唤人们重塑"人水和谐""鱼水一家"的伦理情怀，回归渔业生产的"尽地力"伦理学之路。

四、度的优化——生态渔业

从时宜性、地宜性和尽地力三个维度来看，中国的海洋渔业文化和内陆渔业文化铸就了"相宜"和"适度"的伦理观，强调渔业生产的"人水和谐"和"鱼水一家"，千百年来这一伦理观维系了中国渔业生产的永续发展。但是，当前在严峻的环境问题挑战下，如何继承传统渔业的伦理学思想，在保护生态环境的同时，促进渔业社会经济发展，是关系农业伦理学容量扩增的重要命题。从国内外的实践经验来看，生态渔业是实现这一命题的有效途径。生态渔业是指通过渔业生态系统内的生产者、消费者和分解者之间的分层多级能量转化和物质循环作用，使特定的水生生物和特定的渔业水域环境相适应，以实现持续、稳定、高效的一种渔业生产模式。生态渔业是根据鱼类与其他生物间的共生互补原理，利用水陆物质循环系统，通过采取相应的技术和管理措施，实现保持生态平衡、提高养殖效益的一种养殖模式。

　　中国南方的桑基鱼塘是全球历史最长、最具代表性的生态渔业模式之一，其原理是为充分利用土地而创造的一种挖深鱼塘，垫高基田，塘基植桑，塘内养鱼的高效人工生态系统。桑基鱼塘始于栽桑、通过养蚕而结束于养鱼的生产循环，构成了桑、蚕、鱼三者之间密切的关系，池埂种桑，桑叶养蚕，蚕茧缫丝，蚕沙、蚕蛹、缫丝废水养鱼，鱼粪等泥肥为桑树提供肥料，形成了一个比较完整的物质、能量流动系统。"桑茂、蚕壮、鱼肥大，塘肥、基好、蚕茧多"的谚语，充分说明了桑基鱼塘循环生产过程中各环节之间的联系。系统中任何一个生产环节的好坏，也必将影响到其他生产环节。在这个系统里，蚕丝为中间产品，不再进入物质循环；鲜鱼才是终级产品，供人们食用。这是传统的桑基鱼塘模式。目前，在这个系统中又增加了一个环节，即蚕沙作为原料发酵生产沼气，沼气作为中间产品输出，沼气渣作为鱼饲料排入鱼塘（图3-23）。桑基鱼塘的发展，既促进了种桑、养蚕及养鱼事业的发展，又带动了缫丝加工、沼气制造等产业的发展，已然发展成一种完整的、科学化的人工生态系统。

　　中国古人以"无为而无不为""辅万物之自然"的理念，创造出了可持续渔业生产模式——桑基鱼塘，历经千百年不衰并愈来愈凸显其高妙。与单一渔业养殖模式相比，桑基鱼塘将水、陆生态系统衔接成一体，使水陆间物质循环、养分利用愈加充分，能量流通更快捷，产出更丰富，综合效益更为突出。目前，这一模式又衍生出了多种生态渔业模式：

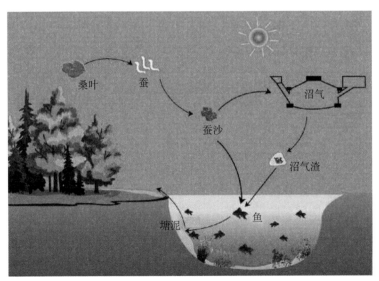

图3-23　桑基鱼塘模式

(叶明儿，2016)

1. **渔—牧结合型**　将渔业与养鸡、鸭、猪等畜牧业结合，充分利用水陆资源，促进生态效益和经济效益"双提升"。渔牧结合型，是改变肥水养殖鱼类的传统方式，将鸡、鸭、猪等牲畜的粪便加工成配合饲料，用以喂养鲤鱼和罗非鱼。这种养殖生产模式，既丰富了鱼类养殖的饲料类型，又降低了养殖成本。

2. **渔—农结合型**　将养鱼与种粮、种菜、种花等结合，用鱼塘中的泥肥田，在田中种植经济作物或饲料，以增加种植收入，降低鱼类养殖生产成本。

3. **渔—牧—农复合型**　渔—牧—农复合型，是一种多元化的生态渔业养殖生产模式。以养鱼为主，利用塘泥、粪肥肥田种植粮、菜、果、青饲料，饲料用以喂养家禽、猪、鱼，既生产原料，又生产加工品，形成种养加工为一体、循环生产、综合经营的新的生产模式（图3-24）。

发展生态渔业，既有利于增加农民收入，调整农村产业结构，同时也有利于改善种养殖生态环境，实现生态系统内部的良性循环和发展，生产优质、高产、安全的渔业产品，达到人与自然和谐相处，促进生态、经济、社会效益协调统一，实现渔业生产的农业伦理学容量扩增。

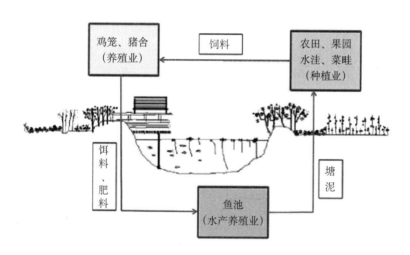

图3-24　渔—牧—农多元复合型生态渔业模式

（李茂林，2011）

小　结

　　"度"的本意是标准、规范、法度和尺度的意思，具有时空属性。其只有"与有关事物发生协变时才显示其存在和功能"。"度"具有普遍性的特点，从哲学意义上讲，是唯物辩证法量变质变规律的重要范畴，量变质变规律是"度"存在于自然、社会各个领域、各个系统中的内在规定性。

　　本书所讲的"度"的量化，其本身已经超过单纯的学术问题的定限，它的实践意义在于其对现实农业生态系统的决策和管理将发生重要的影响。我们在农业伦理学范围内对"度"的理解，还需要从度所具有的时空属性进行认识，也就是充分认识度与序的关系，即"敬畏天时以应时宜""施德于地以应地德"。"度"不仅仅存在于自然和社会各个系统领域，而且贯彻于决定中华民族生存与发展的中国农业发展的全部历史过程。对于农业伦理观之"中度原则"的文化蕴涵的分析，有助于从中华文化的大背景来理解"度"，进而进一步加深对"度"的时空属性和"度"之于中国农业伦理学的重要意义的认知。

　　度在种植业、养殖业和渔业等所有农业子系统中的应用，则给我们一个重要的提醒，即农业伦理学是农业生产过程中物质和能量的给予与获取的伦理学认知，也就是对农业生产的各个子系统能量和物质交流过程中的收支关系的伦理学认知。如果收支失衡，就是"失度"，"失度"达到一定阈限即为"失序"，意味系统的崩溃，会带来难以估量的危害，也必将影响整个生态文明建设的进程。

第四篇

法之维

导　言

　　法，是中国农业伦理学思想的重要维度之一，是老子所说的"人法地，地法天，天法道，道法自然"之法。老子认为法的最高境界是"上善若水"，而"水无常形"，因时因地而异，但它却具有"滴水穿石"的力度，无往不在的容量。这样的思想方法，中国思想史上，只能体会，难以用语言清晰表达。本文借助自然辩证法和历史唯物论，就能把问题说到深处，看得清楚了。

　　法是自然生态系统和社会生态系统普遍存在的规律，随着时代的变化而不断发展完善，无论你认知与否，它都是不可违逆的实在。如有违逆必遭灾殃。

　　中国古人在实际生活和生产中，对不可违逆的实在多有体会，于是创造了"法"的古体字"灋"（fa）的概念。在《说文解字》中的解释是："法，刑也。平之如水，廌所触不直者去之，从廌、去。""法"从字形上分析，包含三部分，分别是"氵""廌"和"去"，其中"氵"代表"水"。"水"在中国文化中取准、平的意思。《说文解字》解释说："水，准也。"段玉裁注释说，准"谓水之平也。天下莫平于水，水平之为准"。此外，"廌"在古代被认为是一种神兽，能分辨善恶，用角触去恶者，留下善者。"去"所表达的是"廌"的去恶留善的作用[1]。因此，"灋"不仅表明法律的公平原则，还具有某种道德价值取向。

　　从上述"法"字形成的思维过程，可以看出在中国社会刑名之学的"法"中夹杂了伦理道德之"法"，两者有所重复。但前者务求尽去人的主观意愿，而后者则重视人的主观好恶。因此，这种内涵的重复导致两者都难以做出各自的清晰判定，是为中国法治与道德存在的双重思维症结。直到今天中国还在强化"依法治国"，可见中国法制之不足。至于伦理道德之法的缺失更为社会所共识，不必赘言。中国农业伦理学所阐述的是伦理道德之法。至于越出道德规范，对社会造成明显危害的行为，必需"绳之以法"的刑名之法，不属伦理学范畴。

　　法作为中国农业伦理学的四维之一，存在于人对农业伦理的正确理解和思维之中。农业管理包含土地和附着于土地的人民，以及农业生产和产品分

---

[1]　乔清举.河流的文化生命[M].黄河水利出版社,2007:184.

配的全过程。其中繁复的技术和社会关联需要周到的伦理关怀，而伦理关怀之中枢为层层伦理法网。因此，要保持农业系统的有序运行，不能离开伦理之"法"的护持。

本篇就重要而急需的生态系统之法、农业界面之法、农业层积之法、保护动物之法、食品安全之法、美丽乡村之法六个方面的伦理之"法"分别做详细阐述。以期引导读者对农业伦理系统的"恢恢法网"有所理解。

第一章 生态系统之法

第一节 违背自然规律的教训

人类是大自然长期进化的产物,人在大自然中如鱼在水中。人类的实践必须遵循自然规律,违背自然规律而行动,不仅会遭受失败,还会受到大自然的无情惩罚。如任继周院士所说的,人类实践"切忌主观臆断",若"自乱人、地、天、道之法的序列"[1],必遭祸害。人类世世代代都在探究自然规律,现代科学在探究自然规律方面取得了最为显著的成就。在一定意义上,遵循自然规律就是遵循科学规律,违背科学规律就是违背自然规律。在许多实践领域,违背科学规律不仅会遭受失败,还会受到大自然的无情惩罚。新中国成立以后的现代化建设经验可充分说明这一点。

一、20世纪50年代"大跃进"的教训

古今中外因违背科学规律而遭遇失败的事例不胜枚举。中国古代不乏追求长生不老的皇帝、道士,但根据现代科学原理,人无论如何都不可能长生不老,于是,一切此类追求最终必然归于失败。西方近现代以来,有人力图设计、制造永动机,但根据能量守恒和转化定律和热力学定律,设计、制造永动机的所有努力也必然归于失败。

中国人在现代化的历程中也犯过违背基本科学规律的极其严重的错误。

20世纪50年代,中国人希望快速实现现代化。1957年,赫鲁晓夫代表苏共提出"在15年内赶上而且超过美国"的口号,中国受苏联的影响,也相继提出了"在15年内,要与苏联同步赶超美国,全面赶上或超过英国"的口号。继而,1958年中国共产党八大二次会议后就掀起了"大跃进"和"人民公社"的经济加速运动。

中共八大二次会议后,国家计委、国家经委和财政部根据会议精神,提出了新的《第二个五年计划要点》(以下简称《要点》)。《要点》认为,以钢铁为主的几种主要工业产品的产量,可能不需要5年即可赶上和超过英国,全

---

[1] 任继周,林慧龙,胥刚.中国农业伦理学的系统特征与多维结构刍议[J].伦理学研究,2015(1):92-96

国农业发展纲要可能3年基本实现。《要点》提出第二个五年计划的任务是：提前完成全国农业发展纲要；建成基本上完整的工业体系，5年超过英国，10年赶上美国；大力推进技术革命和文化革命，为在10年内赶上世界最先进的科学技术水平打下基础。

1958年8月，全国参加大炼钢铁的人数达百万人。最高峰时达到9 000万人。工人、农民、商店职工、学校师生、机关干部，纷纷上阵。在大炼钢铁的高潮中，全国上下共建各种小洋炉、小土炉上百万座，广大群众纷纷参与土法炼钢，砍树挖煤，找矿炼铁，致使大片山林被毁掉。不少地方的群众把家里烧饭用的铁锅投入炼钢炉；大中型钢铁企业也大搞群众运动，打乱了正常的生产秩序和合理的规章制度；各个部门都"以钢为纲，全面跃进"。

1958年农业夏收出现了极为严重的浮夸风。广东汕头和贵州金沙分别报出晚稻亩产3 000斤[1]和3 025斤的纪录。当年7月初国家统计局在河北省保定市召开全国统计工作现场会，提出统计工作要"为政治服务"的口号后，浮夸风达到了罕见的程度。各新闻媒体竞相报道"粮食高产喜讯"。6月30日报道河南遂平县小麦亩产3 530斤；7月23日报道河南西平县小麦亩产7 320斤；8月13日报道湖北麻城市和福建南安县早稻和花生亩产分别达到36 900斤、10 000斤；到了9月18日，各媒体竞相报道四川郫县、广西环江县中稻亩产分别高达82 525斤和130 434斤[2]。

有人总结了大跃进的后果：第一，极大地浪费了人力、物力和财力，仅1958年炼钢补贴，国家就支出40亿元，超过国家收入的1/10。第二，使基本建设规模和职工队伍急剧膨胀。第三，严重地冲击和挤占了农业、轻工业生产。其实，大跃进的后果远不止这三条。它还造成了较严重的植被破坏（砍树炼钢），而浮夸风对政府公信度和社会风气都有腐蚀作用，经济体制改革上的"冒进"与随后三年的大饥荒无疑有内在的关联。

当时中国共产党的领导人认为，只要有足够强大的政治动员力，能动员起全国人民一起为炼钢而奋斗，就能很快使中国的钢产量超过英国并直追美国。然而，炼钢，或一般地说现代化建设，与打仗不同。一个领袖和一个集团若有足够的号召力而激发众多人一起打仗，就可以打垮强大的敌人。但现代化建设必须遵循科学规律，炼钢、造机器、种田等都必须遵循科学规律。违背科学规律而进行现代化建设不可能不遭到惨败。动员成千上万人用土高炉炼钢以赶超英美，是违背科学规律的蛮干，粮食亩产万斤是违背科学规律

---

[1]　斤为非法计量单位，当时报道以"斤"为单位，此处仍保留，1斤=500克。
[2]　贺耀敏,武力.大跃进狂潮——从放卫星到大炼钢铁[J].决策与信息,2007(2):53-57.

的妄想。违背科学规律不可能不受惩罚。

在物质生产方面不遵循自然科学规律不行，在制定社会制度和公共政策时不遵循社会科学规律同样不行。"大跃进"失败以后，我国经济建设的冒进被制止了，但政治路线和社会制度方面的错误没有得到纠正。"以阶级斗争为纲"的政治路线和计划经济导致了经济系统的极度低效，以至到了20世纪70年代末国民经济到了几近崩溃的边缘。

二、1978年以后经济快速增长的代价

1978年，邓小平力倡改革开放，提出"发展是硬道理"。"发展是硬道理"包含两层意思：其一，不发展不行，不发展老百姓会挨饿，中国会被动挨打；其二，发展必须依靠科学技术，而不能凭头脑发热，不能靠群众运动。于是，自改革开放以来，我们越来越重视科技创新，国家对科技创新的投入越来越多。当然，更为直接的改革目标是把僵硬的计划经济体制改为能与世界接轨的市场经济体制，这其实也就是把不符合社会科学规律的经济制度改为较为符合社会科学规律的经济制度。

经过40年的改革开放，我国现代化建设的速度大大加快，如今已是世界第二大经济体，我们早已超过英国。如今，家家有彩电、冰箱、空调，人人有手机，越来越多的家庭有汽车，高速公路、高速铁路遍布全国，工厂越来越多，城市越来越多、越来越大，……我们取得快速现代化的成就，依赖现代文明的两大法宝：一是现代科技，二是市场经济。总之，我们之所以取得了现代化建设的巨大成就，就因为在一定程度上遵循了科学规律。

但是，在三十多年的快速现代化建设过程中，我们获得的并非只是成果，也正遭受空前严重的生态和环境灾难。快速现代化也便是快速工业化，快速工业化导致了空前严重的环境污染和生态破坏。2013年以来，全国很多地区经常出现雾霾，江河湖海大多受到严重污染，大面积土壤受到污染。在大开发过程中，森林和湿地（图4-1）日渐萎缩，草原退化，许多野生物种灭绝或濒临灭绝，生态健康受

图4-1　青海湖北岸仙女湾湿地，世界重要高海拔湿地
（郑晓雯摄于青海省刚察县）

到严重破坏。如今，不仅现代社会所特别看重的发展（以经济增长为基本标志）之可持续性面临威胁，中国持续了几千年的农业之可持续性也面临威胁，甚至整个文明之可持续性都面临威胁。

问题出在哪儿？三十多年来，国人逐渐学会按科学规律进行各种生产：制造纸、药品、衬衫、运动鞋、电视机、电冰箱、空调、电脑、汽车、高铁，……在每个工厂、每个实验室，人们都按照科学规律进行物质生产或科学实验，但全国所有工厂进行生产和供全国甚至全世界人民消费的后果是空前严重的全国性环境污染和生态破坏。

造纸厂、制药厂、化肥厂、农药厂、电视机制造厂、冰箱和空调机制造厂、汽车制造厂、炼油厂、发电厂等，所严格遵循的是物理学、化学、生物学规律。不妨把现代物理学、化学、生物学统称为物理科学（physical science）。物理科学以分析为主。遵循物理科学规律能确保每个工厂的生产的高效率，但在一般情况下物理科学不问物质生产的全局影响和长期后果。例如，物理科学可很好地指导一个造纸厂高效地生产，但它不问造纸厂排出的污水会不会污染工厂附近的河流，更不问一个国家所有工厂的污染物排放会有何种影响。

解决环境污染和生态破坏问题，我们需要另一种科学——生态学。我国在近30多年快速现代化的过程中严重破坏了生态环境，就因为我们高效率的生产和日益增长的消费违背了生态学规律。就像"大跃进"违背物理科学规律会受到惩罚一样，违背生态学规律同样也会受到惩罚。如今，空调、汽车不稀缺了，清洁空气、清洁水、健康土壤、安全食品却越来越稀缺，这是我国30多年来快速发展的代价，也是大自然对我们的惩罚。

看近几十年的中国农业，我们或许能发现类似的成功和代价。我们因大量使用化肥、农药、地膜等而确保了粮食产量的逐年增加，这是史无前例的成就；但大量使用化肥、农药、地膜等所导致的污染以及对土壤的破坏可能会对农业的可持续生产和经营构成根本威胁。我们因遵循现代物理学、化学原理而确保了粮食产量的逐年增长，但我们因为违背了生态学原理而可能断送农业的前途。

其实，不仅就中国的实际发展看，我们能得出如上结论；就世界各国的发展看，亦可得出如上结论。发达国家和近50年来发展中国家（包括"亚洲四小龙"、中国、印度等），因遵循分析性物理科学规律而取得了创造物质财富的奇迹，却因违背了生态学规律而导致空前的生态危机。20世纪发生在发达国家的"八大公害"就是典型事例。八大公害事件是因现代化学、冶炼、汽车等工业的兴起和发展而造成的。随着发达国家工业的发展，工业"三废"排放量不断增加，环境污染和破坏事件频频发生。在20世纪30—60年代，发

生了八起震惊世界的公害事件：

（1）比利时马斯河谷烟雾事件，1930年12月1—5日，比利时的马斯河谷工业区外排的工业有害废气（主要是二氧化硫）和粉尘对人体健康造成了综合影响，其中毒症状为咳嗽、流泪、恶心、呕吐，一周内有几千人发病，近60人死亡，市民心脏病、肺病患者的死亡率增高，家畜的死亡率也大大增高。

（2）美国洛杉矶烟雾事件，1943年5—10月，美国洛杉矶市的大量汽车废气产生的光化学烟雾，造成大多数居民患眼睛红肿、喉炎、呼吸道疾患恶化等疾病，65岁以上老人死亡400多人。

（3）美国多诺拉事件，1948年10月26—30日，美国宾夕法尼亚州多诺拉镇大气中的二氧化硫以及其他氧化物与大气烟尘共同作用，生成硫酸烟雾，使大气严重污染，4天内42%的居民患病，17人死亡，其中毒症状为咳嗽、呕吐、腹泻、喉痛。

（4）英国伦敦烟雾事件，1952年12月5—8日，英国伦敦由于冬季燃煤引起的煤烟形成烟雾，导致5天时间内4 000多人死亡。

（5）日本水俣病事件，1953—1968年，日本熊本县水俣湾，由于人们食用了海湾中含汞污水污染的鱼虾、贝类及其他水生动物，造成近万人中枢神经疾患，其中甲基汞中毒患者283人中有66余人死亡。

（6）日本四日市哮喘病事件，1955—1961年，日本的四日市由于石油冶炼和工业燃油产生的废气严重污染大气，引起居民呼吸道疾患骤增，尤其是哮喘病的发病率大大提高。

（7）日本爱知县米糠油事件，1963年3月，在日本爱知县一带，由于对生产米糠油业的管理不善，造成多氯联苯污染物混入米糠油内，人们食用了这种被污染的油之后，导致13 000多人中毒、数十万只鸡死亡的严重污染事件。

（8）日本富山痛痛病事件，1955—1968年，生活在日本富山平原地区的人们，因为饮用了含镉的河水和食用了含镉的大米，以及其他含镉的食物，引起"痛痛病"，就诊患者258人，其中因此死亡者达207人[1]。

其实，目前受到广泛关注的气候变化既与发达国家长期的工业发展有关，也与中国、印度等发展中国家的快速工业化有关。工业发展都是遵循着物理科学规律的，恰是这种遵循物理科学规律的工业发展导致了全球性的环境污染、生态破坏和气候变化。发达国家和发展中国家的工业化历程都表明，人类只遵循物理科学规律不遵循生态学规律而谋求发展会陷入灭顶之灾。

当然，人类自从进入文明就一直处于人为与自然的张力之中。人为就是

---

[1] 世界环境污染最著名的"八大公害"[J].管理与财富,2007(1):14.

用技术去改造自然物和自然环境，自然是指未受人力任何干预的一切事物。原始人的技术水平最低，从而对自然的干预最弱。农业文明的技术水平较高，从而对自然的干预较强。中国古代农业已造成一定程度的生态破坏。首先，农业发展中的过度垦殖造成了一定的生态破坏。中国古代农业的垦殖，虽然为社会的发展奠定了物质基础，使中国文明能够长期走在世界前列，但长期过度的开发严重破坏了自然植被，使水土流失、土壤荒漠化、气候恶化等问题日渐突出。其次，大兴土木、滥砍滥伐也造成生态破坏。中国古代建筑艺术因其辉煌的成就而享誉世界，但又因古建筑木结构的特点而对生态产生了较大的影响。我国古代部分地区森林植被的日益减少与此不无关系。在农业开发的同时，历朝历代延续不断的较大规模的工程建设对森林植被的破坏更是雪上加霜。最后，古代社会战争频发也给生态环境带来了灾难性的破坏。[1]但无论如何，古代农业文明的生态破坏与现代工业文明的生态破坏不可同日而语。从漫长的原始文明开始，经几千年的农业文明，生态破坏一直在缓慢地积累，而工业文明在短短的三百年左右把破坏的强度推向极端，大有彻底摧毁地球生物圈之势。历史证明，仅凭农业文明朴素的生态意识不足以谋求人类文明的真正的可持续发展，只遵循物理科学规律而罔顾生态法则，一味追求发展，会使人类文明坠入毁灭的深渊。人类必须高度重视生态学研究并自觉遵循生态学法则，才可能谋求文明的可持续发展。

第二节　生态学问世的意义

现代工业文明既取得了空前伟大的成就，又导致了空前深重的危机。其成就与危机都与现代科技有内在关联。现代工业文明最突出的成就是物质生产的高效率，而物质生产的高效率源于不断加速的科技创新，没有现代科技创新就没有物质生产的高效率。中国凭借改革开放之后的科技创新，不仅能养活近14亿人口，还将引领14亿人口奔小康——实现人人有手机、电脑，家家有住房、汽车的目标。与古代时而出现的饿殍遍野相比，这无疑是史无前例的成就。全球的发展都仰赖科技创新。全球性环境污染、生态破坏、气候变化、核战争的潜在威胁、基因技术和人工智能技术的异化发展等，又直接威胁着人类文明的持续生存和发展，这是人类文明的史无前例的深重危机，这种危机同样源自现代科技。

著名生态学家霍华德·奥德姆（Howard T. Odum）说：自17世纪列文·虎

---

[1]　张津军,蒲强.我国古代社会的环境破坏问题[J].环境教育,2004(9):58

克用显微镜研究了不可见世界，和古希腊原子论在化学研究中一步一步地获得了经验证实以来，数个世纪人们都认为，自然界之结构和功能就是由不同层级的部分（parts within parts within parts）构成的。人类用这种微观解剖的方法取得了很多进步。但是，到了20世纪，这种微观知识的加速进步不能解决人类环境、社会体制、经济和生存的某些种类的问题。因为，缺失的信息根本不在对微观成分和部分的辨识中[1]。霍华德·欧德姆所说的思维方式，就是17世纪发源于欧洲至今仍占主导地位的现代科学思维方式。这种思维方式或方法就是分析的方法或还原论（reductionism）的方法。

美国著名生物学家斯蒂芬·罗思曼（Stephen Rothman）说："从最广的意义上看，自牛顿时代以来，科学与以还原论观念所从事的科学研究一直是一回事儿。从这种观点来看，将一个人称为还原论者，无非是在说这人是一位科学家。而且，说'还原论科学'是啰嗦多余，而说成'非还原论科学'则肯定是措辞不当。"[2]简言之，现代科学就是还原论科学，还原论科学就是现代科学。

罗斯曼阐述了多种还原论。其中的两种对于我们理解现代科学至关重要。

1. 宏大普适论（grand universalism） "至少在理论上，我们应当能够以一个单一的、最为根本的理解，对自然界中的所有事物给予解释；而且，这种解释既是全面普遍的又是全面综合的，因为它可以把那种全面理解所有事物的认识最终还原为一个法则系统。"[3]简言之，用一个逻辑一致的法则系统即可解释自然界的一切现象；或者说，存在一个可解释自然界一切现象的逻辑一致的法则系统。

有此信念的科学家会不遗余力地追求科学的统一（抑或统一科学）。例如，爱因斯坦等物理学家以及许多数学家，"一直试图把宇宙中全部已知的物理力量统一到一个宏大的统一理论之中，或一个包括所有事物的理论之中。"[4]当代著名物理学家、诺贝尔物理学奖得主温伯格（Steven Weinberg）则称这种统一理论为"终极理论"（a final theory），并指出终极理论就是关于自然之终极定律（the final laws of nature）的理论。把握了自然之终极定律就意味着"我们拥有了统辖星球、石头乃至万物的规则之书（the book of rules）。"[5]这些科学家都相信，大自然的根本规律是可用数学语言表述的，或"自然之书"是用数学语言写就的。用逻辑上简单的数学方程式或数学模型可

---

[1]　Howard T. Odum. Environment, Power, and Society[M]. New York : Wiley-Interscience,1971:9-10.

[2-4]　[美]斯蒂芬·罗思曼著;李创同,王策译.还原论的局限：来自活细胞的训诫[M].上海:上海译文出版社,2006年:16-17, 24.

[5]　Steven Weinberg.Dreams of a Final Theory: The Scientists Search for the Ultimate Laws of Nature[M]. New York : Pantheon Books,1993:242.

统一地说明纷繁复杂的万事万物。故这种宏大普适论也可被称作数理还原论。用数学语言表示原理、定律、规则等是现代科学最重要的方法之一。多数科学家都是数理还原论者，他们相信，人类可以执简御繁，即用数学之逻辑简单性可驾驭现象之纷繁复杂，或说纷繁复杂的现象可以还原为（抑或归结为）逻辑简单的数学方程式或方程组。

2. 强微观还原论（strong microreductionism） "我们能根据事物的潜在结构——它们的基本组成部分——的全面知识，来达至对所有现象的理解。"根据这种观点，"所有关于较大客体的事情，都能够归因于它们的组成部分。换言之，客观事物的整体及其任何方面，完全是由它的基本组成部分为构成原因的，或由这一基本组成部分所引发的。"换言之，"整体没有超越其构成部分特性的任何自己的特性。"[1]

我们都知道水分子是由2个氢原子和1个氧原子构成的，但水具有氢原子和氧原子所完全没有的特征和性质。现代系统论的一个基本观点是整体大于各部分之总和，这是直接地反还原论的。生态学也是直接地反还原论的，生态学家认为，"从分子到生态系统的生物组织诸层次都有各层次涌现（emerge，亦译作'层创'）的行为特征。这些独特行为被称作层创属性（emergent properties），它们为组织的每个层次增添功能，使那个层次的生命本身具有大于各部分之总和的功能。"[2]强微观还原论者否定整体大于各部分之总和，否认有什么层创属性，认为所谓层创属性归根结底是由系统各部分决定的属性，只是决定机制尚未被认识而已。根据强微观还原论，DNA的发现是生物学的真正的进步，因为这标志着人类认识了生命的根本奥秘。还原论者会认为，了解了构成人类身体的DNA之后，就可以把人定义为180厘米长的包括碳、氢、氧、氮、磷原子的DNA[3]。

有些科学家不认为还原论仅是一种认知方法，而认为它就是大自然本身的构成法则。例如，温伯格认为：还原论"必须被按其所是地加以接受，并非因为我们喜欢它，却因为它就是世界的运作方式。"[4]

其实，还原论只是一种不可或缺的认知方法，而不表示世界本身的存在

1　[美]斯蒂芬·罗思曼著；李创同，王策译.还原论的局限：来自活细胞的训诫[M].上海：上海译文出版社,2006年:36.

2　Gerald G Marten.Human Ecology: Basic Concepts for Sustainable Development[M]. London；Sterling, VA : Earthscan Publications,2001:.43.

3　[德]库尔特·拜尔茨著；马怀琪译.基因伦理学[M].北京：华夏出版社,2000:68-69.

4　Steven Weinberg.Dreams of a Final Theory: The Scientists Search for the Ultimate Laws of Nature[M]. New York : Pantheon Books,1993:53.

状态。现代科学（指分析性物理科学）只揭示了世界的部分规律，而远没有把握世界的全部规律。它严重忽视了事物存在的系统性，忽视了层创属性的客观性。在很多情境中，它"只见树木不见森林"。正因为如此，它才在创造了人类制造活动的奇迹的同时，又导致了空前严重的生存危机——生态危机和核战争的潜在危险。受现代复杂性科学支持的生态学以其整体论、系统论方法弥补了现代科学之还原论的不足。生态学的问世具有伟大的革命意义。

"生态学"（ecology）一词由德国学者海格尔（E. H. Haeckel）于1866年提出，按照他的界定，生态学是研究生物有机体与其无机环境之间相互关系的科学。20世纪30—40年代是生态学基础理论发展的奠基时期，突出地表现在两个方面。一是"生态系统"概念的提出，二是营养动力学的产生和研究方法的定量化。1940年林德曼（R. L. Lindeman）指出，"生态学是物理学和生物学遗留下来的并在社会科学中开始成长的中间地带。"著名生态学家尤根·奥德姆（E. P. Odum）在其1997年出版的《生态学：科学与社会之间的桥梁》一书中说，生态学已趋于成熟而堪称关于整个环境的基本科学（the basic science of the total environment）。生态学是一门整合的科学（an integrative science），它具有沟通科学与社会的巨大潜力。[1]英国学者斯诺（C. P. Snow）于1959年出版的《两种文化》一书曾产生很大影响。斯诺指出，自然科学和人文社会科学在学术界是两种文化，但这两种文化彼此隔绝，自然科学家和人文社会科学家之间无法深度交流，这对文明的发展是十分不利的。斯诺在1963年出版的《两种文化》第二版中说：希望能出现"第三种文化"，以弥合自然科学与人文社会科学之间日益加深的鸿沟。欧德姆说："生态学可成为'第三种文化'的候选者，它不仅沟通自然科学和社会科学，而且更加宽泛地沟通科学与社会。"[2]

生态学家大多自觉地采用与还原论相对的整体论或系统论方法（兼采分析方法）。霍华德·欧德姆说：我们发现当代世界开始通过系统科学的宏观视角去看事物，并要求具有分辨由部分构成的系统的特征和机制的方法。宏观思维方法在不同科学和学者们的哲学态度中一点一滴地进步。每日的世界气候图、获自卫星的信息、各国和世界的宏观统计资料、国际地球物理学的合作研究、海洋化学物质循环的放射研究，都在激励一种新的观点。宏观系统思维方法与惯于通过研究部分去发现机械性说明的做法相反。人类已经有了无比复杂的关于部分的清晰观点，现在必须后退几步，抽身出来，占领制高

[1,2] Eugene P. Odum.Ecology: A Bridge Between Science and Society[M]. Sinauer Associates Inc;3rd edition,1997: Preface P.XIII, XIV.

点，把各个部分组装起来，简化概念，擦亮蒙上了霜雪的眼睛，以便发现大图示。天文系统尽管是无穷大的，也只有拉开距离才能见其主要特征。我们对地球上事物的认识是缓慢的，只因为我们离得太近了。正如那句关于森林和树木的古老谚语所说的，由部分我们看不到全部[1]。

中国著名生态学家李文华院士说："伴随着地球生态问题的日益尖锐，生态学研究的对象正从二元关系链（生物与环境）转向三元关系环（生物—环境—人）和多维关系网（环境—经济—政治—文化—社会）。其组分之间已经不是泾渭分明的因果关系，而是多因多果、连锁反馈的网状关系。生态科学的方法论正在经历一场从物态到生态、从技术到智慧、从还原论到整体论到两论融合的系统论革命：研究对象从物理实体的格'物'走向生态关系的格'无'，辨识方法从物理属性的数量测度走向系统属性的功序测度，调节过程从控制性优化走向适应性进化，分析方法从微分到整合，通过测度复合生态系统的属性、过程、结构与功能去辨识、模拟和调控系统的时、空、量、构、序间的生态耦合关系，化生态复杂性为社会经济的可持续性。人类从认识自然、改造自然、役使自然到保护自然、顺应自然、品味自然，从悦目到感悟，其方法论也在逐渐从单学科跨到多学科的融合。"[2]

美国著名环境历史学家唐纳德·沃斯特（Donald Worster）说："生态学突然在20世纪60年代登上了国际舞台。在此之前，各个领域的科学家都已习惯于作为社会的施舍者出现。人们期望他们能够为国家指出怎样才能增加实力，为广大公民指出怎样才能增加财富。但是现在科学家们却要在一个更为紧张、更为忧心忡忡的时代里充当一种新角色，因为他们似乎掌握着生与死的奥秘。尤其是创造出历史上最为恐怖的武器——原子弹——的物理学家们，已经被一种氛围包围着，那氛围就如同古老的萨满教僧操纵着邪恶神灵时的氛围一样。而生态学家则是以脆弱生命的保护者面目出现的。'生态学时代'一词出自1970年第一个'地球日'的庆祝活动，它表达了一种坚决的希望——生态学科将只是提供保证地球持续生存的行动计划。"[3]

现代科学帮助人类获得了巨大的改造环境、制造物品的力量，如今，人

---

[1]　Howard T. Odum. Environment, Power, and Society[M]. New York : Wiley-Interscience,1971:9-10. 霍华德超越了机械论和还原论而采用了系统论方法，但他仍未摆脱西方主客二分思维模式的束缚，仍试图把各种系统当作可与认知主体分离的客体（对象）。而一些研究量子物理学的物理学家已明白主体与客体处于不可分割的纠缠之中。

[2]　李文华主编.中国当代生态学研究 生物多样性保育卷[M]北京:科学出版社,2013:前言,第iii页.

[3]　[美]唐纳德·沃斯特著;侯文蕙译.自然的经济体系：生态思想史[M]北京:商务印书馆,1999:395.

类能上天入地、移山填海，甚至能毁灭地球生物圈。显然，滥用这种力量可能毁灭人类自身。道德一直是约束个体滥用自己能力（既包括体力又包括智力）的规范，但道德无法约束主流意识形态指引的集体行动。例如，它无法约束现代主流意识形态激励的"大量开发、大量生产、大量消费、大量排放"，也无法约束国际的军备竞赛。简言之，道德无力约束人类滥用现代科技。人类需要一种新的科学去对现代科学（即分析性的物理科学）进行约束或制衡，生态学有望成为这样的科学。

生态学已放弃了现代科学那种力图发现终极定律和万有理论的虚妄目标，而采取了既务实又谦逊的态度和方法。它接受了"当代哲学特别重要的一条经验，即理论不是永恒不变的，相反，它是随着时间的推移而变化、发展，部分或全部被放弃的。"[1]它承认"理论只是产生理解的与自然之科学对话的一部分"[2]，认为"理解是科学之首要且最普遍的目标"[3]。

把科学看作是科学家（或人类）与大自然的对话，把理解看作科学的首要目标，这是生态学发出的革命性倡议。这个倡议的革命性不再表现为现代科学所特有的那种征服自然的无畏，相反，它表现为一种保护地球生物圈所必需的诚实的谦逊。有了这种诚实的谦逊，我们才会明白，人类生存是依赖于地球生物圈的健康的，大自然是不可征服的。有了这种谦逊，我们才明白为什么必须"尊重自然、顺从自然"（这一提法出自胡锦涛在中共十八大上的政治报告）。有了整体论或系统论对还原论的补充，我们才既可以在不同的工厂车间按物理科学规律进行各种制造，又不至污染环境、破坏地球生态健康。

自20世纪四五十年代始，少数学者开始反省工业文明的得失，极少数学者提出人类必须由工业文明走向生态文明。如今，越来越多的人（非指绝对多数，仅指变化趋势）相信，工业文明是不可持续的，建设生态文明是人类文明的必由之路。中国共产党十七大明确提出了生态文明建设的伟大目标，这是具有伟大历史意义和现实意义的英明决策。没有生态学的问世，不可能有生态文明论的提出。

文明是人类超越非人动物的生存方式。日本学者福泽谕吉说，"文明可以说是人类智德的进步。"[4]汤因比（Toynbee A.J.）则认为，文明总是不断生长、进步的[5]。福泽谕吉和汤因比所说的"进步"就是我们今天常说的"发展"。发展是人类生存区别于非人动物生存的根本特征之一。非人动物只是处于自然进

[1~3] Steward T. A. Pickett, Jurek Kolasa, and Clive G. Jones. Ecological Understanding: The Nature of Theory and the Theory of Nature[M]. Elsevier, 2007:26, 32, 38.

[4] [日]福泽谕吉著;北京编译社译.文明论概略[M]北京:商务印书馆,1959:33.

[5] [英]汤因比著;曹未风等译.历史研究 上[M].上海:上海人民出版社,1997:318-319.

化之中，而人类社会或文明总处于发展之中。文明的发展超越了自然的进化。

人类踏上文明之路以后，技术进步与自然（指未受人力干预的一切事物）之间就日趋紧张。技术进步，人们按自己的需要或心愿改变自然环境、制造物品的能力便提高了，但自然生态系统有其自身的生长节律，非人生物在没有人为干预的情况下可能生长得更茂盛。换言之，随着技术的进步，人为与自然之间的紧张会加剧。

原始文明因技术水平极低，故人为与自然之间的张力很小。农业文明之技术进步比原始文明快多了，于是，人为与自然之间的张力明显加剧。就中国历史来看，大面积开荒、大面积单一种植会破坏局部地区的生态健康；统治阶级的奢侈，如建造豪华宫殿和陵墓，甚至建造祭祀所需的封台，都需要砍伐很多树木，这些都会导致生态破坏。但就中华农业文明的发展看，德（道德礼制）对智（科学技术）的统领，有力地约束了智能的滥用，从而把技术对自然环境的改造约束在生态系统的承载限度之内。现代工业文明把传统社会的智德关系颠倒了，让科技成为发展的主导力量，道德成了附属于经济与科技的软弱无力的规范。于是，科技加速进步，物质生产力加速提升，人为与自然的张力空前加剧。如今，人类对地球生物圈的干预已远远超过地球生物圈的承载力，而地球生物圈的崩溃会导致人类文明的灭亡。

但当代人所遭遇的生态危机并不仅仅是工业文明所造成的。文明与生俱来的人为与自然之间的张力，一直在随着文明的发展而积攒着。只是工业文明的加速发展在短短的300多年内把这种张力迅速推到了极限，以至大有导致地球生物圈彻底崩溃之势。建设生态文明的明确目标，就是缓解这个文明发展长期积累且由工业文明发展快速加剧的人为与自然之间的张力，从而既确保人类文明的持续发展，又不继续伤害地球生物圈的健康。正是在这一意义上，我们才说，生态文明建设的成败关系到人类的生死存亡。

生态文明建设是对工业文明各个维度（器物、制度、观念）进行联动变革的无比复杂的超级系统工程。其硬指标是节能减排、保护环境。为实现这个硬指标，必须大力促进绿色创新，即发展绿色技术，开发清洁能源（太阳能、风能等），发展清洁生产和循环经济。建设生态文明的根本目的就是谋求人类文明的可持续发展，而绝不是放弃发展，也不是回到古代文明。今天，也没有多少人真的愿意回到古代文明，因为古代文明物质匮乏，大灾之年人与人易子相食，丰年则"朱门酒肉臭，路有冻死骨"。走向生态文明，绝不是倒退到过去，而是走向比工业文明更高级的可持续发展的文明。

没有欧洲18世纪的启蒙运动，就没有现代工业文明。启蒙和现代工业文明都有其伟大的成就，但又都有其严重的错误。建设生态文明必须经历一次新的启蒙。

如果说18世纪启蒙运动普及的科学知识是以牛顿物理学为典范的物理学知识，那么新启蒙必须普及的科学知识就是以当代复杂性科学为理论基础的生态学知识。

里夫金（Jeremy Rifkin）所呼唤的第三次工业革命类似于我们所说的由工业文明到生态文明的革命。里夫金说："一种新的科学世界观正在逐渐形成，新科学的前提和假设都与支持第三次工业革命经济模式的网络思维方式更为相容。旧科学把自然视为客体，新科学把自然视为关系之网；旧科学以抽离、占有、解剖、还原论为特征，新科学以参与、补给、整合和整体论为特征；旧科学承诺让自然不断产出，新科学承诺让自然可持续进化；旧科学追求征服自然的力量，新科学力图与自然建立伙伴关系；旧科学格外重视人类相对于自然的自主性，新科学则希望人类融入自然之中。"[1]里夫金所说的旧科学就是以牛顿物理学为典范的现代科学，新科学就是包含了生态学的复杂性科学。

没有包含生态学的复杂性科学，生态文明建设就没有科学依据。没有生态学知识的普及，就不可能建设生态文明。

第三节　生态系统及其法则

生态系统包括四个主要组成部分：非生物环境、生产者（以简单的无机物制造食物的自养生物）、消费者（异养生物）和分解者。食物链和食物网是物种与物种之间的营养关系，这种关系错综复杂。为了便于进行定量的能流和物质循环研究，生态学家提出了营养级（trophic level）概念。一个营养级是指处于食物链某一环节上的所有生物种的总和。例如，作为生产者的绿色植物和所有自养生物都位于食物链的起点，共同构成第一营养级；所有以生产者（主要是绿色植物）为食的动物都属于第二营养级，即植食动物营养级；第三营养级包括所有以植食动物为食的食肉动物。以此类推，还可以有第四营养级（即二级肉食动物营养级）和第五营养级[2]。

生态系统中的能流是单向的，通过各个营养级的能量是逐级减少的。如果把通过各营养级的能量流，由低到高画成图，就成为一个金字塔形，称为能量锥体或金字塔（pyramid of energy）。同样，如果以生物量或个体数目来表示，就能得到生物量锥体（pyramid of biomass）和数量锥体（pyramid of numbers）。三类锥体合称为生态锥体（ecological pyramid）[3]（图4-2）。

---

[1]　Jeremy Rifkin.The Third Industrial Revolution: How Lateral Power is Transforming Energy[M]. New York : Palgrave Macmillan, 2011:224.

[2,3]　孙儒泳等编著.基础生态学[M].北京:高等教育出版社,2002:194-195, 196

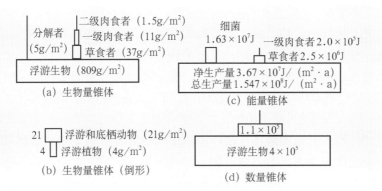

图4-2 生态锥体

(引自孙儒泳等编著《基础生态学》)

丹麦生态学家乔根森（Sven Erik Jorgensen）在《系统生态学导论》一书中概括了生态系统的14条定律[1]。

1. 和其他一切系统一样，生态系统物质和能量守恒 这是热力学第一定律：能量守恒，能量不能被消灭和创生[2]。帕滕（Patten）等（1997）推测过没有守恒定律的世界会是什么样：事物发生杂乱无章，无中可以生有，数学计算毫无意义。他们得出结论：如果有一条定律比其他定律更加根本，那就该是物质和能量守恒定律[3]。我们常说，万物生长靠太阳。这也是生态学常识：太阳是地球上一切活动的终极能源。没有太阳，地球上的万物都将死亡[4]。

2. 生态系统的物质是完全循环的，能量是部分循环的 生态系统不使用不可再生资源，而是在系统内部进行元素循环[5]。成熟的生态系统捕获更多的太阳辐射能，但也需要更多的能量用于维持自身。在这两种情况下都有部分太阳辐射能被反射掉[6]。

3. 生态系统的不可逆性 生态系统中的一切过程都是不可逆的、熵增的，而且是消耗自由能的，即是消耗㶲或可做功的能的。

㶲是一个系统在其环境条件下变为热力学平衡状态时可做功（＝熵－自由能）的量[7]。

4. 生态系统中的一切生物组分都具有相同的基本生物化学性质 一切生物体的生物化学是基本一致的，这意味着不同类型的生物体的基本构成是高度相似的。原始细胞和最高等的动物——哺乳动物——的生物化学过程有着惊人的相似。因而新陈代谢过程也大致一样。所有植物的光合作用的关键步

[1~7] Sven Erik Jorgensen.Introduction to Systems Ecology[M]. Boca Raton, FL : CRC Press/Taylor & Francis,2012:6-7, 11, 33, 11, 28, 32, 48.

骤也是一样的[1]。

5. 生态系统是开放系统，需要自由能（㶲或可做功的能）的输入以维持其功能 根据热力学第二定律，所有动态系统的熵都不可逆地趋于增加，系统因此而失去有序性和自由能。因此，生态系统需要输入能量以抵抗热力学第二定律的作用而做功。生态系统不仅在物理上是开放的，在本体上也是开放的。由于生态系统的高度复杂性，生态学认同生态学观察的不确定性原则[2]。

6. 如果输入的自由能多于生态系统维持自身功能的需要，多出的自由能会促使系统进一步偏离热力学平衡 如果一个（生态）系统获得远超过维持其热力学平衡所需的自由能，则额外自由能或㶲会被系统用于进一步远离热力学平衡，这便意味着系统获得了生态㶲[3]。

7. 生态系统有多种偏离热力学平衡态的可能，而系统会选择离热力学平衡态最远的路径 自从量子力学引入不确定性原理以来，我们日益发现人类实际上生活在具有偏好性的世界，这个世界发生着各种可能性的实现和不同的新可能性创生的演化过程[4]。所以说，生态系统能作出选择是顺理成章的。一个接受㶲通流的系统会尽量利用㶲能流，以远离热平衡态，如果有更多组分和过程的组合为㶲流所利用，那么，系统会选择能够为其提供尽可能多㶲含量（储存）的组合，即使dEx/dt最大化[5]。

8. 生态系统有三种生长形式 一是，生物量增长；二是，网络增强；三是，信息量增加[6]。

9. 生态系统具有层级结构 生态系统是由不同层级结构组成的，这使生态系统具有这样一些优势，变化（干扰）会在较高或较重要的层级上减弱，机能失常时易于修复和调整，层级越高受环境干扰越小，本体开放性可被利用。开放性决定等级层次的空间和时间尺度。生物有机体的构成层级是细胞—组织—器官—个体。生物有机体属于不同的物种。物种在种群中。种群构成一个互相影响的网络系统。网络系统与环境中的非生物成分构成生态系统。生态系统相互影响构成景观。多个景观组成区域。地球上的所有生命物质组成生物圈，生物圈和非生物组分组成生态圈[7]。

10. 生态系统在其每一个层级都有高度的多样性 包括细胞层级的多样性、器官层级的多样性、个体层级的多样性、物种层级的多样性、群落层级的多样性和生态系统层级的多样性。

[1~6]　Sven Erik Jorgensen.Introduction to Systems Ecology[M]. Boca Raton, FL : CRC Press/Taylor & Francis, 2012:.85, 59, 102, 118, 118, 102

[7]　Sven Erik Jorgensen.Introduction to Systems Ecology[M]. Boca Raton, FL : CRC Press/Taylor & Francis, 2012:155-156.

正因为有不同层级的多样性，生态系统才具有很强的韧性，于是，即使在最极端的环境中仍有生命存在[1]。

11.生态系统具有较高的应对变化的缓冲能力 有三个与系统稳定性相关的概念：恢复力（resilience）、抵抗力（resistance）和缓冲力（buffer capacity）。恢复力通常指一个物体在变形（特别是受压变形）后恢复其原有大小和形状的能力。抵抗力指受到影响，或强制函数改变，或出现扰动时，生态系统抵抗这些变化的能力。缓冲力与抵抗力密切相关，缓冲力有精确的数学定义：$\beta = 1/(\partial(\text{状态变量})/\partial(\text{强制函数}))$。生态系统的多种缓冲力总与其生态熵有显著的相关性。生态熵甚至是生态系统的缓冲力总和的一个指标[2]。我们能在自然界发现的参数在所有情境中通常都能确保高生存概率和高生长速率，于是可避免混沌。有这些参数，资源就能得到最佳利用以获得最高的生态熵[3]。

12.生态系统的所有组分都在一个网络中协同工作 生态网络是生态系统远离热力学平衡的重要工具，它使生态系统在可供其生长和发育的资源中获得尽可能多的生态熵。资源在网络中通过额外耦合或循环提高了利用率。网络的形成使生态系统对物质和能量的利用具有了巨大优势。网络意味着无限循环，网络控制是非局域的、分散的、均匀的。网络对生态系统的影响很重要，这些作用包括：协同作用、互助作用、边界放大效应和加积作用（总系统流通量大于流入量）。食物链的延长对网络的通流量和生态熵具有积极效应。减少对环境的生态熵损耗或减少碎屑物，会使网络产生更强的功能和更高的熵。较快的循环（通过较快的碎屑物分解或加快两个营养级之间的传输）能使网络产生较强的功能和较高的熵。在食物链中越早增加额外的生态熵或能量循环流，所产生的效果就越显著[4]。

13.生态系统具有大量的信息 大量信息体现在个体基因组和生态网络两个层面。等级这个概念可用于表示生态网络所显示的信息量，但为了和基因组的信息表达一致有必要用生态熵表示信息的流通。进化可被描述为信息量的增长。基因组信息量增长被认作垂直进化，而生物多样性增加导致的生态网络及其信息的增加被认作水平进化。当生物量增长接近限值时，遗传信息和网络信息仍大有增长的可能性（远离极限）。信息体现于各种生命过程，生命就是信息。信息并不守恒。信息传递是不可逆的。信息交换就是通信[5]。

[1~3] Sven Erik Jorgensen.Introduction to Systems Ecology[M]. Boca Raton, FL : CRC Press/Taylor & Francis, 2012, 169-189, 193, 209.

[4~5] Sven Erik Jorgensen.Introduction to Systems Ecology[M]. Boca Raton, FL : CRC Press/Taylor & Francis, 2012:238, 241.

14. 生态系统具有涌现的系统属性 系统大于各部分之总和。生态系统的属性不能仅由其组分加以说明。生态系统远超过其各部分之总和。它们具有独特的整体属性，这些属性能够说明它们如何遵循地球上的热力学定律、生物化学规则和生态热力学规律而生长发育[1]。

如此概括的生态（系统）规律显然继承了现代物理科学规律，如继承了物质和能量守恒原理、热力学第二定律等。但同时有极为重要的补充：补充了系统论和信息论的基本原理。恰是这种补充，使生态学的问世具有了革命性的意义。

巴里·康芒纳（Barry Commoner）曾概括了生态学的四条法则：

第一法则：每一事物都与其他每一事物相关[2]。这显然就是系统论的基本观点。由以上所说的第9条规律可引申出这一点，那条规律提到：地球上的所有生命物质组成生物圈，生物圈和非生物组分组成生态圈。由此，我们可进一步指出，生态圈中的每一个事物都与其他事物相关。

第二法则：一切事物都必然有其去向[3]。这也就是物质和能量守恒定律。我们每天烧掉大量的煤和石油，它们并非化为乌有了，而是转化为污染物了。

第三法则：自然所懂得的才是最好的[4]。这是哲学层面的概括，要求我们尊重自然、服从自然，向自然学习；警示我们：不要肆无忌惮地改造自然。

第四法则：没有什么免费的午餐[5]。这条法则告诉我们，每一次获得都必须付出代价。例如，如今几乎家家用空调，几十亿人可以免受夏日的酷热，这无疑是一种获得；但我们必须为此付出代价，这个代价绝不仅是必须支付的电费，而是碳排放增加后地球进一步的升温。如今农民不用辛苦地为庄稼除草了，使用除草剂就行了。他们无疑获得了舒适。但这种舒适的获得恐怕也不免要付出代价，如土壤的恶化。

显然，康芒纳的概括较为简洁。我们甚至可以把生态学规律浓缩为利奥波德所提出的"大地伦理"法则："一件事若有利于保护生命共同体的完整、稳定和美丽就是正当的，反之则是错误的。"[6]

生态学家们将会更为细致地描述各种生物之间以及生物与物理环境之间的复杂互动。他们也许会发现新的生态规律，也许会修正某些规律。

---

[1] Sven Erik Jorgensen.Introduction to Systems Ecology[M]. Boca Raton, FL : CRC Press/Taylor & Francis, 2012: 261

[2-5] Barry Commoner.The Closing Circle: Nature, Man and Technology[M]. New York:Alfred A. Knopf, 1971:.33, 39, 41, 45.

[6] Aldo Leopold.A Sand County Almanac :and Sketches Here and There[M]. Oxford University Press, 1987:224-225.

不同行业的从业者需要不同程度地理解和掌握生态规律。各个行业的工程师们（包括现代农艺师）至少需要掌握乔根森所概括的14条规律。普通人能深刻理解康芒纳概括的生态学四法则或利奥波德所提出的"大地伦理"法则，"心诚求之"，则"虽不中，不远矣"。

　　我们在生产和消费中要同时遵循物理科学规律和生态学规律。对物理科学规律的运用要受到生态学规律的约束。例如，我们可运用物理科学规律去移山填海、上天入地，去从事南水北调、建三峡大坝一类的大工程，但在进行这样的大工程之前，我们必须问一声：这样做会不会破坏生态系统的完整、稳定和美丽？

第四节　走向绿色未来的生态文明

　　从伦理学的角度认识生态学或者说现代意义的生态问题，所涉及的是我们如何看待人与自然的关系，即我们是否应该对动植物的生命价值和发展利益给予足够的关怀和照护，同时也涉及我们如何考虑人与人之间的利益关系，包括人们之间的生态利益分享和生态代价共担关系，以及当代人与未来人之间的生态利益关系。将非人动物和植物的道德地位、代际伦理引入现代农业伦理学的议题之中，不仅在学理层面拓展了农业伦理学的视阈，而且在现实层面体现出人与自然关系的复杂性和道德相关性，标志着对农业生态危机成因及其解决之道的认识或反思的深化。

　　19世纪末，恩格斯曾在考察古代文明衰落的原因时说，"我们不要过分陶醉于我们对自然界的胜利。对于每一次这样的胜利，自然界都报复了我们。每一次胜利，在第一步都确实取得了我们预期的结果，但在第二步和第三步却有了完全不同的、出乎预料的影响，常常把第一个结果又取消了。美索不达米亚、希腊，小亚细亚以及其他各地的居民，为了想得到耕地，把森林都砍完了，但他们梦想不到，这些地方今天竟因此成为荒芜不毛之地，因为他们使这些地方失去了森林，也失去了积聚和贮存水分的中心和贮存器[1]"。在我国，现在植被稀少的黄土高原的南部、渭河流域、太行山脉也曾是森林遍布、山清水秀、地宜耕植、水草便畜。但由于毁林开荒、乱砍滥伐，这些地方的生态环境遭到严重破坏。塔克拉玛干沙漠的蔓延，埋没了盛极一时的丝绸之路。楼兰古城因屯垦开荒、盲目灌溉，导致孔雀河改道而衰落。历史的教训已经深刻地昭示给我们，基于这些深刻的教训，习近平总书记说："环境

---

[1]　恩格斯著.于光远等译编.自然辩证法[M].北京：人民出版社,1984:304-305.

就是民生，青山就是美丽，蓝天也是幸福"。

工业化、现代化和城市化对乡村及农业的剥夺与攫取，以及片面追求粮食增产的单向度的生产主义取向，导致农药、化肥、抗生素的滥用及水、土等自然资源的过度开采，引发了十分严峻的农业生态危机和生态不正义现象。"在沉思与自然环境有关的道德问题之后，留给我们的最重要的问题或许就是，我们可能在多大程度上实现文明及其进步与自然环境及其中的万物之间的平衡。文明自身本质上不是坏事。人类业已通过文明取得了辉煌的成就，他们有时甚至巧妙地致力于保护自然界中最为美好的东西。主张进行此类保护的人们认为，人类千万不要忘记，他们来自自然并且是自然的一个组成部分，他们必须始终怀着敬畏之心对待自然。非如此，他们最终只会既伤害自己周围的所有生物，也伤害人类自身[1]"。

2014年9月，任继周在"农业伦理学和农业发展史论坛"中强调说："空气污染、水资源缺乏、土壤污染……我国的农业已经走到了非常危险的边缘。究其原因，不是科学技术落后，也不是缺钱或劳动力，而是缺少正确的农业伦理观。"他强调，目前我国农业科研和生产领域"缺乏系统的伦理关怀。我国在这条道路上走到濒危边沿。这些纷纭复杂的现象迫切要求作出伦理学的阐释与回答。[2]"

2016年，习近平强调，环境治理是一个系统工程，必须作为重大民生实事紧紧抓在手上。要按照系统工程的思路，抓好生态文明建设重点任务的落实，切实把能源资源保障好，把环境污染治理好，把生态建设好，为人民群众创造良好的生产生活环境[3]。理由是大自然是一个相互依存、相互影响的系统。山水林田湖草是一个生命共同体，如果种树的只管种树、治水的只管治水、护田的单纯护田，很容易顾此失彼，最终造成生态的系统性破坏。或许更重要的是，自然界是人类社会产生、存在和发展的基础和前提，人类可通过社会实践活动有目的地利用自然、改造自然，但自然归根到底是自然的一部分，在开发自然、利用自然中，人类不能凌驾于自然之上，人类的行为必须符合自然规律。人与自然是相互依存、相互联系的整体，对自然界不能只讲索取不讲投入、只讲利用不讲建设[4]。

2017年9月30日，中共中央办公厅、国务院印发了《关于创新体制机

1　[美] 雅克·蒂洛,[美] 基思·克拉斯曼;程立显等译.伦理学与生活（第9版）[M].上海:上海世界图书出版公司,2008:375.

2　任继周院士:农业伦理视角探农业问题[N].光明日报,2014-9-17(7).

3,4　中共中央宣传部.习近平总书记系列重要讲话读本（2016年版）[M].北京:学习出版社:人民出版社,2016:236,231.

制 推进农业绿色发展的意见》，其中强调说，推进农业绿色发展，是贯彻新发展理念、推进农业供给侧结构性改革的必然要求，是加快农业现代化、促进农业可持续发展的重大举措，是守住绿水青山、建设美丽中国的时代担当，对保障国家食物安全、资源安全和生态安全，维系当代人福祉和保障子孙后代永续发展具有重大意义。党的十八大以来，党中央、国务院作出一系列重大决策部署，农业绿色发展实现了良好开局。但总体上看，农业主要依靠资源消耗的粗放经营方式没有根本改变，农业面源污染和生态退化的趋势尚未有效遏制，绿色优质农产品和生态产品供给还不能满足人民群众日益增长的需求，农业支撑保障制度体系有待进一步健全。

中国农业迈向绿色未来的生态文明号角已经吹响，总体目标和方向已经明确。实现农业绿色发展和生态文明既需要创新体制机制，也需要弘扬中国农业伦理文化，适时拓展伦理容量。这不仅需要对中国传统农业伦理思想进行系统发掘和创造性转化，还需要通过系列的体制化安排，将传统农业智慧和生态文明思想转化为农业生产经营决策和实践行动的准则与规范。

第二章　农业界面之法

　　界面是物质世界的必要属性。农业界面是系统进化的基点，也是农业系统进化的必要途径。对界面的理解是农业伦理学基础知识之一。判断某一行为的对、错与善、恶，不能离开其所处的界面范畴。

　　在物质世界，界面是事物本身的属性之一。没有界面就没有事物。举目所及，我们看到的东西，都是界面的映射。相与相之间的接触区域叫界面，如物理学中的气-液界面、液-液界面、气-气界面、固-固界面等。这是有形的界面。以上所说的都是宏观界面。另外还有微观界面，是不能用肉眼直接看到的，如分子之间的界面等。每一种界面都有其特殊规律，在物质世界研究中被广泛应用。

　　非物质世界的界面，是非具象的。例如，某些学科的界面、某些系统的界面，实际上那是分散的具象界面经过思维构建的界面虚拟系统。

　　本书论述的农业生态系统的界面显然有它自己的特色。

　　斯佩丁（C.R.W. Spedding）在《草地生态学》（Grassland Ecology）（1971）中首先提到农业生态系统的界面，认为界面是生态系统的边界线，越过界面其原有的生态系统的特征顿失。界面的这一法则至关重要。它不仅说明不同系统的界面有不同的性质，当然也表明不同性质的界面有不同的处理方式。想用一种简单的方式解决多个界面的问题，甚至想解决所有界面的问题是徒劳的。例如，过去我们常听到的"阶级斗争一抓就灵"，用一种方法去解决所有问题，将所有界面特征混为一谈，曾经引发巨大的灾难性后果。

　　据现有文献，讨论界面功能的甚多，但都没有给界面以确切的定义。这显然不是一种疏忽，而是回避了当时还难以界定的问题。现在为了阐述界面问题，我们尝试给农业界面一个较为明确的界定：农业系统由界面和非界面，即界面及其所包裹的内含物，两部分构成。因而农业生态系统的界面就是农业系统本身结构的组成部分，是农业生态系统本体活动的边界。它在约束生态系统本质活动的同时，也可通过界面有选择地输入和输出能量、元素和信息。界面对来自系统内部和外部的压力有作出反应的能力。可以认为界面是生态系统功能的密集区和压力的敏感区[1]。

---

[1]　任继周等.草业系统中的界面论[J].草业学报,2000(1):1-8.

第一节 农业系统界面的一般特征

不同事物的界面各有自己的特征。农业生态系统（简称为农业系统）的界面可从几个方面加以诠释，以说明其伦理学关联。

一、农业系统界面的特异性

界面是农业系统本体活动的边界。它与其他生态系统一样，作为一个有生命的整体，它的系统特征为自己的界面所约束。以农耕系统、林业系统、工商系统或其他任何系统的理论和手段处理农业界面问题，将有悖于农业伦理法则。我们常见的误区是用一般行政手段管理农业，其武断片面造成的损失难以估计。

二、农业系统界面的系统性

农业系统的界面一如其他生态系统，其界面既是生态系统（biotic system）与非生态系统（abiotic system）之间的分界面，也是生态系统与生态系统之间的分界面。前者将生态系统与非生物的周围环境分隔，后者则把具有生命的不同的生态系统相分隔。当界面作为生态系统之间的分隔时，其他生态系统也是本体生态系统的"环境"的一部分；但与一般环境不同，生态系统之间的界面是有生命的，对外界的刺激有感知、传导和反馈的功能。界面既可将生态系统与非生物环境分隔，也可将生态系统内部的各个子生态系统分隔。因此，农业系统的界面是一个有纵深的相矩阵，其中存在极为复杂的结构关联，是现在人类还难以穷尽的界面理论系统。人类农业活动无不涉及几个或多个界面的处理。要清醒地认知，我们现在所能做到的只是很局部的界面处理，不能以简单的模型加以解读或构建我们所尚未认知的界面。因此，有几次模拟生态系统的"人工生物圈计划"，想完整模拟大自然生物之间的规律，耗费大量人力和资金，都以失败告终。这就说明我们对生物圈认知的有限性和真理的无限性。这是我们任何时候都应对自然之道不敢自大、保持虔敬的原因。

三、界面的确限性与开放性的双重功能

界面以其确限性保持了生态系统可以辨识的边界。这个边界规定了生态

系统生存的阈限。农业工作者必须对界面的阈值有所理解。传统的小农经济因生产环境狭小，产品较为简单，可能适于某些特定狭小空间。如果将其扩大到不适宜的程度，则越出其界面阈限，原有的小农经营规范失灵，必遭伦理原则的谴责。例如，我们曾把"以粮为纲"视为国策，企图在全国不同生态经济地带，建立生产粮食为主的耕地农业系统而导致水土资源流失，浪费了劳力、物力，使得农业陷于困境。

界面的确限性把某一生态系统的机制局限于一定的界面内。农业系统是多界面的复杂系统，其主要表现为能量的结构、流转和解构机制。生态系统在构建自身体组织的同时，经常产生一些冗余能量，我们称之为自由能[1]。这些自由能积累过量时，将反馈到生态系统本身，抑制其生物量的产生，从而降低生态系统的生产力。这就是所谓生态系统的顶级状态。这当然违反农业追求提高生产力的基本原则。

农业系统界面确限性与开放性的双重功能为自由能积累提供了机遇。当系统需要时，界面的开放功能不仅可为积累的自由能找到出路，还可汲取外部营养、维持自身健康。这是现代农业系统的基本特征。我国曾因袭封闭的小农经济传统，坚持地方自给自足，严重阻滞了农业生态系统多重界面的开放功能，违背了农业伦理的发展原则，因而严重抑制了农业现代化的发展。

第二节　界面系统耦合与农业系统发展

农业系统与一般生态系统相同，享有生存权和发展权。界面支撑了系统生存的同时还具有使生态系统延伸发展的功能。

农业系统的界面的开放功能发挥了不可替代的作用。界面是农业系统中最活跃、最敏感、功能最密集的区域。它将生态系统向外延伸，与不同质的生态系统之间耦合而取得系统的发展。界面是不同生态系统之间系统耦合链接的"键"。前面我们提到界面的不均质性。生态系统在界面较为适宜的位点，便可发生同另一生态系统耦合的键。当两个或两个以上生态系统相遇时，"彼此有缘"的生态系统就可能键合而发生导致系统质变的系统耦合，产生新的高一级的生态系统，即系统进化，而实现生态系统的延伸。

---

[1]　系统内能的关系为：$F = E - T \cdot S$，F是自由能，E是总能，T是绝对温度，S是熵。

一、农业系统的界面具有序参量的筛选功能

前面讲到系统耦合需要在"彼此有缘"的生态系统之间进行。无缘的生态系统彼此相遇并不能发生系统耦合。"缘"为何物？"缘"就是不同生态系统之间含有的共同"序参量"。不同生态系统本来都是互为异质的，否则就不会有不同的生态系统。但它们之间必有某些同质因素，才能发生系统耦合。我们这里说的同质因素，可能是不同的生态系统之间相同物质的冗余与短缺的量的互补，如系统A含钾过多，而系统B含钾不足，A系统的钾可通过界面输送给B系统。也可能是不同物质的质的互补，如系统A含钾较多而含钙不足，系统B含钙较多而含钾不足，则系统A将钾输送给系统B，而系统B将钙输送给系统A。这类可以互补的物质，即序参量。所谓序参量不一定是某种具体物质，而是可发生系统耦合的不同的生态系统所具有的"公质"，相当于数学中的公约数。生态系统之间多以能（energy）或能的异化物作为系统耦合的序参量。生态系统之间正是通过序参量而发生系统耦合进而加以连缀扩展，使农业系统得以不断升级、发展并延伸，甚至一直延伸到实现经济全球一体化。凡是妨碍系统发展的因素，都是违反农业伦理的。

二、系统自发延伸的途径是系统耦合

如前所述，生态系统的生存权和发展权是不可剥夺的公理。生态系统的发展权只有通过序参量的媒介引起的系统耦合而自发延伸，而不能以任何外铄力量强行取得系统的发展。

系统自发延伸而取得发展需具备两个前提，一是明确界面，有了明确界面之所在，才能认知其发展之所至；二是具有适当的序参量作为发展催化剂。

生态系统因系统耦合而发生系统进化，相对强势一方绝不可侵入弱势一方，把自己一方的结构和功能强加给弱势一方而将其吞并。这实质上否定了系统耦合的原理，这不仅是非正义的，而且是有害于社会发展的。这样的事例历史上不胜枚举。

农业生态系统的延伸也不能例外。其生态系统延伸之道只有通过系统耦合，使其系统升级，形成一个新的系统而完成。我们且举一个较为成功的例子，就是山西的农耕系统与内蒙古的草原畜牧系统经系统耦合而达成的历史性成果。我们都知道，晋商曾经富可敌国，他们的票号曾遍布全国。但考察他们获得的第一桶金，不是"走西口"，就是"下关东"，几乎没有一个例外。

这两个走向都是与草原畜牧系统实现系统耦合从而获取效益。从战国时期的晋国[1]开始，中华农耕民族与草原游牧民族接壤而自发地发生系统耦合的作用，此后经过数千年的历史融合而结出系统耦合的硕果。同样，内蒙古草原畜牧系统汲取了农耕文明的有益部分，取得了相应的发展。他们从农耕系统获取有益物资，生活变得相对富裕的同时，也汲取了相关的文化。至今内蒙古甚至很多语言与山西方言相同。今天我们所见到的内蒙古大型现代产业的勃兴，如伊利、蒙牛为代表的牛奶业、鄂尔多斯为代表的绒毛业以及蒙草集团、草都为代表的草业等都可跻身世界大企业行列。追索其文化源头，无不与农耕文明和草原文明两者的融合相关。这种融合何来？不得不归功于农耕系统与草原畜牧业系统两者通过其序参量的沟通实现系统耦合而达到系统进化，形成新的生态系统。这个新的系统，我们姑且称之为农牧业社会系统，与此同时衍生了农牧社会文化。这个农牧业社会系统，是在其本底系统不受损害并有一定发展的前提下诞生的新系统，从而爆发了新的能量，焕发出新的光彩。

回溯这个农牧系统耦合的漫长历程，曾历经许多曲折。远的不说，只从清末说起，曾有外国军事和工商金融业的入侵，民国初年的军阀割据混战，但农耕系统与草原畜牧系统之间的融合过程，穿越历史上重重磨难，从未中断。但在20世纪50—80年代极左思潮、"割资本主义尾巴"、断绝商贸活动，给系统耦合以致命打击。当时在内蒙古草原牧区提出"牧民不吃亏心粮"，强制在草原大举"开荒"，把优质草地开辟为粮田，估计破坏草原达1.5亿亩，使草原畜牧系统遭受空前破坏。

在农耕地区施行严格的户籍制，限制农民"外流"，将农村人口牢固于当地农业集体之中，不论土地资源是否适当，一律实施"以粮为纲"的粮食自给政策，排斥其他作物和养殖业，土地资源被严重耗竭。晋人务商的优良传统也被彻底断绝。好在一个系统的生存伴有它所衍发的文化，这个文化的根砥只要在民间一缕尚存，就会伺机重生。因此，我们才能看到今天内蒙古的某些源于农牧文化的繁荣景象。

在这里我们需特别提醒，关注系统耦合非受益方的弱势群体，内蒙古的纯牧区、尤其的半荒漠地带的纯牧区的危殆情景。我们将农耕地区的土地改革政策强行推广到草原牧区。将草原承包到户，将草原牧区传统的"放牧系统单元"，即人居-草地-畜群的系统生存地境完整性置于不顾，把草地按人头分包到户（图4-3），各户普设围栏，施行定居定牧，将草地资源碎片化，由原来设想的围封保护草原、少量补饲，演变为补饲时间逐步发展到几个月，

---

[1] 战国时期农耕系统的晋国与草原游牧民族的匈奴接壤。

甚至半年或大半年。牧民为补饲不胜其劳，买草补饲费用几乎倾其所有，甚至债台高筑。这种无视系统界面区别，以农耕系统吞并草原畜牧系统的不当措施，必然导致草地资源和牧民生计陷于困苦之中。

如上所述，这里我们不得不强调，内蒙古草原农牧系统文化孑遗的存活，基于两个必要条件，那就是对本底文化的珍惜和对新生文化的尊重。

农业界面有系统管理分级的功能。界面是系统耦合的反

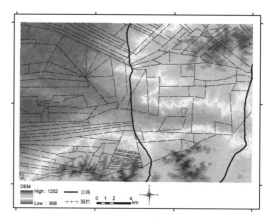

图4-3　内蒙古某巴嘎草地按户分割图

（该地区总面积约为63万亩，被围栏分割为128块，最大地块面积约为3.38万亩，最小地块面积约为300亩，放牧系统单元不复存在，林慧龙供稿）

应灶，在这里发生系统进化，从而产生高一级的生产系统。生态系统由低一级发展为高一级的、新的生态系统，完成系统进化，从而使系统不断升级。生产系统每升高一级，就需要与之相适应的管理手段，亦即新的管理级别。管理级别蜕变提升之道，在于有目的地忽略下级生产系统的某些细节，强化本级的管理内涵，改变管理手段，因而逐级提高管理水平和生产效率。随着系统耦合导致的系统进化不断发展，管理级别的不断提高，管理手段的逐步强化和高效，可解放生态系统的巨大潜力。

农业生态系统的正常运行过程中，自由能的产生是不可避免的。自由能的存在既然是常态的，系统耦合的内在动力就常在，系统耦合将不断发生。因而促成了一个逐级升高的生产系统进化的序列，以及不同级别的界面序列。这就是我们所常说的农业产品从低端产品到高端产品的蜕变而增值的实质。系统每进化一级，就解放一定量的生产潜力，因而通过界面引发的系统生产潜势也是不断递增的。

显而易见，过去常见的无视界面特质，"一竿子插到底"的极其武断的管理方式是违反伦理原则的。

第三节　界面的农业生产潜势

界面是农业系统时间延续和空间延伸的动力所在。界面使农业生产系统产业链延伸，农业生产潜势不断提高。农业生态系统生产潜势发挥的动力就

在于界面的不断多层化、复杂化。界面所引发的生产潜势可归纳为四个方面。

一、界面的催化潜势，或称催化效益

催化作用最初被化学反应的理论所证实，后来用于系统研究，发现作用巨大。任何耦合过程一如化学反应，正向、逆向反应同时存在。如加以催化，可使逆向反应的势能渐弱，以至可以忽略不计，这就加速了反应速度，增加了自由能的通量密度，使正向催化成为产业的主流。催化作用是复杂结构存在的基础。复杂的含有多个界面的农业系统，随着科技进步，将不断延长其产业链，当然也相应增加了界面数量，加快了系统的升级，这为提高产业效率的催化农艺措施增加了机遇。界面存在的催化作用，可分为正向催化和负向催化。

（一）正向催化

在农业生态系统中，最常用的催化手段就是在生态系统的适当界面以生产资料的形式投入能量、元素、劳力、资金等作为催化剂以提高产量，常用的催化手段如耕作、灌溉、施肥、农药、资金、劳力等各种农业措施，都属正向催化。正向催化的效果显著，但也蕴含了风险。催化的作用，在于充分发挥农业生态系统本身的流程通量。但我们要注意，催化潜势是充分发挥生态系统本身物质的通量，而不是将自然之道弃置不顾，以催化剂取代生态系统本身的物质通量。把催化剂当作通量本身的物质使用，以人为投入物来取代系统本身的通量内涵，违反自然规律，流弊甚多，其主要后果为毒化产品和污染环境。这源于后人对李比希的农业化学理论的误解，以为土壤肥力的减退是植物消耗了土壤中原有的营养元素，只要补充这些短缺元素，就可以恢复土壤肥力。并据此推论，增加这些元素将增加土壤肥力。这在一定限度以内是有效的，但当使用矿物质元素超过催化的作用，当做生态系统本身的通量物质，过量施用时，施肥作用就大为降低，甚至毒害土壤，变利为弊。大跃进时期以冲破自然规律为豪迈，悖反农业伦理的基本原则，提出"人有多大胆，地有多大产"的口号。不乏深耕5尺，每平方米施肥以吨计，期望得到高产的荒诞事例。不仅未能收到预期效果，反而投入越多、损失越大，所谓"高产穷队"比比皆是。直到20世纪90年代以前，当中国由小农经济进入计划经济的大规模农业时，这类不当的农业行为仍然如洪水泛滥，不可遏制，造成历史上仅见的全国性大灾荒，这是"大跃进"违反自然法则导致严重后果的总体现。

20世纪90年代以来，中国从计划经济过渡到市场经济，这本是我国农业结构重建、走向现代化的良好机遇，但对前一时期遗留的伦理观误区并没有彻底破除，仍然陷入了与前一时期大体相似的伦理陷阱。企图以超量施肥、超量灌溉、超量施用农药，加上日益富余的社会经济，配合金融支持和丰富多样的现代化科技手段，肆意提高投入量来增加产量，在背离农业伦理学的道路上越走越远，农业生态系统严重脱离生态系统的自然大道而扭曲变形，导致中国农产品生产成本远高于进口产品的到岸价，同时导致水体、土体的健康受损，全国土壤和水资源普遍被污染，全国约16.1%土地和18%淡水湖泊被严重污染。这类普遍污染必然会传递给农产品，危及人的健康和社会安全。

（二）负向催化

负向催化是正向催化以外的，现代农业普遍采取的另一提高生产水平的重大手段。农业负向催化的原理就是适时提前收获农业生物产品，在农业生物达到完全成熟以前的适当时期就收获产品，避免生态系统自由能的积累过早、过多，尽可能延长其成熟前的生长阶段，从而提高其旺盛的生机。不论个体生物还是生态系统，在其成熟以前生机旺盛、生物量增加迅速，投入产出比较高。反之，如生物个体或生态系统达到成熟阶段，即所谓顶极阶段时，其生物量增加缓慢，甚至呈现负增长。在农业生态系统中体现为生产能力下降，投入产出比降低，这是任何农业经营者所不愿看到的。例如，在生态系统成熟前，达到可用产品标准时适时收获，将其冗余自由能及时转化为产品，保持非成熟状态以维持其旺盛生机和再生能力，可有效提高农产品的生产效率。如豆科牧草，中国淮河以南可收割8次，黄河流域可收割3～5次，比成熟后一次收割提高产量以倍计。负向催化的基本原理就是保持农业生态系统中能量、元素有序而畅通地定向流动，从而获得较多的产品。

负向催化的主要手段就是适时的农艺措施和适时收获。这是"不违农时"传统伦理观之一。

为了达到"不违农时"的目的，在农业生产系统中的后生物生产措施必须与之相适应配合，如适时加工、运输、销售。这促使组织众多的界面系统的流畅运行。目前经常遇到的问题是加工组织的不足、运输环节不畅以及市场准入机制的限制和关税贸易壁垒等等阻力。尤其合理的市场管理机制和关税贸易体系，是全球一体化趋势下农业生产负向催化的必要因素。诸如设置市场准入障碍、采取贸易保护主义、强化关税壁垒等措施，都有悖于农业理论原则。

在农业生产的界面过程中，既有系统间的正向催化，又有负向催化。界面的催化作用对生产力的提高是显而易见的。催化功能的关键在于掌握其合理

强度。例如，多年生牧草或一年生蔬菜，适时刈割，有利于减少冗余自由能的积累，刺激其再生，其补偿生长功能可提高产量。但如刈割过分频繁，则有损其生机，不利于生产。

二、界面之间的位差潜势，或称位差效益

系统A与系统B之间因自由能积累量的差异产生势能位差。位差即潜势。位差不论正或负，其潜势的强度效应相同。不同生态系统之间，自由能的积累非平衡态是绝对的，平衡态是相对的、偶存的。在人为农业生态系统中尤其如此。因而这种位差潜势总是存在的。从系统发生学的观点来看，系统之间的亲缘关系越远，其位差潜势也越大。如应用于生产，其系统耦合所导致的增产幅度也越大。大家熟知的事例是美国西部放牧带与中西部的玉米带（还有较干旱的高粱带），通过易地育肥养牛业加以耦合，使生产水平提高6倍左右。笔者等在张掖地区的临泽县，实施山地林间牧业-绿洲农业-北山荒漠复合系统之间的系统耦合试验，其生产水平可提高三倍多[1]。中国东南部的农耕区与西北部的畜牧区的交汇地带，可从西南到东北划一条斜线，在这条线的两侧，历史上曾分布着一系列"茶马市场"如云南的大理、四川的西昌、甘肃的临夏（旧洮州）、陕北的榆林、河北的张家口（图4-4）等，它们曾经是"淘金者"的乐园，像一串明珠，璀璨照耀一个历史时代。这是农耕系统与畜牧系统这两个生态系统之间位差势能所致。这种位差潜势，表现为市场价格之差。这是农产品商品化过程中不同生态系统间能量位差的异化。前面我们说到的晋商与内蒙古的系统耦合就是其中的具体事例之一。

现代的位差潜势则更多体现于海陆界面。中国东部沿海的陆地与海洋界面，有多种不同生态系统界面的多重聚合，其产能的位差得到了充分流通，表现为我国东部沿海经济开发区的繁荣景象。这符合位差潜势的基本规律，这是无可置换的。我们经常见到企图缩小东西部差距的报道的设想，缩小两者之间的差距是可能的，但不应强求把两者拉平，除非将来中国西部交通发达，也发生与东部相似的界面群聚，不然，两者的差距将继续存在。

现在经济全球一体化的大潮下，这类位差潜势更为常见。过去我们称为"行商"的行业，现在称谓贸易公司，以及与之相关的金融、交通、运输、旅游等行业，就是专以不同生态系统间的位差潜势为资源而采取的增效手段，我们统称为第三产业，已经成为农业系统中不可缺少的重大支柱。

---

[1] 任继周.系统耦合在大农业中的战略意义[J].科学,1999(6):12-14.

图4-4 张家口大境门，古时为皮货交易的门户
（郑晓雯摄）

三、界面的农业生产稳定潜势，或称稳定效益

我们都知道复杂的农业系统比简单的农业系统总体功能较为稳定。这是因为农业系统如由多次界面活动导致系统进化，使农业生产的转化阶[1]相应增加，即产业链延长并相应复杂，形成网式产业结构就会增加抗逆弹性。其中多个子系统包含的界面系统，在系统耦合和升级过程中，发挥输入和输出的调节功能；各有关子系统的自由能适时发生各自的小幅涨落，使得系统整体自由能涨落被缓冲而较为稳定，从而使生产震荡衰减，保持了全系统自由能总量较为恒常，生产水平较为稳定。农业系统生产水平的稳定趋势，是农业生产的安全阀。避免农业生产水平大幅度涨落，有利于市场占领和产业稳定，其经济效益是显而易见的。

在这里我们应理解农业系统的多样化，较单一系统更为"法自然"。例如，"以粮为纲"的单一粮食生产的农业系统，其抗灾和稳产的能力远比复合农业系统为差。而通过众多的界面组合，逐步趋向全球经济一体化，将全球生态系统连接为一个整体，其抗灾弹性将达到空前的强度。这也是我们期望全世界走向共同繁荣的理论依据之一。

四、界面系统的管理潜势，或称管理效益

农业生态系统本质上是在人为调控之下的自然—社会生态系统。社会生

---

[1] 任继周等.高山草原草地有效生产能力（P4）以前诸转化阶生产能力动态的研究[J].生态学杂志,1982(5):1-8. 笔者按：转化阶为产业链中界面数目。

态系统中的人的农艺活动是农业的主要推动力。社会生态系统的农业特点在于将产业链拉长、繁复化，发生更多的系统耦合界面。这就增加了产业的管理级别，以提高其生产水平。农业生产水平越高，管理所作的贡献也越大。不同生态系统被网络于庞大耦合系统之中，界面把一个以上的低层产业系统综合为高一级系统。任何综合都有将原系统管理加以简化、分级的内涵，这就形成等级系统。在农业伦理学中，它既有等级系统的结构特性，也有等级系统的功能特性。高一层的调控职能，必然有选择地忽略下级系统的次要细节，加强本级处理事项的强度，这是分级管理的必然结果。这种管理简化而管理力度增加的事例，在生产管理中多有体现。如区域化管理、行业管理、时间特征的阶段管理、综合层的分级管理、规模管理等，都是在有选择地忽略了下级系统的某些细节，而实现分级调控的具体应用。在现代大生产中包含的系统复杂，分级层次加多，由此而解放出的生产潜力是十分可观的。过去我们所常见的强调管理系统过分"扁平化"的尝试，是对系统发生学的界面论理解不足，缺乏对系统耦合和界面分级的原则理解，当然难以达到预期效果。

现在让我们来概括地论述系统进化过程中的界面功能。生态系统通过界面与序参量相通的系统发生系统耦合而生成新的高一级系统，新的生态系统又进一步与序参量相通的生态系统再次发生系统耦合，从而不断通过界面过程解放生产力。如此通过序参量的中介作用，引发系统耦合发生链和发生网，产生众多高一级、更高一级的新的生态系统，从而趋于生成全球生态系统，即所谓全球一体化，也就是全球生存共同体，是为最大可能地解放生产潜力。这类界面系统的繁复耦合、升级、互相连缀，生产效益逐步放大，发乎自然之道，利于社会发展，可提升人民生计，有不可遏制之势，表现为时代潮流。

面对这一时代潮流，农业伦理学者应冷静关注"序参量"这只隐形的手。在后工业化社会中，各种"序参量"都可异化为货币，货币几乎可使各类系统都发生系统耦合，因而各类生态系统的产品可通过序参量异化为货币而通行于全球，大大提高了社会生产力，这是有益于社会发展的一面。但我们还需注意另一面，即货币为系统耦合创造广泛通路的同时，也带来众多流弊，世界上种种非正义交易行为层出不穷，甚至发展为掠夺式经营。这些非正义交易可概括为社会流行的简约语言："有钱能使鬼推磨"。这句话深刻勾勒了非正常耦合的非正义怪胎往往无所不在。其根源是在系统耦合过程中，在某些环节忽略了系统耦合序参量这个公约数的合理性，或者根本就是不存在序参量的伪"系统耦合"而发生的伪系统进化。例如，利用权力强迫发生的非正常交易；利用地区的灾害处境，高价倒卖生活必需品；或为了排他目的实施的贸易关税壁垒；或施行骗术发生的伪交易等，都是置序参量于不顾的人为扭曲交易。曾有某案例，发行某种纪念金币，成本仅1 000元，假称一年以后可兑换10万元。当下，这类违反序参量合理转化原则的各种非正义行为，屡有发生，为农业伦理学正义原则所不容，应该引起社会对序参量的道德关怀。

依赖序参量所实现的系统耦合，如前面我们说过的，是有筛选功能的。被筛选所淘汰的这一部分物质，如得不到适当而及时的处理，将成为原来生态系统发展的负能值。当两个系统的界面发生系统耦合时，这一部分负能值就成为系统进化的阻力，对于这类阻尼现象[1]，我们称为系统相悖。系统相悖的生产意义在于阻碍系统耦合所取得的正能量的顺利解放。说到这里，一个问题突显出来了，界面在构成系统耦合发生正能值的同时，也留下系统相悖造成的负能值的隐患。

第四节 界面与系统相悖

我们不应忽略，界面在导致系统耦合带来效益的同时，必然有系统相悖伴随发生。系统耦合与系统相悖是界面作用矛盾的两面，即界面是把双刃剑。

所谓系统相悖，就是当界面引发两个或两个以上生态系统耦合的同时，也必然发生某些生态系统之间不相协调的系统性的矛盾。例如，草地与草食家畜两个系统之间，通过界面耦合为草地-家畜系统时，草地牧草生长的季节性明显涨落与家畜营养需求的相对稳定性之间就发生系统性不协调（图4-5）。生长旺季的牧草家畜吃不完，营养源浪费，而枯草季节则家畜营养源不足，导致营养不良，这就是系统相悖的一种表现，我们称为时间相悖。又如，在荒漠草地上适宜饲养山羊和骆驼，如果放牧绵羊或奶牛，就会降低其生产水平，我们称为种间相悖。再如，A地的家畜饲养量过大，超越草地的家畜承载力；而B地的家畜饲养量过小，草地的家畜承载力利用不足，这就是空间相悖。一

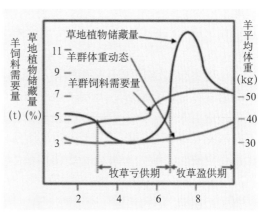

图4-5 高山草原放牧绵羊群与草地发育时间的系统相悖

---

[1] 阻尼现象是作用于运动物体的一种阻力，而且阻力通常与运动速度成正比。

个较为简单的草地与家畜的系统耦合，就会发生时间相悖、种间相悖和空间相悖，可见通过界面功能实施更为复杂、广泛的系统耦合时，其系统相悖现象有多么复杂，有时甚至为现代科学所难以解读。因此，我们力求通过界面取得产业进步的同时，由于生态系统的多样性、界面组合的多重性和普遍性，这类系统相悖的事例层出不穷。这就为人类社会留下一个永恒的话题。部分系统耦合的受益者，维护界面的开放作用；另一部分系统相悖的非受益者或受害者，则敌视界面的某些开放功能，力图限制其系统耦合进程。因而社会上产生了门户开放的发展集团与门户闭锁的保守集团。他们可能是某些资本集团，也可能是某些地域集团或国家集团。因而酿成大大小小的无限纷争。今天我们天天遇到的贸易开放与贸易保护的争论，乃至规模大小不同、绵延不绝的战争、系统相悖应为根源之一。

但我们不应忘记，任何生态系统的生存和发展是不容怀疑的公理，因而系统耦合为历史发展的主流。我们面临的任务是充分发挥界面的系统耦合的开放功能，克服系统相悖的保守阻力，推进社会发展，顺应不可违抗的时代潮流。

这向我们提出两点重要启示：其一，不同社会的或自然的生态系统之间相互耦合而使得自身更加健康壮大的趋势，是"法自然"规律的体现；任何企图阻滞这一发生过程的意图和行为，都是有悖于伦理原则的。其二，在自然规律的系统耦合过程中，必然存在系统相悖，因而系统相悖也是"法自然"之必然。因此，我们应对系统相悖的非得益方甚至受害方的处境和生存权给予充分考虑，适当尊重，不可忽视更不能压制，以取得社会的和谐运行，这是农业伦理学的必要内涵。否则，系统相悖的能量积累过多，轻则导致系统耦合不能顺利发展，重则引发社会动乱。

伦理学应力求使参与系统耦合过程中的多方都可获取适当的利益，承担适当的贡献。所谓贡献，其实质就是自愿地接受可以承受的系统相悖带来的负值。这就是为什么我们在享受生态贡献的同时，要提倡生态保护；我们在与友邻交易时，要提倡适当让利；在武力对抗时要提倡"上兵伐谋"，留有余地；在收获农产品时，种植业要保护地力、林业要砍伐有度、畜牧业要留有"临界贮草量"[1]和优良种畜。概括言之，对生产资源不要"竭泽而渔"，以利保持生态健康。只要这个社会生态系统还能够生存，就表明其负能量还不至阻碍生态系统的运行，系统相悖所含负能量还在社会伦理学容量以内。

1　任继周.草原资源的草业评价指标体系刍议[G]//农牧渔业部经济政策研究中心编.中国畜牧业发展战略研究.北京:中国展望出版社,1988:242-262.

说到这里，我们明确了社会伦理学容量就是社会众多界面的系统耦合中，社会受益方与系统相悖的非受益方两者调和达到社会正义所能够接受的程度。在这个容量以内，社会可正常运行或带病运行，如超过这个容量，社会将失序而趋向崩溃。伦理学容量的大小有赖于社会的自组织功能。所谓的社会自组织功能，实质就是社会对系统耦合受益与非受益方的协调机制。社会文化水平较高、协调机制较为灵活有效，亦即系统耦合的受益方与非受益方的利害位差没有失去取得相对平衡的能力。这是我们判断社会的稳定程度的量纲之一。

　　在全球一体化的社会巨生态系统中，众多层次的界面构成了复杂的界面矩阵。这个复杂的界面矩阵所引发的系统耦合难以计量地不断发生，而系统相悖也相应地难以计量地不断发生。面对这一系列复杂问题，其关键在推动社会进步的系统耦合的受益方，他们是社会发展的动因，也是如何妥善处理系统相悖引发的非得益方各类问题的主导方。

　　不幸的是，在人类文明发展过程中，往往过分追求耦合的既得利益，而忽略了系统相悖引发的非得益方的遭遇。因为系统相悖的非受益方或受害方，往往处于社会弱势地位，他们容易被漠视。例如，中国的城乡二元结构，城镇系统与乡村系统发生的界面耦合，维系了社会系统的生存，而且在漫长的历史时期中创建了以农耕文明为主体的中华文明。但在系统耦合中，做出牺牲最多的是系统相悖非受益方的农村和农民。当时即使社会发展和社会负担不公并存，却仍然换来了社会发展。这一伦理学悖论，在当时的社会表达为利大于弊，处于社会伦理学容量以内。

　　但当社会进入后工业化以后，系统相悖非受益方的农村和农民所遭受的压力没有及时得到关注和解决，其所承受的压力超越了社会伦理学容量，城乡二元结构和由此衍发的农耕文明成为社会发展的巨大障碍。例如，农村户口享受不到城市居民同样的医疗、教育、交通、文化以及一系列的公共福利。农民收入只有城市居民的1/3或更少一些。起始于西周时代的农业劳动者所处的弱势地位沿袭数千年而没有根本改变。尽管新中国建立以来，政府从未停止过多种支农政策，但传统的城乡二元结构不但没有破除，一个时期反而有所强化。进入20世纪80年代以来，虽然对城乡二元结构带来的传统弊端有所反思，但农村的文化落后和经济贫困沉疴已久，非短期可以逆转，还是酿成了全国为之忧虑的"三农问题"[1]，严重阻滞了社会进步。这一非正义的社会现象，已经越过社会伦理学阈限，成为我国社会发展的阻力。

　　这里发生了一个值得深思的问题。中国共产党巧妙地利用中国传统城乡

---

[1]　三农问题，即农民，农村和农业的困境所发生的问题。

二元结构存在的城乡巨大反差，将其传统功能翻转利用，否定城市的传统社会发展动因优势，动员农村和农民，以农村包围城市，取得了政权，本应该对城乡二元结构有所反思而加以削弱。但遗憾的是，在20世纪80年代以前，城乡二元结构不但没有削弱，反而一度有所强化，直到21世纪初的2002年才明确城市反哺农村，又过了10年，2013年中共十八大以后，才提出消灭城乡差别的明确目标并采取有效措施，距新中国成立已经过了70年。这样一个历史的误区，为何迟迟走不出来？

其中有多种原因，但最主要的问题在于社会文化对城市的社会生态学意义认识不足，甚至抱有偏见。

新中国成立初期，虽然利用城市作为国家政权的核心，但对城市在社会系统的伦理学意义缺乏全面正确的认识。当时的主流思想认为城市是罪恶的渊薮，即通常所说的资产阶级思想和生活方式的"大染缸"。于是掀起了风行一时的"接受贫下中农再教育"的上山下乡运动。甚至发生这样的悖论，工农联盟的领导阶级的工人也要离开城市，到乡下去接受农民的再教育。最突出的事例就是1968年甘肃日报刊出的一篇报道《我们也有两只手，不在城里吃闲饭》，经人民日报转载并发表评论给予支持，一时间形成全国性离城下乡潮（图4-6）。其思想根源还是对农耕文明过分崇信，其中含有中国历史上常见的传统抑制工商业，固农业之本、抑工商之末这样的认知，当然与工业化和后工业化的现实社会格格不入。没有认识到城市是当今社会系统各类产业及思维系统的界面汇集的中心，是推动社会发展的动力所在。

图4-6 1968年流行全国的"我们也有两只手，不在城里吃闲饭"宣传画

伦理学容量的适当处理，就是系统耦合与系统相悖的缓冲剂，是界面的系统耦合活动中，尽可能排除相悖因子的措施。我们赋予系统相悖较多的关注，予以深刻理解和同情，不仅有助于完善系统耦合，释放生产潜力，还可为社会的逆行演替的研究，从系统的观点提出新的思路。例如，美洲的原始草地畜牧业社会系统与西欧的工业化社会系统相遇，两者没有发生生态系统耦合的社会进步意义，而是前者被后者吞并，甚至遭受种族灭绝，如北美洲

的印第安人、南美洲的玛雅人。

界面在生态系统中的卓越功能与它所引发的问题，已经深深融入农业科学和农业生产的全过程中。其中即包含了产业的发展，也因系统相悖而孕育、衍生了众多社会问题。

界面是任何系统的边界。对于具像事物，界面形成事物的形象。如各类动植物、各类用品、房舍等等纷纭杂陈的物体，都是通过界面而显现。

界面对于非具象事物，如科学系统的建立、企业管理网络的组建、生态系统的认知和模拟，等等，无不以实在的界面为基础加以思维建构，或加以解构而揭发事物的本质。

离开界面，我们将无以认知物质世界或精神世界。

界面既是事物的分界线，也是事物对外开放的门户。界面的这种双重性，构建了纷纭多彩的大千世界。

作为事物的分界线，生态系统的不均匀性，在适当的位点发生了对另一个或另外几个生态系统的耦合键，与其他生态系统键合，发生系统耦合，产生新的高一级的生态系统，引发生态系统的进化升级。效益放大的潜力来源于催化潜势、位差潜势、稳定潜势和系统管理层合理分工的管理潜势。世界上纷纭杂陈的多个生态系统，由此得以不断连缀、扩大，直至形成世界的一体化。

我们要特别关注农业科学的三个主要界面，即植物-地境界面的系统耦合（界面A），系统进化为草地或农田；草地或农田-草食动物耦合（界面B），系统进化为草畜系统；草畜系统-社会系统耦合（界面C），系统进化为完整的草地农业系统（图4-7）。

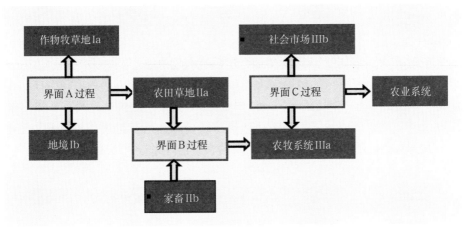

图4-7　农业系统界面结构示意图

界面A，表达农用植物与其所处地境的土壤中的营养资源和大气中的水、热资源的耦合机制。亦即研究植物和地境两者界面上所发生的过程和结局。例如，在"春雨贵如油"的中国华北、西北一带，全年降水量只有30%～40%分布在夏收以前，而我国耕作习惯一直把小麦这类夏收谷类作物作为主要栽培作物，种植在华北、西北一带。在作物生长季节，尤其籽粒成熟时节需要灌溉供给充沛的水分才能保持稳产，需大量抽取地下水来保证作物丰收。因地下水开采过度，地下水位急速下降，进一步发生地面下沉[1]。这已不是个别现象。而草类植物不以籽粒收获为主要目的，其经济产品是植物营养体，即赋予草食动物营养的植物茎叶，可利用全年降水量，尤其是秋雨占全年降水量的60%～70%，可被草类植物充分利用。而且草类植物萌发早、枯黄晚，生长季比谷类作物长一个多月，可生产数倍于小麦的食物当量[2]，有效节约水热资源和减少化肥、农药的用量，减少面源污染。此外，地境－草丛界面存在植物系统与土壤系统间营养耦合与营养相悖，所谓营养耦合即植物利用其生物学功能，分解土壤中某些矿物元素而获取营养源；所谓营养相悖即植物与土壤之间某些养分的排斥、稀释与富集等不利于植物生产的作用。草地－动物界面间存在种间相悖、时间相悖、空间相悖，它们最后集中反映为草畜系统内部的营养相悖；草畜系统与社会生产活动界面存在供需相悖、质价相悖、分配失衡等诸多系统相悖。

系统相悖总是与系统耦合并存，是农业伦理学公理"法自然"的必然。系统耦合的获益方与系统相悖的非获益方之间的伦理学妥善处理，不仅有益于社会生产水平的提高，也有益于社会文化的健康发展，是社会稳定和进步的必要保证。

只有当系统耦合在中国充分实现时，传统的作物系统、林业生态系统与草业系统才能有效地组成持续发展的、高效的大农业系统（grand agricultural system）。

在此要特别强调我国新型农业伦理系统的建成基于两个系统耦合。我国传统草原牧区与农耕区的地区性大系统耦合和农耕地区内部的植物生产层与动物生产层的小系统耦合。前者可以全面摆脱国家产业的地区性不平衡，后者可保持农耕地区土地肥力不减而产量持续提高。只有这两个系统耦合完成了，我国农业伦理学框架才有根砥，新的农业伦理系统大厦才可落成。

---

[1] 2002年11月19日《北京晨报》载，自1959年至今，天津市区地面沉降最厉害的地方已超过2米。现在市区仍以每年10余毫米的速率继续下沉。

[2] 食物当量（FEU），以粳稻为植物产品的标准食物，以它的热量值（H）和蛋白质值（P）两者的校正系数之和作为单位食物当量，然后依此为标准，估算出每种食物的粮食当量。

第三章　农业层积之法

"人法地，地法天，天法道，道法自然"，老子这几句话，为我们提供了农业伦理观的简洁表述。把人定位于地，以地之道为农业行为的原点和归宿。大千世界万象罗列，但实质上依照地之道的现代解读，就是以地球生物圈的母体作为人类生存与发展的立地环境。

生物圈就是全球巨型自然生态系统。农业就是在这个巨型自然生态系统之中，对局部自然生态系统加以农业干预，形成的具有社会产业意义的农业生态系统。中国传统农业主要是把其中的植物生产和动物生产两个层次加以人为农业干预，使之成为社会系统中的农业子系统。因此，正如农业不能脱离自然系统一样，它也不能脱离社会系统。农业需接受自然和社会的双重规范。

因此，我们应该充分认知，人是生态系统中的一个组分，人属于生态系统，而不是相反。人类的科学技术和知识水平无论多么丰富、多么高深，都不可能脱离生态系统的基本规律而生存和发展。人的生存环境和支撑人类生存的农业活动只是生态系统的局部。其中部分与农业生产的产品有关，另外大部分还没有被人类纳入农业产品目录，但为人类生活所必需的物质，如适当的大气组成、洁净的水体、调节气候的植被，等等。这些都是生物圈为人类生存与发展提供的必要自然资源。

在自然生态系统中，农业所直接利用的植物生产层，是植物利用日光能把水和矿物营养元素变成有机物质，因此被称为初级生产，也被称为第一性生产。动物以植物为营养源而生存，被称为次级生产，也被称为第二性生产。以动物为营养源的动物，即食肉动物，被称为第三性生产，以此类推，可能发展到多层。中华农业文明主要衍发于初级生产和次级生产这两个生产层。

但是随着社会文明的发展，人们的需求日益复杂多样，可以用于农业的手段也日益增多。而且现代农业系统耦合的理论告诉我们，农业的层次增多，系统耦合的复合系统相应发展，生产效益也越高，农业伦理学的容量也越大。

在自然生态系统的植物生产层以前，即不以获取植物和动物产品为主要目的的农艺活动，利用初始生态系统的生态价值，开拓了具有产业价值的前植物生产层，例如，生物多样性保护、水土保持、环境美化及生态旅游等。前植物生产层的社会产业意义最初不为社会所关注，被认为与水和空气一样，是天然无尽的无价资源。后来随着社会文明的进步，其社会产业意义越来越大，也越来越受到关注。前植物生产层现在被认为是人类社会生存与发展的本底资源，是保持人类文明持续发展的前提。

上述三个生产层，都是与生物有关的生态系统的特殊农业式样。此外，人类农艺活动还延伸到生物产品以后的加工、流通以及与之相关的市场和金融领域，这是原来自然生态系统没有涉及的全新领域，我们称之为后生物生产层。随着科学技术的进步，其产业意义越来越大，也越来越受到关注。在科技充分发挥作用的文明社会中，其产值甚至超越前几个生产层的总和。这个生产层被认为是农业现代化的标志。

农业的四个生产层结构如图（图4-8）所示，其产业发生层次是自上而下的，形成"前植物生产层—植物生产层—动物生产层—后生物生产层。"

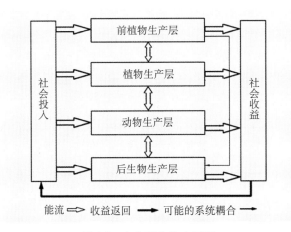

图4-8 农业四个生产层图

注："社会投入"分别给予四个生产层，各生产层的产出效益分别输送到"社会收益"，"社会收益"又返回"社会投入"。各个生产层之间可能发生双向或多向联系，形成草业系统内部的系统耦合。其中每一生产层都可以独立向社会输出，也可以接受社会的投入。它们可以并列构成复合生态系统；这四个生产层之间也可以发生系统耦合，构成高一级的新系统。

上述四个生产层都是开放的，既可接受社会投入，也向社会输出产品；既可独立运营，也可耦合增殖，是对农业结构的总概括。

在农业生产实践中可依据产业性质，利用各个生产层开放的功能，分别接受社会的多项投入，如物质的矿物元素、农艺的各类设施、信息的传导、科学技术的处理和资本的运作，等等；与此同时，它们也可以向社会输出各自的产品，成为社会收益；不仅如此，各个层次之间也可能发生系统耦合，产生新的产业效益，甚至形成新的产业。例如，植物生产层的草地与动物生产层的牛群相耦合，形成草地养牛业，使牛群得到繁殖；养牛业与后生物生产层耦合，形成肉牛产业或奶牛产业，等等。生产如此繁衍分支，实施耦合的系统界面也大量增加，形成了界面矩阵。农业的耦合层越丰富，界面的开放功能越发达，农业的效益也越高。

本章就农业的四个主要生产层的农业伦理学关系加以论述。

第一节 前植物生产层的伦理学含义

前植物生产层（pre-plant production level）或称景观层（landscape level），不以植物产品和动物产品为主要生产目标，而是以自然景观作为社会产品，向社会提供效益，即以景观整体为产品向社会输出。前植物生产层的产品包括风景、水源涵养、自然保护区、旅游地等。它的农业意义在于以生态效益为社会产品。在中国传统伦理观中被视为"风水"之地，属中国传统的堪舆学范畴，关乎当地的吉、凶、善、恶。良好的自然生态系统成为一方吉祥的守护神地。

前植物生产层是在传统自然生态系统的植物生产和动物生产之外，为农业生态系统所特有的生产层。该层的生产特点是尽量减少人为干预，利用其自然特色取得社会效益。在土地资源形成的三个因素[1]中，这个生产层生产劳动因素的投入减少到最低限度，以维持生态现状。前植物生产层所创造的价值有时并不比初级生产和次级生产效益差。随着社会生产、生活和文化水平的提高，环境效益迅速增长，创造的经济效益也日益提高。前植物生产层向社会功能延伸，形成景观农业。景观农业是全新的行业，已逐步引起人们的重视。这种投入少、看来似乎不管理的管理，近于"无为而治"，实际是更高境界的管理，需要更高水平科学理论和技术的支持。社会对前植物生产的投入，除了日常监测及少量服务性设施（如简易道路及观赏设备等）以外，关键措施是保持景观的相对稳定。因为生态系统是有生命的，不断向对社会有益或无益的方向发展。要保持一定的景观格局，使其在某一发展水平上相对稳定，不再明显前进也不明显后退，这需要高深的调控理论和技术。前植物生产层基本属适应性利用。其非生物因素与生物因素各起什么作用，因地、因时而异。对于以日照充足、风和日丽见长的生态系统，则大气因素居主要地位（如埃塞俄比亚以"阳光城"为特色，展示其自然风光）；某一地区因山势嵯峨、草木茂盛见长，则土地因素中的地貌与生物因素中的植物居主要地位；如果以欣赏某种稀有动物（如熊猫或候鸟）为主，则生物因素中的动物栖居地居主要地位。调控其他因素，使之满足主导因素的需要，并非易事。

---

[1] 任继周.草地农业生态系统通论[M].合肥:安徽教育出版社,2004:9-17.

这类"不管理的管理"的精妙之处往往未能引起关注，甚至被全然忽略。把前植物生产层看作自在永恒的固定状态，因而疏于管理。把这类宜于发展景观农业的土地资源交给旅游部门开发经营，以追求短期效益为唯一目的，甚至妄做人为造景，破坏自然景观，往往造成不可挽回的损失。现在有人提出不同的前植物生产层的估价方式，但因涉及因子太多，非线性关系探索不足，估测方式还有待完善，目前难以作为估测农业生产的依据。

在自然景观的基础上，伴随人类文明和生活需求的发展，人为强烈干预的草坪农艺流行于世界各地，如运动场草坪、园林草坪等，它们在前植物生产层中，自成体系，产生了人为景观。人为景观的制作与维持，需要专业理论、技能、工艺和资本投入。随着人类文明的发展，草坪业日益扩大其农业份额，成为不容忽视的现代社会的前植物生产层的巨大产业链。

我们审视自然界的主体，无论多么繁复多变，存在多少自然和人为的干扰，还是不能脱离三类因素互相关联的自然地带性这一基本规律。老子给予高度伦理学概括："人法地，地法天，天法道，道法自然。"

维护自然健康，是农业生产的前提和归宿。老子首次把"道"这个规律的总皈依称为"自然"，功不可没。"自然"一词是否源于老子，有待文字学专家考订。但把自然置于伦理观的顶层，无疑是中华民族对人类文明的伟大贡献。中共十八大报告中明确提出："加大自然生态系统和环境保护力度""保护生物多样性"。中国的草地面积位居全球陆地生态系统第六位，自应予以充分关注。因此，前植物生产层在农业行为中具有崇高的地位。农业不可须臾脱离"敬畏自然"这一最高伦理观。

第二节　植物生产层的伦理学含义

中国一向以农耕古国自诩，对植物层的生产经验丰富，经典文籍不可胜数。但对植物生产作为生态系统整体的一个层次，似乎还未见清晰论述，这就难免对农业整体的伦理观有所偏颇。

植物性生产是植物利用日光能将无机盐类和水通过光合作用组成有机物质。人类收获其有用部分作为产品，这是传统农业的内涵。如牧草、作物、蔬菜、瓜果、林木等。在生态系统中，它是从无机世界进入有机世界，为生态系统以后各营养级的第一步，故也称初级生产，是一切生态系统的基础。植物生产层可以有多种不同的生产系统，如果树系统、蔬菜系统、谷物系统、油料系统、纤维系统、饲料系统等。它们可以建立单独的生产系统，但更多的是综合植物生产系统。因为对于土地和大气资源，综合利用比单一利用效益更高。正确组建综合植物生产，需要优化设计。

众多的植物生产系统可概括为两大类型，即籽实生产类型与营养体生产类型。粮食作物的籽粒、纤维作物的棉花及油料作物的菜籽、向日葵籽、茶籽和花生等都以收获籽实为主要产品，属于籽实生产系统。牧草、林木、麻类、草坪、花卉、块根、块茎作物和放牧地等都是收获营养体，它们不以籽实为产品，而以营养体整体为主要产品，属营养体生产类型。

中国由于耕战思想的影响，形成以籽实农业、尤其是粮食为主体的农业系统长达数千年[1]。大量典籍都集中关注植物生产与动物生产两个层次。《管子·牧民》篇最有代表性，写道："错国于不倾之地者，授有德也；积于不涸之仓者，务五谷也；藏于不竭之府者，养桑麻、育六畜。"[2]他在这里对治国之道讲了几件大事，首先要道德高尚的人掌握治国大权；然后就是农业结构要健全，包括五谷、桑麻、六畜三大项。其主要目的是为食物提供保障的谷物和为衣着提供保障的桑麻，还有为农业提供动力兼积粪肥田以及提供肉食的六畜。它们分属植物生产和动物生产两个生产层。特别着重于植物生产，他把粮食生产提高到治国的战略地位，写道："富国多粟生于农，故先王贵之。凡为国之急者，必先禁末作文巧，末作文巧禁，则民无所游食，民无所游食则必农。民事农则田垦，田垦则粟多，粟多则国富，国富者兵强，兵强者战胜，战胜者地广"[3]。管仲首先把农业伦理观的最高层置于服务耕战战略目标的地位。管仲的耕战论简括说来就是：严禁工商业——集中人力开垦农田——种植谷物——积存粮食——富国强兵——发动战争——开疆拓土。此论一出，"天下"农业思想为之丕变。商鞅首先在秦朝加以发扬光大，力行"垦草"以扩大农田面积，编订户籍以严管人力，保证平时务农、战时从军，施行军功爵制，培养好战的农民。一时国力大盛，被称为"虎狼之秦"，威震天下。各诸侯国纷起效尤，垦田积粮成风。尽管当时人力有限，草地面积广大，畜牧业仍为农业财富的主体。春秋时期著名富豪范蠡，即后世尊为商业始祖的陶朱公，在回答猗顿致富之道时说"欲速富，养五牸"[4]，猗顿依计而行，果然"资拟王公，名驰天下"。可见当时草牧业资源是很可观的。

植物转化为农业生产的方式有多种，如放牧、采摘和割贮。采摘不但包

1　任继周.中国农业系统发展史[M].南京:江苏科学技术出版社,2015.
2　黎翔凤.管子校注（上）[M].北京:中华书局,2004:14.
3　赵守正.管子注译（下册）[M].南宁:广西人民出版社,1987:72.
4　《太平御览·人事部·富下》："猗顿，鲁之穷士也，耕则常饥，桑则常寒。闻朱公富，往问术焉。朱公告之：'子欲速富，当畜五牸。'于是乃适西河，大畜牛羊于猗氏之南，十年之间，其羜息不可计，资拟王公，名驰天下。"

括地上部分的枝叶、花序、种子、果实等，还包括地下部分，如块根、块茎及药用植物的地下部分等。植物可通过割贮、青贮和加工变成植物性产品，如青草、干草、青贮饲料、干草粉等，成为农业生产的重要组分。中国长期以来在"以粮为纲"的思想指导下，植物营养体的牧（饲）草产品很少直接进入流通领域。但就其营养物质总产量看，营养体类型植物的生产效益往往高于籽实类型植物，尤其多品种间作套种，效益可大幅度提高（表4-1）。

表4-1　南方暖季水稻／冷季一年生牧草耦合系统与标准农田的产出比较[1]

生产周期（1年）	总代谢能 (MJ／hm²)	农田当量 ALEU
一年一熟种植水稻	7.23	1
1~5月 黑麦草；5~8月中旬 玉米；8月中旬~10月休耕；10~12月 黑麦草	32.0	3.99
1~5月 黑麦草；5~10月 高丹草；10~12月 黑麦草	27.0	3.36
1~3月小黑麦；3~10月 玉米；10~12月 小黑麦	36.3	4.53
1~3月 小黑麦；3~10月 高丹草；10~12月 小黑麦	36.7	4.58

注：土地生产力以一年水稻收货量为1，黑麦草+玉米+休耕+黑麦草为3.99，黑麦草+高丹草+黑麦草为3.36，小黑麦+玉米+小黑麦为4.53，小黑买+高丹草+校内买为4.58。即营养体农艺毕水稻单作可提高近4~5倍。

但随着社会生产、生活水平的不断提高，尤其近40年来，中国国民食物结构发生本质性转变，动物性食物大幅度提升，谷类食物显著下降。如以食物当量计算，人耗与畜耗之比为1：2.5，即家畜营养需要量是人营养需要量的2.5倍。但农业结构依旧采取以粮为纲的措施，强调谷物生产，不惜投入大水、大肥、大农药，以换取粮食丰产，以致我国的粮食成本高于进口粮食的到岸价，而且超过市场需求，导致粮食大量库存积压而饲料严重不足。由于水、肥、农药过量使用，导致大面积面源污染，殃及土、水及各类农产品，危及社会食物安全。对产业效益巨大的营养体农艺措施未能得到足够重视。发达国家早已把栽培草地和草地放牧利用作为现代农业的利器。2009年美国出版《草地：助力美国新农业的稳定和强大》（Grassland: Quietness and Strength for a New American Agriculture）[2]，而我国对此却视而不见，反而把草

[1] 任继周,林慧龙.农田当量的涵义及其所揭示的我国土地资源的食物生产潜力——个土地资源的食物生产能力评价的新量纲及其在我国的应用[J].草业学报.2006(05):1-10.

[2] Wedin W F, Fales S L. Grassland: Quietness and Strength for a New American Agriculture [M]. New York: American Society of Agronomy, 2009.

地作为农业发展的阻力。更加令人费解的是草原禁牧令竟然风行一时。这种做法既无视农业系统的基本规律，又违反农业生产应与社会发展阶段相适应的农业伦理学原则，农业生产与社会需求之间严重错位，造成巨大损失。

以我国传统耕战论为基础的农业伦理观既引发了农耕地区的片面籽实农业，又干扰了草地畜牧业的发展。在全国范围内造成农区与牧区的历史障隔，在农耕区内部又造成植物生产与动物生产两个生产层的障隔，使农业整体偏离生态系统发展的正道，不但使农业产业长期处于低水平状态，也严重危害国家对国土资源的利用和治理。

第三节 动物生产层的伦理学含义

大气、植物和土地都给动物提供了必要的生活条件。草食动物既是初级产品消费者，又是次级生产的生产者。其生物量又被下一级肉食动物消耗，肉食动物又可再被更高一级的肉食动物捕食，出现二级或三级消费者。在自然生态系统中动物的食物源与动物所产生的生物量之比大约为10:1，即动物可将食物提供营养的1/10转化为动物有机体，我们简称为十分之一法则（也称为林德曼法则）[1]。野生动物，不论草食动物还是肉食动物，它们作为不同级别的消费者对保持生态系统的平衡有重要意义，都是生态系统必不可少的组分。

农业系统中的动物生产层，主要指家畜而非野生动物。家畜食物转化效率远比自然环境中的野生动物为高。其转化率在1：2（如变温动物的鱼类等）～1：9（一般草食动物）之间。但草食动物与草地之间，因家畜对牧草的嗜食性与牧草对家畜的适口性的差异，和家畜对牧草采食率的高低不同，从草地牧草到家畜产品，转化效率相差悬殊。所谓嗜食性，就是家畜对牧草喜欢吃的程度，而适口性就是牧草被家畜喜欢吃的程度，两者名异而实同，不过是前者以草食家畜为主体而言，后者以牧草为主体而言。

自然之道，各类家畜各有其相对应的适宜牧草，被称为该种家畜的食性生态位，即家畜食谱在整体植被中所占的位置。生态位互不重叠的家畜利用同一草地，因为他们的嗜食性不同，草地牧草可较均匀地被家畜采食，草地承载量较大，有利于草地健康和草业生产效益。反之，则不利于草地健康和生产效益。根据草地状况，优化草地与家畜的合理组合，顺应自然伦理之道，管理水平可显著提高。因管理水平的高低，生产效益相差可达数倍到上

---

[1] Raymond L. Lindeman. The trophic-dynamic aspect of ecology[J].Ecology, 1942, 23(4): 399–418.

百倍。中国传统耕地农业，过于忽视动物生产层，养猪为了积肥、养牛为了耕田，动物生产失去产业属性，也是从根本上否定了生物多样性的农学含义。尽管我们曾经倡导"八字宪法"[1]（图4-9），追求中国的农业现代化，但"八字宪法"只限于耕地农业的粮食作物，只覆盖了农业的一角，以此为法，纵然倾全国之力追求农业现代化，也无异得之滴水，失之沧海。以上这些导致我国农业步履维艰，长期不能自拔，至今农业整体仍然为"三农问题"[2]所困扰，实为时代的遗憾。

图4-9　1958年有关"八字宪法"的宣
传画，动物生产层被忽略
（引自宣森《新中国宣传画（1949—1960）》）

第四节　后生物生产层的伦理学含义

后生物生产层是指对草畜产品的加工、流通和分配的全过程。它是农业生态系统物畅其流的伦理学根本大法，也是上述各个生产层进入社会市场行为的综合表现。

生物学效率在生态系统中表现为逐级缩小的金字塔模式[3]，而在现代农业生态系统中则呈现相反的趋向。社会投入把农业初级产品的经济效益通过产

---

[1]　毛泽东提出"农业八字宪法"：即土、肥、水、种、密、保、管、工。
[2]　中共十六大明确提出"三农问题"是指农业、农村、农民这三个问题。
[3]　生态系统金字塔模式参阅本书《生态系统之法》。

业链的延长、产品系列的丰富和流通网络的逐步扩展而不断扩大，最终使农业系统的恢宏巨网将农业从初级产品向市场末端全部覆盖，其经济效益呈指数式放大。因此，农业的社会效益形成倒金字塔模式。现代农业生态系统的产业增殖可达几十倍到上百倍，其核心就是农业四个生产层的结构完善和现代化的经营管理。

在这里我们可以举出一个最简单的动物生产层通过现代管理手段，使草地生产力放大的事例（表4-2）。

表4-2 草原生态系统的生产能力的放大

项 目	改良方法	每一措施的增产状况	生产水平累积量（倍）
牧草产量	改良天然草地及人工种草	1～3倍	2～4
牧草营养物质	适当利用及保存	50%	3～6
草地利用	划区轮牧	20%	3.6～7.2
家 畜	家畜改良	30%～50%	4.68～10.8
	家畜品种组合优化	40%～150%	6.55～27
周 转	季节畜牧业	300%～1 100%	26.2～297

注：假若通过栽培草地的建设和天然草原的改良，在现有牧草产量（设为1）的基础上提高1～3倍（据估计到本世纪末我国草原初级生产能力可提高 2.4倍），牧草营养物质通过适当利用及保存可以增加50%，那么这两者的增产效应就可达到现有生产能力的3～6倍[（2×1.5）～（4×1.5）]。通过划区轮牧，又可提高生产能力20%，使生产水平达到3.6～7.2倍[（3×1.2）～（6×1.2）]。家畜改良可以使生产水平提高1/3～1/2，使生产水平提高到4.68～10.8倍[（3.6×1.3）～（7.2×1.5）]。不同家畜品种组合优化处理，公认可提高生产水平40%～150%，这就有可能达到6.55～27倍[（4.68×1.4）～（10.8×2.5）]。最后，通过施行季节畜牧业，即生长季内牧草的生产优势，转化为畜产品，并使其尽快输出，成为产品，又可提高生产水平3～10倍，也就是最终达到初始生产水平的26.2～297倍[（6.55×4）～（27×11）]。

这个事例说明草地生产能力在转化为商品的过程中，通过6个转化阶而逐级提高，实质上也就是农业伦理学层积效应的积累，构成倒金字塔模式。这个模式显示，仅放牧系统的科学管理，就可能提高其生产水平26～279倍。

如整体农业构建农业生产的全部四个生产层，其产业效益将逐层扩大，形成倒金字塔模式（图4-10），其增产效益将发生爆炸式剧增。

现代农业中，农业结构的层积作用对农业现代化做出了无可取代的决定性贡献。

中国传统农业结构，从秦汉时代的"辟土殖谷曰农"到近现代的"以粮为纲"，三千年来处于一个结构扁平、阈限狭窄的耕地农业的生存空间，违反

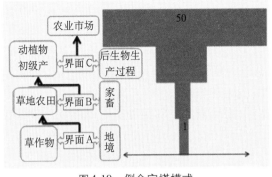

图4-10 倒金字塔模式

了农业伦理学层积之法的基本原则，并偏离了农业伦理学生存与发展的正确途径和目标。我国多年来以粮食高产为目的来追求农业现代化，无异缘木求鱼，只能留下历史遗憾。我们讲农业层积之法是农业伦理学的必要基石，有足够的依据。

其一，就农业总体而言，农业伦理观将自然生态系统和社会生态系统两者通过农业化，形成四个生产层的结构。这个结构不但充分利用自然资源，也充分发挥社会资源的有益功能，共同构建了全新的现代农业。

其二，现代农业的分层结构的伦理关联，充分发挥了农业内涵的各个子系统之间的系统耦合效益。系统耦合可发生指数式效益倍增。这符合伦理学的自然生发之道。

其三，随着科学的不断进步，系统耦合和系统进化将由连锁式发展到网络化，将呈现多元化、指数式增长。这样复杂的现代化农业系统必将产生农业的分层管理矩阵网络系统和与之相应发展的信息系统。这是提高生产效益重大而普适的手段，也是现代社会信息化的基础。而分层管理矩阵网络系统就是现代农业伦理观的具体式样。

其四，以界面为基础，在农业生态系统中众多界面随着管理系统的分层化，构建了农业系统的层积化效应。界面和它的层积化，使耕地农业所衍发的扁平"农耕结构"改变为"现代农业"的立体农业结构，因而其农业伦理学系统也必然由扁平狭小发展为高大厚实的现代农业伦理系统，其伦理学容量也将相应扩大。

其五，与系统耦合相携发生的系统相悖在农业伦理学关怀下得到妥善处理。系统进化中的弱势群体被关怀，系统进化中的不利因素适当化解，社会进步的阻力减少，保障了社会长期稳定发展，社会文明得以和谐稳步前进。

其六，社会伦理学容量的逐步扩大和文明程度的提高，给不同的生态系统造就了足够的生存与发展空间，诸多子系统纳于共同发展的巨型伦理系统之内，为建立人类命运共同体创造了条件。这应是我国新型农业伦理学的伟大历史责任。

第四章　动物保护之法

　　动植物种养殖生产是人类赖以生存的基础，也是人与自然环境协同进化的重要一环。保护动植物资源、爱护环境和动物是人类文明延续的根本。如何看待和处理人与环境的关系以及人类农业生产中的各种自然伦理关系，尤其是人类与动物之间的伦理关系，事关人类文明和农耕文化持续发展及美好生活营造的道德基础，亟须我们加以系统思考和审视对待。在有关动物保护之法中，我们首先梳理农耕社会关于动物资源开发的规范性准则和法规，讨论这些规范性准则和法规赖以形成的哲学依据和文化基础，并结合当代动物保护运动和动物伦理学的基本主张，对中国动物保护之法的现代价值和哲学智慧做系统分析，以全面阐述中国保护动物的伦理准则和道德原则。

第一节　中国农耕社会有关动物资源开发的规范性法令

　　人类的农业活动起源于采集渔猎和动植物驯化，动物资源的农业化是畜牧业发展的重要机制和基本动力。史前时期，华夏民族在北部主要通过"逐水草而居"的畜牧生产，建立起最初的"人居—草地—畜群"和谐共处的生存方式；在南方则开始种植水稻，创生出稻—猪系统的农业模式[1]。尽管在春秋战国之后，随着农耕技术体系的完善和"耕战论"的盛行，耕地农业开始逐渐成为主导性的农业范式，动物性农业生产开始被边缘化，农业生态系统因此被严重阉割，但包括动物饲养在内的动物资源农业化，依然是农耕社会生产生活的重要内容之一。

　　在动物资源农业化的过程中，先民首先根据其对自然规律的认知和对动物生命的理解，开始将野兽驯化成家畜、将飞鸟驯化成家禽，使其更好地满足人类的需要。比如，把野猪驯化成肉用的家猪，选育的目标首先是产肉更多、肉质更好，在此基础上还要容易饲养、适应性强等[2]。同时已开始有意识

----

[1]　任继周.草业科学论纲[M].南京:江苏科学技术出版社,2012:24-57.
[2]　曹幸穗.大众农学史[M].济南：山东科学技术出版社,2015:81.

地确立保护动物和维护动物资源永续利用的相关规范。

据《全上古三代秦汉三国六朝文》记载，夏朝时明文规定"夏三月，川泽不入网罟，以成鱼鳖之长"。夏季的三个月是"禁渔期"，严禁下网捕鱼，因为夏季是鱼鳖成长的季节。《逸周书·文传解》记载周文王临终前告诫太子姬发："山林非时不升斤斧，以成草木之长；川泽非时不入网罟，以成鱼鳖之长；不麛不卵，以成鸟兽之长。畋渔以时，童不夭胎，马不驰骛，土不失宜"。西周时期的《伐崇令》提出更严格的规定："毋坏屋，毋填井，毋伐树木，毋动六畜。有不如令者，死无赦"。自周朝始，政府设有专门看护生态资源的官员，如掌管鸟兽禁令的野虞，掌管山林政令、保护林木不被砍伐的山虞，看管平原地区林木的林衡，掌管山川远近物产的川衡，掌管湖泊大小物产的泽虞，掌管川泽禁令的水虞等。

春秋战国时期，有诸多文献记载了有关保护动物的规范，并就这些规范的伦理意义做了初步的阐述。

《论语·述而》有："子钓而不纲，弋不射宿。"

《孟子·梁惠王上》说："不违农时，谷不可胜食也；数罟不入洿池，鱼鳖不可胜食也；斧斤以时入山林，材木不可胜用也"；"鸡豚狗彘之畜，无失其时，七十者可以食肉矣；百亩之田，勿夺其时，数口之家可以无饥矣。"

《荀子·王制》说："圣王之制也，草木荣华滋硕之时则斧斤不入山林，不夭其生，不绝其长也。鼋鼍、鱼鳖、鳅鳝孕别之时，罔罟毒药不入泽，不夭其生，不绝其长也，……，汙池、渊沼、川泽谨其时禁，故鱼鳖优多而百姓有余用也。斩伐养长不失其时，故山林不童而百姓有余材也"。

《吕氏春秋·义赏》分析说："竭泽而渔，岂不获得，而明年无鱼；焚薮而田，岂不获得，而明年无兽。"

《淮南子·主术训》写道："故先王之法，畋不掩群，不取麛夭。不涸泽而渔，不焚林而猎。豹未祭兽，罝罗不得布于野；獭未祭鱼，网罟不得入于水；鹰隼未挚，罗网不得张于溪谷；草木未落，斤斧不得入山林；昆虫未蛰，不得以火烧田。孕育不得杀，鷇卵不得探，鱼不长尺不得取，彘不期年不得食，是故草木之发若蒸气，禽兽之归若流泉，飞鸟之归若烟云，有所以致之也。"

以上规范说明，法是在"时"和"度"等纲纪的基础上形成的农业生产经营活动规范。农业生产经营活动是对自然资源农业化的过程，其中一些事情是绝对不能做的，如"涸泽而渔""焚林而猎"等，一些事情在特定的时期不可以做。

自秦汉始，历代帝王都颁布法令文告设置"时禁"，规范动物资源农业化的相关行为。《秦律田律》明确规定，每年七月之前，不许捕猎禽兽、幼鸟和拣鸟蛋，不准捕捉和杀害鱼鳖。

汉代元康三年（公元前63年），汉宣帝发布中国历史上第一个保护鸟类的法令，规定在春夏鸟类孵化期间不许覆巢取卵，也不准打鸟[1]。

西汉时期编撰的《礼记·月令》云：孟春之月，"禁止伐木，毋覆巢，毋杀孩虫胎夭飞鸟，毋麛，毋卵……毋变天之道，毋绝地之理，毋乱人之纪。"孟春是春天的开始，一切生命都处在萌发和生长阶段。基于对生命的尊重，这里提出禁止砍伐树木、禁止倾覆鸟窝，不能捕杀幼小的虫子、飞鸟和禽兽，不能掏取鸟蛋等规范性要求[2]，要求人们珍惜和爱护动物生命[3]。《礼记·祭义》中甚至写道："曾子曰'树木以时伐焉，禽兽以时杀焉'。夫子曰：'断一树，杀一兽，不以其时，非孝也。'"把顺应时节砍伐树木和不杀禽兽视之为孝，足见古人对这事的重视[4]。

除了有关动物资源农业化的"时禁"等强制性规范外，我国在长期的动物饲养和利用实践中也总结了不少保护动物、惜护生命的实用经验和饲养规范。

《齐民要术》在讨论动物饲喂和开发应用时指出"服牛乘马，量其力能；寒温饮饲，适其天性；如不肥充繁息者，未之有也"，指出要避免瘦牛弱马春天必死这种损失，"务在充饱调适而已"，贮足冬季饲料并合理地饲养管理[5]。具体针对马的饲喂标准，其中写道："饮食之节，食有三刍，饮有三时"，要因畜因时制宜地给予饮水和草料，做到粗料、细料、生鲜料合理搭配，喂水也要分早、中、晚三次，且每次的喂水量都不同[6]。该书还强调在各类动物饲养过程中了解动物的生长、生活习性，根据动物的天性进行喂养、管理，比如根据猪的习性讲道："圈不厌小"，圈小了猪长得快；"处不厌秽，泥污得避暑"。猪有爱清洁的习惯，不在吃睡的地方排便，喜欢在墙角、潮湿、有粪便气味处排便，可利用泥污避暑；针对制酪时间选择记录有：鲜酪"三月末，四月初，牛羊饱草，便可作酪，以收其利，至八月末止"；干酪"七月、八月中作之""牛产五日外，羊十日外，羔、犊得乳力强健，能噉水草，然后取乳。捋乳之时，须人斟酌：三分之中，当留一分，以与羔犊"，这样既能满足人们对乳酪的需求，又能保证幼畜的成长，还对母畜的健康给予某种关怀。

1 张全明,王玉德.中华五千年生态文化（下）[M].武汉:华东师范大学出版社,1999:1028.

2 杨华.顺应"时节":时令与中国古代礼制[J].武汉文史资料,2017(3):51-57.

3,4 莽萍等.物我相融的世界:中国人的信仰、生活和动物观[M].北京:中国政法大学出版社,2009:94-95.

5 王晨璐,马刚.《齐民要术》中的动物养殖技术伦理探析[J].青岛农业大学学报（社会科学版）,2017(3):84-88.

6 曹幸穗等.大众农学史[M].济南:山东科学技术出版社,2015:85.

作为一部农业生产经营指导专著，虽然《齐民要术》没有明确提出动物福利和动物伦理的概念，但其在对家畜养殖管理和利用方面的许多表述中，时时体现出人对动物的关怀、人与动物在互利互惠中提高生活质量的思想，这对现代兴起的动物伦理学多有启发，值得我们认真研究[1]。

宋代的《陈敷农书》中提出"耕稼盗天地之时利"的原则和"法可以为常，而幸不可以为常"的观点，认为法就是自然规律，幸是侥幸、偶然，不认识和掌握自然规律，"未有能得者"。李根蟠认为"盗天地之时利"的说法较"顺天时、量地利"的原则更积极主动，反映出更充分利用自然光热和土地资源的要求，突出了"天时地利的不可分性"以及"天时地利之宜"的重要性[2]。特别难能可贵的是，陈敷在其中还主张："夫善牧养者，必先知爱重之心，以革慢易之意""视牛之饥渴，犹己之饥渴。视牛之困苦羸瘠，犹己之困苦羸瘠。视牛之疫疬，若己之有疾也。视牛之字育，若己之有子也。若能如此，则牛必蕃盛滋多，奚患田畴之荒芜，而衣食不继乎？且四时有温凉寒暑之异，必顺时调适之可也[3]"，强调牧养者要顺应天时，善待生命，向关怀自己一样关怀动物，以保证牲畜兴旺，农业发达，人类衣食无忧。

第二节　中国文化关于动物保护主张的哲学理由和宗教信仰

动物是中国文化建构的重要主题之一。从《山海经》《诗经》中所呈现的动物形象来看，动物或者与人有很多相似性，血肉俱备、有喜怒哀乐，或者可以互换转形、拥有共同的器官、甚至有亲戚朋友关系，或者动物被赋予道德品性，有吉凶善恶之别。这些形象所折射出来的动物观念对中国文明早期传统的形成有重要影响。在中国文明此后数千年的发展中，它们一直以不同方式塑造、影响着中国文化的品格和特性[4]，为有关动物保护的主张提供难以忽略的心理积淀和独具特色的文化资源。

中国农耕文化总体上不反对动物资源的农业化，但要求遵守"时禁"，遵

1　王晨璐,马刚.《齐民要术》中的动物养殖技术伦理探析[J].青岛农业大学学报（社会科学版）,2017(3):84-88.

2　李根蟠.《陈敷农书》与"三才"理论——与《齐民要术》比较[J].华南农业大学学报（社会科学版）,2003(2)：101-108.

3　任继周.中国农业伦理学史料汇编[M].南京:江苏凤凰科学技术出版社,2015:313-315.

4　莽萍等.物我相融的世界：中国人的信仰、生活和动物观[M].北京:中国政法大学出版社,2009:31-32.

守自然规律，节制性地开发各种动物资源，尊重动物天性和自然生命的多样性。为什么在漫长的农耕实践中，中国社会出现了这种理性地考虑人与动物（包括自然）关系、尽可能为动物等其他生命存在的多样性留下空间和余地的行为准则与伦理规范？早期文明传统中的动物形象及其衍生出来的宗教信仰当然可以提供一些解释，但可能为中国农耕社会诸多保护动物、惜护生命的规范性法令和行为准则提供充分论证的则是长期主导国民生活和制度安排的、体现出系统性文化表述的儒释道各家学说及其相关的"天人合一"的宇宙论或自然哲学假设。

在中国传统文化的深层结构中，"整个宇宙的所有的组成部分都属于同一个有机的整体，而且它们全都以参与者的身份在一个自发自在的生命程序之中互相作用[1]"。从一定意义上讲，儒家对"天""人"关系、人与动物关系的思考不是仅仅基于某种实体性存在对象或超绝万物之上的抽象概念，而是更多地基于人与自然、人与动物之间的互动性关系或和谐共生关系。因此，"古代儒家学说不是普遍地禁止或绝对地非议杀生——猎兽或伐树，而是认为人们有些时候可以做这些事，有些时候不可以做这些事。[2]"

仁的观念是儒家道德哲学和伦理思想的基石，但孔子始终没有对仁给出一个抽象的定义，"他实际说的是一种人与社会的适当互系。人与人互相都把对方当作人来尊重和对待的正当关系，……，儒家的道德是万物互系意义上的思想。道德不是抽象的、统一的和不变的，道德实际上是你在认识和处理认识互系关系方面所达到的程度，也就是你得道了没有。道德高的人对互系认识范围大、程度深，不仅能认识处理个人、家庭、社会关系，也能认识处理国家和国家、人和自然的关系。根据儒家的道德观念，其反面是不合天理和违反纲常，也就是破坏人与自然、人与人之间应有的正常关系[3]。正是基于这种独特的道德哲学基础和运思方式，儒家对保护动物的道德责任做出了如下富有中国文化特点的论证和辩护：

其一，人与万物（包括动物）一体，都属于一个大生命世界。儒家强调"天地之大德曰生"，主张天人合一，强调人类社会和自然万物构成有机生命体，人类是整个生命世界的一部分而非居于凌驾其上的统治地位。人与万物（包括动物）虽有差异，但在仁的意义上却是平等的。自然界生而珍贵，具有"厚德载物"和"生生不息"的美好德性，人应该敬畏天地自然，而没有

[1]　牟复礼语，参见张光直.中国青铜时代（二集）[M].北京：三联书店,1990:134.
[2]　何怀宏.生态伦理[M].保定：河北大学出版社,2002:27.
[3]　田辰山等.再看儒家世界观[N].社会科学报,2012-08-01(006).

权利把自己当作万物的主宰，"屈物之性以适吾性"；应该对天地万物心存爱念，使万物都能"各适其性"，按照他们的自然天性得到生存和发展[1]。程颢等宋明儒家提出"仁者以天地万物为一体""仁者浑然与物同体"的命题，将万物视为人的生命的一部分，主张人和天地万物是同类、是平等的，并经常引用医书上所讲的"麻木不仁"作比喻，阐述关爱万物就是关爱人自身的道理（图4-11）。

图4-11　生态系统的和谐共生至关重要，图为正在捕鱼的白鹭
（郑晓雯摄）

其二，在人与万物（包括动物）构成的大生命世界中，人作为"参天地之化育"的能动主体，具有"仁爱"精神和"不忍人之心"。基于此，孔子在《论语》中所讲的"钓而不纲，弋不射宿"（《论语·述而》）就不仅仅是一种旨在保护自然资源以满足人类利益的行为规范，而是"仁爱"精神的具体体现，表露出他对鱼儿和鸟类动物的某种伦理关怀与道德关注。孟子认为人和禽兽之间只存在"几希"（一点点）差异，那就是"人有不忍人之心"，能以仁心待他物。他说："君子之于禽兽也，见其生，不忍见其死，闻其声，不忍食其肉"（《孟子·梁惠王上》），人能以仁心对待动物，善待动物，有能力赋予非人动物等生命形式一种情感上的价值关系。孟子因此将仁提升为人的存在本质（"仁也者，人也"），明确提出"亲亲而仁民，仁民而爱物"（《尽心上》）的伦理主张，并在"爱有差等"的原则基础上主张扩展人类道德关怀的伦理容量，将仁的范围拓展至非人动物和所有生命，将动物和其他生命也纳入道德关怀的对象之中，提出"爱万物"（"仁者，无不爱也"）的普遍原则。王阳明以"万物一体"为良知的最终实现，也即人生的最终关切，不仅主张爱动物、爱植物，而且主张关爱瓦石之类的无生命事物，理由是天地万物都有良知，天地万物的良知就是人的良知，只能由人的良知来实现。良知说到底"只是一个真诚恻隐之心"，即仁心，人有良知，就应该对万物充满爱心，并真切地关爱万物[2]。

其三，人类保护动物和自然万物的终极目的在于修复或维护人与动物、

1　叶朗.中国传统文化中的生态意识[J].北京大学学报（哲学社会科学版）,2008(1):11-13.
2　蒙培元.仁学的生态意义与价值[J].南平师专学报,2007(7):1-5.

人与自然的和谐关系，以达致"天人合一""万物一体"的至善境界。荀子理想中的圣王之制，本质上是一种尊重自然、人与自然和谐相处的社会。他主张在自然界的动植物处于生长发育阶段时严格实行"时禁"，理由是动植物有其生长发育的规律和过程，人类向自然的索取要有度，即"不夭其生，不绝其长"。《中庸》说："执其两端，用中于民""喜怒哀乐之未发，谓之中。发而皆中节，谓之和。中也者，天下之大本也；和也者，天下之达道也。致中和，天地位焉，万物育焉。""中"是天地万物生长发育与和谐共生的本性和常道，通过"执两用中"或"致中和"，自然万物才可能和谐共荣并持续进化。"执两用中"的思想方法"要求我们在与自然打交道时，尤其是涉及与自然万物的利害关系时，对人类自己的行为要加以节制，既无须将人类利用与改造自然环境的行为完全否定和加以取消，又要在利用与改造自然环境的过程中顾及自然万物的利益和价值""'执两用中'是为了使自然生态系统实现'和'的状态，要达到'和'的状态，生态系统中物种不仅要多样化，而且各物种的数量要恰如其分，不可太多，也不可太少。若过多或过少，都破坏了自然生态的平衡，……。'致中和'要求我们对于不同物种的要求分别对待，以满足它们的不同需要，使它们的生长发育得其所宜"[1]。朱熹强调人的使命就在于"致中和""参赞化育"，达致"万物一体"的和谐境界。为此，他主张人应当克服私欲进行修养实践，做到对万物的"无所不爱"；否则，人可能会饱尝职责缺失的严重后果，如"山崩川竭""胎夭失所"等自然灾变。

受儒家动物伦理思想的影响，清代画家郑板桥在一份家书中说，天地生物、一蚁一虫，都心心爱念，这就是天之心，人应该"体天之心以为心"。他说他最反对"笼中养鸟""我图娱悦，彼在囚牢，何情何理，而必屈物之性以适吾性乎！"就是豺狼虎豹，人也没有权利杀戮。作为和万物同类的人的真正的快乐是看到万物能"各适其天"，即能够按照其自然本性获得生存的自由[2]。

道家有关动物保护的主张也是基于万物一体的整体论预设之上的。老子说，"道生一，一生二，二生三，三生万物。万物负阴而抱阳，冲气以为和"（《道德经》四十二章），指出万物虽各有不同，但都源于"道"且在阴阳二气的激荡贯通之下形成息息相通的有机生命体。庄子说，"天地与我并生，而万物与我为一"（《庄子·齐物论》），他甚至幻想出"同于禽兽居，族与万物并"（《庄子·马蹄》）万物众生比邻而居，鸟兽成群、草木滋长的唯美画卷，"彻底

[1] 胡伟希.儒家生态学基本观念的现代阐释：从"人与自然"的关系看[J].孔子学刊,2000(01):4-14.
[2] 叶朗.中国传统文化中的生态意识[J].北京大学学报（哲学社会科学版）,2008(1):11-13.

打破了人与万物的界限，把人与天地万物看作一个整体：我就是物，物就是我。既然世界万物与我本是一个整体，那我有什么理由不去爱护动物等其他物类呢？没有，我当爱世界万物犹如爱我自身。[1]"

基于这种万物一体的整体论预设，老子提出"人法地，地法天，天法道，道法自然"（《道德经》二十五章）的总体认识论和方法论原则。强调道法自然，天地人等万物的存在是任自然而不假人为的，主张人应该效法天地之道，按照天地万物的本性去认识和对待自然。他进一步指出"故天之道，损有余而益不足"（《道德经》七十七章），强调天之道在于"损有余而益不足"，目的在于维持整个天地人有机生命体的多样性和整体和谐。庄子为此极力推崇自然无为，理由是"无为而万物化"（《庄子·天地》）、"无为者，则用天下而有余；有为者，则为天下用而不足"（《庄子·天道》）。自然无为对于自然万物和谐共生具有利益攸关性，因而也就具有了道德规范和伦理态度的意义。庄子用"鲁王养鸟"的故事"以己养养鸟"和"以鸟养养鸟"说明人类主观妄为和自然无为两种态度对动物生命健康和自然万物生化的意义，进而提出人类对待动物等自然生命的应有的行为准则，那就是不要做违反自然规律和动物本性的蠢事，否则结果只能是"为者败之，执者失之"（《道德经》二十九章）。不仅如此，道家还主张贵生、爱物。顺着道法自然的思维逻辑，老子讲，"上善若水，水善利万物而不争"（《道德经》八章），"是以圣人常善救人，故无弃人；常善救物，故无弃物"（《道德经》二十七章），主张"利万物""善救物"，用包容和宽广的胸怀对待自然万物，庄子则主张"常因自然而不益生"（《庄子·德充符》），反对"与物相刃相靡，其行尽如驰，而莫之能止"（《庄子·齐物论》），体现出贵生爱物的救世情怀。

道家学说中有关自然无为、护生爱物的主张在东汉末年创始的道教戒律中得到生动体现。道教是源于道教思想的本土化的宗教，对中国民间的自然生态和动物保护观念有强大的形塑作用。早期道教经典《太平经》中写道："夫天道恶杀而好生，蠕动之属皆有知，无轻杀伤用之也。"[2]《老君说一百八十戒》中规定"不得绝断众生六畜之命""不得冬天发掘地中蛰藏虫物""不得妄上树探巢破卵"；《洞真太上八素真经三五行化妙诀》说："仁者好生恶杀，救败护成，禁忌杀伤……"[3]《初真十戒》中说"不得杀害含生，以充滋味，当

---

1 莽萍等.物我相融的世界：中国人的信仰、生活和动物观[M].北京:中国政法大学出版社,2009:72.

2 王明.太平经合校[M].北京:中华书局,1960:174.

3 莽萍等.物我相融的世界：中国人的信仰、生活和动物观[M].北京:中国政法大学出版社,2009:112-113.

行慈惠，以及昆虫"；《中极三百大戒》甚至规定"不得鞭打六畜"。

佛教传入中国并经过创造性转换后也对中国传统文化的建构和农业生产经营实践产生深刻的影响。佛教首先承认万物皆有佛性，都具有内在价值，强调一切众生佛性平等，无有差别；动物与人类"同体共生"，也有血有肉，能够感受痛苦和快乐，同样拥有父母兄妹。其次主张尊重生命，反对任意伤害生命，认为"诸罪之中，杀罪最重；诸功德中，不杀尤要。"在中国广受欢迎的、以慈悲为本的大乘佛教在一些经典明文中指出，不得食一切众生肉，理由是："善男子！夫食肉者断大慈种"（《大般涅槃经》卷四），"故六道众生皆是我父母。而杀而食者，即杀我父母亦杀我故身"（《梵网经》）。基于同样的理由，佛陀在《梵网经》中劝诫弟子以慈心行放生之业，慈悲护生。如果见到有人杀害牲畜时，应方便救护，解其苦难。在大乘佛教看来，世间没有比生命更可贵的东西，放生不但拯救对方性命，也为自己积德。佛教甚至规定，僧众不得圈养牲畜，不得将鸟禽困于笼中玩弄，不得穿皮草或使用皮革坐垫等，这是佛教对生命关怀和尊重、不忍牲畜遭受残杀危难的慈悲心的具体体现。

关于儒释道三家的动物保护思想和广泛实践，蒋劲松曾评述说，儒家的动物保护观念是一种有节制的人类中心主义，提倡慈悲"爱物"的理念，基本的精神是恻隐不忍，反对虐待，节制欲望，反对暴殄天物，注重可持续利用自然，强调顺应天时地利。而佛道两家，则超越人类中心主义，反对杀生，提倡素食，主张积极地救护生命。大致说来，儒家的观念近乎动物福利论稍有不足，而佛教道教的观念则比动物平等论更为彻底[1]。无论如何，中国传统文化思想中蕴含了多种深刻的保护动物的主张，为中国农耕文明时代丰富多彩的生产和生活实践提供了广域的行动指南和伦理准则。

第三节 中国动物保护伦理的现代意义

现代社会文明进步在创造动物农业奇迹的同时也在改变着人类的伦理容量。一个国家的国民对待动物的态度已成为其社会文明程度的重要标志，有关动物福利和动物保护的问题不仅成为社会高度关注的伦理问题，而且也已逐渐上升到立法层面，亟须我们基于人类健康发展的利益或动物自身内在价值等来理性地处理人与动物的关系。

1964年，英国作家鲁思·哈里森（Ruth Harrison）出版《动物机器：新

---

[1] 蒋劲松.动物伦理学视野中的畜牧业[J].兰州大学学报(社会科学版),2015(03):45-48.

工厂化的养殖业》（Animal Machines: the New Factory Farming Industry）一书，详细描述了工厂化饲养场出现的非人道行为，例如，将产蛋的母鸡关在小笼中、用绳索拴住怀孕的母猪和将一个个小公牛监禁在狭小的板条箱内，等等，揭露了集约化工厂化养殖业对农场动物造成的伤害。"在工厂化的饲养场里的生命完全是围绕着利益而运作，动物被饲养纯粹是因为它们具有将饲料转化为肉类或可出售的产品"，这是作者对这种集约化养殖业提出的最深刻的批评。这种高效化的动物生产模式在动物产业史上或许是一个成功的故事，但就动物福利或利益保全而言却无疑是个悲惨的转向。鲁思·哈里森的书引起英国公众对农业和动物生产方式的高度关注。

　　1965年，英国政府为回应社会诉求，委任罗杰·布兰贝尔（Roger Brambell）教授对农场动物的福利状况进行调查。1967年，英国政府根据研究结果成立了"农场动物福利咨询委员会"。1979年，在此基础上改组成立的"农场动物福利委员会"，明确将"五大自由"作为动物福利标准，强调动物福利包括身体和精神两个方面。好的动物福利应意味着生理和心理上的福利。任何被人类饲养的动物至少应避免受到不必要的痛苦。其具体内容包括：动物享受不受饥渴的自由，提供保持其良好健康和精力所需要的食物和饮水；享有生活舒适的自由，提供适当的房舍或栖息场所，让动物能够得到舒适的睡眠和休息；享有不受痛苦、伤害和疾病的自由，保证动物不受额外的疼痛，预防疾病并对患病动物进行及时的治疗；享有生活无恐惧和无悲伤的自由，保证避免动物遭受精神痛苦的各种条件和处置；享有表达天性的自由，给其提供足够的空间、适当的设施以及与同类伙伴在一起。这"五大自由"与其说是定义了一个可接受的动物福利标准，不如说是定义了一种理想状态，形成了一个改善动物福利状况的框架和指南。

　　1975年，彼得·辛格（Peter Singer）在其出版的对现代动物权利运动影响深远的著作《动物解放》（Animal Liberation）中，再次对集约化饲养场中针对农场动物的残忍行为进行了揭露和反思。他说，为了使小牛的肉色浅而嫩，它们受到特殊待遇。它们被关在狭窄的牛舍之中，并被链子拴住，以使它们不能转身、舒服地躺下或梳理体毛。它们被饲以全流食，以促使它们迅速增加体重。……，这种残酷的待遇符合道德吗？我们仅仅因为自己喜欢食用其肉就应这样对待它们吗？在他看来，动物和人类一样也具有感受痛苦的能力，人类不能为一己私利而随意剥夺动物的福利、奴役动物，而应赋予动物以道德地位，对其履行一种道德义务，即最大限度地改善受我们的行为影响的动物的福利状况，减少血腥和痛苦。为此，他公开宣称："人类以工厂化养殖方式开发和对待动物的行为是十分令人讨厌的，缺乏伦理正当性"。

尽管在许多现代养殖业的支持者看来，集约化养殖业有诸多好处，如动物的营养状况得到很好改善，动物被安置在通风、温度和湿度得到很好控制和精心设计的空间，各类传染性动物疾病得到控制，等等。但我们不能因此就无视这种养殖方式对动物福利的严重影响：现代农场动物始终处在增产压力之中，各种饲养条件改善的目的是动物快速生长和高效率地生产；多数动物被安置在其正常行为被严重限制的恶劣环境中，没有正常的户外活动，其中大量设施的设计主要是基于饲养人员的工作便利；工厂化饲养需要大量使用抗生素和杀虫剂等来缓解因为空间拥挤而日益恶化的动物疫病的传播，且抗生素和各类激素通常也被用来杀死肠道疾病、刺激牲畜生长或分泌更多的奶汁等。有资料分析说，养鸡业有选择地繁殖那些能够快速生长的品种并使用助长抗生素，结果所繁殖的鸡群为了维持正常的功能需要不断挣扎，因而临近结构化崩溃的边缘，90%的肉用鸡能检测到腿部病变和结构畸形，1/4的肉用鸡因罹患骨病不得不长期忍受慢性疾病的折磨。面对如此受糟践的动物生命状态和残酷的产业数据，我们还能悠然地坐在肯德基、麦当劳的餐桌旁享用那些脆生生的快餐吗？有什么理由为了人类的口腹之欲让这些生灵遭受如此的病痛和煎熬？工厂化养殖业的这种发展取向是否值得信任？

　　当代动物权利运动的精神领袖汤姆·雷根（Tom Regan）在《为动物权利辩护》（The Case for Animal Rights）中说，虐待动物是道德错误的，不是因为这样做会危害整个世界的利益或是漠视非人动物的偏好，根本在于我们的制度允许我们仅仅将动物当作工具一样对待。因此，将农场动物视为以最低成本和最快速度创造最大利润的"生产机器"的工厂化养殖业从根本上就是个错误，因为它侵害了动物权利，有损动物作为一个"生命个体"的内在价值。雷根和一些激进的动物权利运动者声称，仅仅关心农场动物的福利还不够，还必须从根本上废除纵容各种虐待动物、侵犯动物权利行为的动物奴隶制。

　　20世纪90年代之后，随着中国人饮食结构的变化，肉蛋奶等动物性产品开始出现刚性需求，以动物产品为主的养殖业开始蓬勃兴起，甚至超过主要生产粮食的种植业，一跃而成为农业的第一大产业。传统的小规模性的家庭养殖模式显然难以满足消费者对动物产品的强劲需求，因此集约化的动物养殖体系逐渐引入中国，同时传入中国的还有关注动物福利和"动物解放"的社会思潮。集约化动物养殖引发的食品安全问题和环境污染问题开始引起消费者关注，进而有关动物福利、动物权利和基于动物以道德关怀的主张开始进入动物农业生产的相关争辩之中。如果我们对工厂化养殖业中的动物的生命状态无动于衷，那厄运和伤害可能迟早会迁移到我们身上。密集的饲养环境很容易让动物接触到同类粪便，而大量使用抗生素在使患病动物在极其恶劣条件下生存外也使各种病原体产生抗药性。2001年，世界最大的农产品公司之一——康尼格拉食品公司（ConAgra Food）回收了1 900万磅遭受大肠杆菌污染的牛肉，这些牛都是通过集约化养殖场饲养且经过高度机械化屠宰场屠宰的。可以设想，稍微不慎，如此大量的感染食品进入我们的餐桌将会给消费者的身体健康带来何等影响？如果动物肉品将那些具有很强抗性的病菌带入我们的食物链，那么我们人类应该如何面对？我们还有美好生活可言吗？

2017年9月28日，《新科学家》（New Scientist）发表题为《计划削减农业抗生素使用计划或可阻止耐药性蔓延》（Plan to Slash Farm Antibiotic Use may Stop Spread of Resistance）的文章说，抗生素被用来加速动物生长，每年约有13万吨抗生素被加入动物饲料中。这意味着动物使用的抗生素已经超过人类的用量，新的耐药性变异在其他动物中出现的可能性比人类更高。问题是在农场中大量使用抗生素会加剧耐药性蔓延，影响人体的耐药性，将使人类面临无药可医的"全球健康危机"（global health emergency）。瑞士联邦理工学院的托马斯·范·伯克尔（Thomas Van Boeckel）等科学家预测说，如果发达国家和中国将抗生素的使用限制在当前全球平均水平（生产每千克肉、蛋、奶的用量在50毫克），那么到2030年农场使用药物的比例将比预计低60%。特别地，他们预测说，如果到2030年每个人每天只吃165克动物蛋白（这是预期的欧盟平均水平），减少肉品的消费，牲畜的抗生素消耗将比目前预测的低22%[1]。

然而，当代中国社会盛行的消费至上的价值观念严重挤压了道德容量的扩张，人们有意无意地忽略了动物等其他生命存在的价值和痛苦处境（图4-12），当代中国动物农业发展面临着更加严重的挑战和问题。2010年10月，荷兰乌德勒支大学（Utrecht University, Dutch）动物与社会研究团体在与中国学者就"动物转基因技术的伦理问题"进行交流和对话时，对中国在未来的科技经济发展中能否实现传统伦理资源和现代发展选择的有机整合表示出极大的关注。这是我们必须认真思考的一个问题。其原因：一是中国传统文化关于人类社会和自然界是一个有机统一体的假定及其相关的伦理思考，是契合现代社会文明发展的未来指向的，其中蕴含着促进现代转化的巨大潜力和价值力量；二是中国社会当前偏向创新和经济快速发展的价值选择，在西方的经验中是很难持续的，因为这种发展在铸造出庞然大物的物质文明的同时

---

[1] Debora MacKenzie. Plan to slash farm antibiotic use may stop spread of resistance, New Scientist, 28 September 2017[EB/OL]. https://www.newscientist.com/article/2148962-plan-to-slash-farm-antibiotic-use-may- stop -spread- of-resistance/

可能摧毁人类文明持续维系的文化禁忌和伦理传统，裸露出贪婪的恶念和无限膨胀的物欲。这种发展偏好迫切需要文化和体制的变革加以约束和制衡，否则恶性食品安全事件将会层出不穷，不仅影响当下公民的生命安全和政府治理社会的公信力，而且可能危及整个社会群体的种系安全和文明秩序[1]。

图4-12　青海湖鸟岛，候鸟栖息地之一。（为维护周边生态系统，保护鸟类正常繁育，青海湖国家自然保护区现已停止鸟岛景区的观光活动）

（郑晓雯摄）

任继周在谈及"放牧和野生动物"的话题时写道："生态系统的生物多样性是本质属性。除掉了岩羊还会有野兔、啮齿类动物等来草地牧食。野兔、啮齿类动物除掉了，还会有其他脊椎动物或无脊椎动物和昆虫等草食动物来消费植物有机体。因此，有'牧食'（grazing）'啃食'（nibble，啮齿类动物和昆虫的采食行为称啃食）或'摘食'（browsing，山羊等牧食灌丛的行为称摘食）等不同的食草行为来消费生态系统的植物产品。从植物生产到动物生产，这是生态系统营养级的必然转换放牧，作为一种农业活动，就是要安排草地（栽培的和天然的）——草食动物（家养的和野生的）的生产流程，使其既有利于动物生产，又无损于草地生态健康。不要忘记，植物和植食动物，是永远共存的矛盾的双方。这正是生态系统的多样性和它的生生不息的精义所在"[2]。

中国文化关注"天地人"之间的共生耦合关系及其生命有机体的整体和谐，并基于儒家互系性思维所提出的各种动物保护理念和生态智慧，可能为我们应对现代化思潮下的各种农业伦理问题提供重要的启示。罗德里克·弗雷泽·纳什（Roderick Frazier Nash）在《大自然的权利——环境伦理学史》（The Right of Nature）中分析说："东方的古老思想与生态学的新观念颇相契合。在这两种思想体系中，人与大自然之间的生物学鸿沟和道德鸿沟都荡然无存。正如道家指出的那样，"万物与我同一"，在道家思想中，万物中的每一物（即大自然中的所有物）都拥有某种目的、某种潜能，都对宇宙拥有某

[1]　李建军.中国传统伦理文化资源的现代价值[J].山东科技大学学报（社会科学版）,2014(02):4-6.
[2]　任继周.草业琐谈[M].北京:中国农业出版社,2013:196-197.

种意义。[1]"丹尼尔·A·科尔曼（Daniel A. Coleman）也相信东方文化中所体现出来的生态智慧，有助于我们构建人与自然和谐共生的美好社会。他说："生态智慧激发我们去理解地球芸芸众生之间的互相依存关系及各个生灵的内在价值。与现代世界观的超理性主义相对照，生态智慧隐含着对直觉与参与性体验的尊重。在生态智慧所追求的取向中，理性和直觉互相促进，以让人充分地认识到，人类社会不过是自然世界不可分割的一部分。[2]"当然，儒家基于"不忍人之心"的善念而发展出来的"仁道"精神和"推己及物"的伦理方法，佛教"慈悲护生"的菩萨心肠与倡言素食救世的生命智慧，都可以为我们提供关爱农场动物、检讨养殖产业发展的正当性等提供重要的思想资源。

现代养殖业以生产、育肥、净肉量、出肉率、料肉比、投资与产出比等经济学和工业化概念建构的理论，把鲜活的生命与无生命的工业原料一样看待，完全忽视了生命本身的价值，是冰冷、死亡的理论。其经营思维完全建立在资本循环和追逐利润的逻辑框架内，由资本和利润所主宰，是对生命价值的异化和蔑视，自然招致动物保护主义者、环保主义者甚至普通大众的反对。缺乏对生命价值的基本尊重，使逐渐异化的现代养殖业发展变得脆弱，不仅容易崩溃（如资金链断裂而导致的大型养殖场破产），而且对利润的追逐和对生命的不尊重还容易导致人类道德的失守，进而严重影响人们的生活质量。这种发展是不可持续的。反观一千多年前的家畜养殖论述，处处体现出对生命的尊重，强调人与动物的共利共存，合理、充分地利用自然资源，坚持可持续发展观，尊重时序，慎杀戮、无污染，人与动物和环境构成有机的整体。同时也不过分强调动物的福祉，不会以人自身所需的标准来对待动物，理性对待役使动物和食用动物（图4-13）。这种朴素的动物伦理思想仍然值得我们思考和借鉴。

关爱农场动物，就是关爱

图4-13　内蒙古锡林郭勒盟东乌珠穆沁旗乃林郭勒草原上的马匹

（张曙光摄）

1　〔美〕罗德里克·弗雷泽·纳什.大自然的权利——环境伦理学史[M].青岛:青岛出版社,1999:136.
2　〔美〕丹尼尔·A·科尔曼,梅俊杰译.生态政治——建设一个绿色社会[M].上海:上海译文出版社,2002:116.

我们自己。追求美好生活是所有生产者和消费者的良好愿望。要从根本上解决农场动物的福利和社会影响问题，除了回应西方动物解放运动和动物权利的某些主张，尽快推进动物保护立法和相关的福利规制设置，为人类和动物的福利保障和幸福生活提供制度规范之外，更重要的要弘扬中国传统文化中的动物保护观念和生态智慧，让更多的动物资源利用者、管理者和消费者，认识到动物等其他生命的存在与我们人类之间存在的复杂的共生耦合关系；认识到动物等其他生命存在的内在价值，促使他们理性而负责任地利用并保护动物等其他生命资源，用智慧而不是技术来简单地控制和改造动物等其他生命世界；进而重建我们与动物等其他生命存在之间的新道德关系，重建人类与自然之间的共生耦合关系和道德基础，促进农业文明的可持续发展。

第五章 食品安全之法

食品安全在汉语中有广义和狭义两种理解，广义的理解至少包括粮食安全（food security）和食品安全（food safety）两方面，不仅强调食品的可获得性，而且强调食品对消费者健康的安全性。狭义的理解则指"食品无毒、无害，符合应当有的营养要求，对人体健康不造成任何急性、亚急性或者慢性危害"，主要关注食品消费对人体健康造成的影响。关于食品安全之法的讨论，既涉及与食品保障和安全相关的法律和政策，又涉及与食品安全生产及经营的相关伦理规范和规制。本章采用广义的食品安全概念。

第一节 中国古代社会有关食品安全的
规范性法律和准则

中国是一个历史悠久的农业国家，人口众多，农业生产和粮食安全保障一直是历代政治家和思想家思考治国理政的重大问题。许多政论者和谋士将农业生产和粮食安全保障提升为富国强民的基本国策，做出了许多影响国计民生的重要表述，如"足国之道，节用裕民而善藏其余"（《荀子·富国》）、"衣食者民之本，稼穑者民之务也，二者修则国富而民安也"（汉·恒宽《盐铁论·力耕》）、"古之善政贵于足食，将欲富国必先利人"（《旧唐书·韦坚传》）、"思富国便民之事，莫若端本，尊以农事"（宋·王溥《唐会要·卷六十六》）[1]；"王者以民人为天，而民人以食为天"（司马迁《史记·郦生陆贾列传》）；"凡五谷者，民之所仰也，君之所以为养也。故民无仰则君无养，民无食则不可事"；"民莫众于农，治国莫重于农事。农者，所以为食也。无食则不能生（图4-14）。故称'农用八政'，而

图4-14 中国古代的冰箱
（首都博物馆藏郑晓雯摄）

---

[1] 《月谈》编辑部编.生生不息——从传统经典名句领悟社会主义核心价值观[M].中华书局,2015:5-22.

先之以'食'也。此先王治民之要务"，[1]等等。不仅如此，一些思想家还将农业生产和粮食安全保障作为礼仪文化道德秩序和社会伦理建构的社会基础，如"夫礼之初，始诸饮食。其燔黍捭豚……，犹若可以致敬于鬼神。及其死也，升屋而号，告曰：皋某复，然后饭腥而苴孰"（《礼记·礼运》）；"仓廪实则知礼节，衣食足则知荣辱"（《管子·牧民》）等。或许基于对农业生产和粮食安全保障与社会治理的重要相关性认识，中国古代多采取"重农抑商"的国策，且将农业定位于"辟土殖谷曰农"，营造了精致完善的农业社会，而使农业生产的其他部门，尤其是动物性生产进一步被忽视，农业生态系统被严重阉割[2]。

考虑到食品和社会安危、国民健康和道德修养的关系，中国思想家曾留下一些关于食品生产和消费思考的精彩片段，如"食不厌精，脍不厌细。食饐而餲，鱼馁而肉败不食。色恶不食；臭恶不食；失饪不食；不时不食；割不正不食；不得其酱不食；肉虽多，不使胜食气；唯酒无量，不及乱；沽酒市脯不食。不撤姜食，不多食；祭于公，不宿肉；祭肉，不出三日，出三日，不食之矣"（《论语·乡党》），饮食不嫌舂得精，鱼和肉不嫌切得细。不吃陈旧变味的食品及腐烂的鱼和肉，不吃变色变味、烹饪不当和违背时令的食品……，不食搁置三日以上的祭肉，等等。《周易》和《淮南子》分别也有"噬腊肉，遇毒，小吝无咎"（《周易·噬嗑》）、"古者，民茹草饮水，采树木之实，食蠃蜬之肉，时多疾病毒伤之害。于是神农乃始教民播种五谷，相土地宜，燥湿肥墝高下，尝百草之滋味，水泉之甘苦，令民知所辟就。当此之时，一日而遇七十毒"（《淮南子·修务训》）的描述和记载。这些文献可为我们了解古代人对食品安全的防范策略与认知水平提供重要的线索和参考。

基于食品安全及其社会重要性的考虑，历代政府都对食品交易和食品安全提出了一些限定性的规范和伦理准则。《礼记·王制》记载了周代有关食品安全保障的规范："五谷不时，果实未熟，不粥于市""禽兽鱼鳖不中杀，不鬻于市"，即不到成熟季节的粮食、水果，以及没有按照时节捕杀的猎物等严禁进入市场交易，以免引发食物中毒。这一规定被认为是中国历史上最早的有关食品安全管理的规范。两汉时期，食品交易活动非常频繁，交易品种空前丰富。为杜绝有毒有害食品流入市场，汉朝《二年律令》规定："诸食脯肉，脯肉毒杀、伤、病人者，亟尽孰燔其余。其县官脯肉也，亦燔之。当燔弗燔，及吏主者，皆坐脯肉臧，与盗同法"。这里明确提出对质量不合格肉品的处理办法，即对于因腐败而致人中毒的肉类应当立即焚毁，否则将对包括

1　崔东壁.崔东壁遗书[M].上海：上海古籍出版社,1983:358.
2　任继周.草业科学论纲[M].南京：江苏科学技术出版社,2012:57.

官吏在内的相关人给予处罚[1]。这在一定程度上也表明脯肉食品的安全问题在汉朝的严重性。北魏时期，鲜卑族入主中原，也非常重视食品安全。贾思勰在《齐民要术》中记载了淀粉的加工过程，包括浸米、淘米、熟研、袋滤、杖搅、停置、清澄，并指出，不照此工序生产的淀粉，是不允许销售的。

盛唐时期，商品经济高度发展，食品交易活动非常频繁，交易品种空前丰富。为此，中央政府加大了与食品安全相关的处罚力度，杜绝有毒有害食品流通。据唐代法典《唐律疏议·卷第十八　贼盗》记载："脯肉有毒，曾经病人，有余者速焚之，违者杖九十。若故与人食并出卖令人病者，徒一年。以故致死者，绞。即人自食致死者，从过失杀人法。盗而食者，不坐。……其有害心，故与尊长食，欲令死者，也准谋杀条论；施于卑贱致死，以故杀法"，要求知道肉品有毒且已致人受害者尽快销毁剩余肉品，否则责杖九十下；明知有毒而出售致人生病者处一年徒刑，致人死亡者受绞刑；导致他人误食而致死者按过失杀人罪处罚……将有毒食品献给尊长食用意欲谋害尊长者按故意杀人论处；施于卑贱之人造成死亡者以故意杀人罪处罚。为杜绝宫廷之内食品安全问题的发生，唐代还颁布了一套关于皇帝御膳食品安全的专门法令，在宫廷设置尚食局，专门负责皇帝膳食。据《唐六典》记载："尚食掌供膳羞品齐之数，惣司膳、司醖、司药、司饎四司之官属。凡进食，先尝之。司膳掌割烹煎和之事，司醖掌酒醴酏饮之事，司药掌医方药物之事，司饎掌给宫人廪饩、饮食、薪炭之事"。

宋代饮食经济空前繁荣，酒楼饭店林立，小商小贩无数。北宋时期，开封的新郑门、西水门和万胜门水产事业非常发达，每天有千担鱼运来，但同时也有各种制假、掺假食品和不安全食品混迹其中，如给肉中注水、以沙石塞入鸡鸭腹中增加分量牟取暴利，等等[2]。《清波杂志》记载，淮南的虾米用席裹入京，保鲜水平不够，到京都早已枯黑无味，但小贩用"粑粑"浸一宿，早晨用水洗去就红润如新，照样在城里销售。为了加强管理和监督，宋代政府颁布法令让商人们组成"行会"，按行业登记在册，否则就不能从事经营活动。商品的质量由各个行会把关，行会会长作为担保人，负责评定商品的成色和价格。同时其法律继承唐律的规定，对腐败变质食品的销售者给予严惩。

明清时期的食品管理更精细，法规更严谨，对违法商贩依情节轻重，比照杀人、伤人等罪来处理，其中不乏被斩首者；即使无意使顾客食物中毒，后果严重的也难免一死。在清代，茶叶贸易市场空前繁荣，造假贩假也非常严重。为了杜绝茶叶造假贩假现象，清朝加大了对茶叶的监管力度，具体措

1, 2　董妍.中国古代食品安全监管的启示[J].沈阳工业大学学报（社会科学版），2014(6):481-485.

施包括实行茶叶执照经营，要求茶商必须持有清政府颁发的"经营执照"和"注册商标"；任命官员专门负责抽查，对茶叶的包装、品牌以及质量进行彻底抽查，对不符合规范的茶商和茶品进行相应的处罚。光绪年间，中国茶叶出口大幅增加，清政府随之加大了茶叶质量的监管力度。如果外商前来购买茶叶，政府要抽查产品，主要采取滚水泡茶和化学试验两种办法进行检验。一旦发现产品有问题，就将该批次茶叶全部充公。清朝后期，主管部门还制定了茶叶质量标准，有实物标准样品作为对照，让生产厂家加工时有所依据；对于销售茶叶的商家，对照样品审评检验，符合标准的放行，否则一律扣留、充公或焚毁。

需要指出的是，中国农耕社会基于万物交感、人与自然和谐共生的观念，形成了十分丰富的"食医合一"的文化传统和伦理智慧。非常注重人与自然的和谐及人体机理的协调来规范饮食行为，注重节令变化进食，重视味型与季节变换和进食者的食欲与健康的关系，指出"凡食之道，无饥无饱，是之谓五藏之葆。口甘必味，和精端容，将之以神气"（《吕氏春秋·季春经·尽数》），强调"甘、酸、苦、辛、咸食料如果不加节制，无厌摄取""大甘、大酸、大苦、大辛、大咸五者充形，则生害矣"，以及"口不可满"、足用则止[1]，等等，充分体现了农业伦理中的"时""地"和"度"等基本原则对食品行为规范的意义。这些伦理智慧和儒家所倡导的"君子谋财，取之有道""诚善于心""诚实无伪"[2]的规范意识和责任德性相互融合，杂糅生成独具特色的中国本土化的食品伦理体系。

第二节 西方食品安全规制和伦理反思

"民以食为天"，食品对人类生存至关重要，它不仅能够提供人体生存、生长和发育必不可少的蛋白质、碳水化合物、脂肪、维生素和微量元素，还具有重大的社会和文化意义，其总是与宗教的、政治的和社会生活的不同层面保持紧密的联系。食品生产和消费是一种有助于文化规范和生产技能传承的生活方式，对美好生活的追求与生态环境的保护具有重要的意义。"你吃的食品反映出你是什么样的人以及期望过什么样的生活，当然也反映出财富分配公平与否的信息（道德意义）[3]"。食品生产和消费在社群构建中的作用以及

---

[1] 张荣光.中国饮食文化史[M].上海:上海人民出版社,2014:7-10.

[2] 王磊主编.周秦伦理文化概论[M].西安:陕西师范大学出版社,2010:158-177.

[3] 米歇尔·科尔萨斯;李建军,李苗译.追问膳食:食品哲学与伦理学[M].北京:北京大学出版社,2014:22.

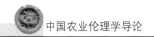

食品的神圣的、宗教意义，都表明用餐不仅仅是必要的营养摄入或吸收过程。

考古发现和历史学研究表明，从人类文明萌芽开始，先民就开始尝试发明各种食品保存、加工的方法，如烹饪、熏制、冷冻、风干等，以防食品"变坏"或变质。最初所有的这些尝试都是经验性的，直到19世纪法国化学家路易斯·巴斯德（Louis Pasteur）和德国细菌学家罗伯特·科克（Robert Koch）发现微生物在有机物变质和疾病传播中的重要作用[1]。随着科学和技术的进步，各种能够预防食品变质、改善食品色香味的食品添加剂相继发明。与之同时，各种食品掺杂、非法添加、制假的事件时有发生。基于公众健康利益和社会稳定的考虑，西方各国政府开始出台相关的规范性法令和行为规范。

早在14世纪，英国爱德华一世就颁布法律，规定如果面包师掺假，就把假面包挂在他的脖子上，从市政厅一直沿街拖到他的店铺；如敢再犯，面包师将受到戴枷示众的处罚；如第三次再犯，面包师将被剥夺从业资格，炉灶将被砸毁。与之同时，意大利通过法律禁止在酒里掺水。1574年，法国通过法律禁止在糕饼中添加食物色素冒充鸡蛋。1641年，美国马萨诸塞州法院制定法律，对面包产品的大小和成本进行规范，明确对违犯该条例的面包作坊生产的所有面包进行销毁处理。当时也制定了禁止乳制品生产者在黄油中掺假的法律规范。1860年，英国议会通过了历史上第一部食品法，即《1860年食品药品掺假法案》（The Adulteration of Food and Drugs Act 1860）。起因是德国人弗雷德里克·阿卡姆（Frederick Arkham）对伦敦出售的许多面包进行了化学分析，并在1820年出版《食品掺假以及监测方法》一书，指出在面包中使用明矾漂白可能带来的种种问题。不幸的是，在英国磨坊主、面包店老板和其他食品供应商的联手迫害和群起而攻之的情况下，阿卡姆最后被大英帝国驱逐出境，不得不被迫返回德国[2]。

19世纪后期的美国很快由传统的农业社会转型为工业社会。随着农业工业化进程的加快，美国食品的生产、加工和消费的链条迅速拉长，致使整个产业链条各个环节的透明度日益弱化，监管成本迅速加大，食品造假事件相继出现。挤奶工为增加稠度在奶油中混进添加剂（通常会加入牛脑），店员在沙拉酱里加入矿物油，在廉价的苹果酒中加入黄丹色素冒充"红酒"，将硼酸加入蜂巢蛋糕，等等。1862年，美国时任总统亚伯拉罕·林肯（Abraham Lincoln）任命化学家查尔斯·M·韦斯·利尔（Charles M.Weiss Lear）在新成立的农业部任职，开始分析食品、肥料、杀虫剂和其他农产品的化学成分。19世纪末，美国政府开始重视对食品和药品的监管和立法。时任美国农业部

[1~2] 大卫·E·牛顿；王中华译.食品化学[M].上海:上海科学技术文献出版社,2008:3,4,7-8.

化学局局长的哈维·华盛顿·威利（Harvey Washington Wiley）在《食品和食品造假》一书强调指出，要制止食品生产过程造假，减少食品中对人体有害甚至能导致死亡的化学物质，国家必须制定严格的法律。1902年，他亲自主持组织了有关食品添加的毒性试验，结果引起公众和立法者的高度关注[1]。1906年，作家厄普顿·辛克莱（Upton Sinclair）根据其在芝加哥一家肉食加工厂的生活体验写成纪实小说《丛林》(The Jungle)，向公众揭示了美国食品加工厂生产的黑幕。据说时任总统西奥多·罗斯福(Theodore Roosevelt)边吃早餐边读，突然"大叫一声，跳起来，把口中尚未嚼完的食物吐出来，又把盘中剩下的一截香肠用力抛出窗外"，并推动通过了《纯净食品与药品法》(Pure Food and Drug Act）随之创立美国国家食品和药品管理局（简称FDA），负责对美国境内所有人食用的食品和药品进行安全评估。

　　需要指出的是，20世纪中期兴起的"生产主义范式"源于过去200年食品的工业化及其伴生的化学、交通和农业技术发展，促使世界许多地方的食品供应从地方性的、小规模的生产转向集约化大生产和食品的大规模分销，并使食品供应链主导食品生产的过程、增加食品数量成为占绝对优势的目标。生产主义范式的胜利为20世纪中期以来许多国家的饥荒、粮食短缺和分配不善所强化，也为绿色革命的成功所放大。几乎世界各国的政府都在制定应用大规模工业技术的全国性和国际性政策来增加生产，生产主义范式的影响远远超出农场且表现出相当大的局限性，尽管其在增加产量和应对粮食安全方面取得了极大的成功，但却引发值得关注的健康和环境问题，如土壤污染和水源短缺等。工业化生产仅仅关注单一栽培而不是多样化，且使农场内外的生产经营活动都过分依赖人工化学品，如杀虫剂和肥料等，以及能量密集的设备[2]。与之同时，大量的人造食品、食品添加剂和各类功能食品或保健食品开始出现在食品工业领域，食品安全问题开始引起社会关注。

　　20世纪80年代中期以来出现的转基因食品，无疑是食品安全监管和规制史上里程碑式的事件，其不仅要求加强食品安全风险评估和安全监管规制，而且引发了有关食品伦理和消费者主权等方面的社会争辩。农业转基因技术创新引发的公共辩论将食品安全相关的价值冲突和伦理规制问题充分展现出来，要求我们在憧憬农业转基因技术可能带来的粮食增产、成本降低等创新红利和经济效益时，审慎考虑这种技术创新的正当性和合法性。比如，是否

[1]　大卫·E·牛顿；王中华译.食品化学[M].上海:上海科学技术文献出版社,2008:3,4,7-8.
[2]　[英]提姆·朗,[英]麦克·希斯曼;刘亚平译.食品战争:饮食、观念与市场的全球之战[M].北京:中央编译出版社,2011:17-18.

会带来不可逆的生态灾难、健康伤害或其他社会后果，是否需要考虑和尊重消费者的知情权和选择权，以及社会公众对相关技术分析的认知和态度，等等。转基因食品安全等重大食品安全问题的治理，使欧洲的食品安全机构开始面临很大的挑战，不仅需要有效应对各种食品安全丑闻和公共关注，还必须建立更透明的、具有广泛参与性的决策机制和流程。迫于公众对食品安全问题、尤其是转基因食品安全的关注以及相关的食品安全规制的不信任，欧盟各成员国的食品安全部门都不得不进行改革，其核心举措是分置食品安全风险评估和风险管理部门，以确保科学风险和咨询的独立性和客观性。为此，欧洲议会通过《食品基本法》(General Food Law)，设立欧洲食品安全管理机构(The European Food Safety Authority，EFAS)，努力推进食品安全风险规制和管理的民主化。通过信息公开和改善决策的透明度来广泛获取利益相关者的观点和伦理诉求，以应对科学的不确定性，解决公众高度关注的食品安全问题[1]。

事实上，食品安全关注和相关的伦理争辩还出现在由明显的现代食品体系缺陷引发的社会运动之中，尤其在英国，由于疯牛病的失控、口蹄疫爆发造成的影响和其他食品安全事件，公众已联合起来通过第三方的食品标准认证（the third-party certification of food standards）谋求动物福利和公平贸易的改善。在每一种情形下，消费者都被要求通过其合乎道义的食品购买行为来激励生产者"做正确的事"。在那样的政治环境中，探讨什么是合乎道义的食品购买行为的哲学问题的努力，被认为是对工业化食品体系及其公司行动者的一种回应。

马里恩·内斯特尔（Marion Nestle）其著作《Safe Food: The Politics of Food Safety》和《Food Politics》中指出，"食品伦理的概念是基于这样的假设：遵循饮食指导增进健康和幸福。如果伦理被看作是以好的举动对付坏的，那么，选择健康的饮食——并劝告人们这样做——将似乎是有道德的行为"[2]，问题是这样的饮食指导仅仅基于科学证据或事实是否足够？食品是一种身份和文化，消费者除了关心食品自身的营养价值和安全外，还对食品生产过程及相关的风险决策过程表现出极大的关注。他们依照权利理论的道德诉求，主张任何个体总体上都不应违背其意愿而被置于某种健康和安全风险之下，政府有道德责任来确保市场流通和供应中的食品安全。问题是决定食品安全的因素是相当复杂的，"安全"意味着一种价值判断，即潜在的伤害应被充分

[1] M.dreye；O.Renn. Food Safety Governance-Integrating Science, Precaution and Public Involvement[C]. Springer 2009:3-4.

[2] 唐凯麟.食品安全伦理引论：现状、范围、任务与意义[J].伦理学研究,2012(3):115-119.

评估且任何存在的风险应在"可接受"的范围之内，这种判断并不意味"没有风险"。事实上，使食品安全成为一种伦理上有争议的主题的原因在于，出于对更广泛的公共安全目标的考虑，政府有时候必须允许某些风险出现，并将其强加给消费者。比如，为了防止甲状腺肿大疾病的出现，政府依据科学证据强制要求市场供应"加碘盐"，但这可能对某些个体消费者的自主选择权构成某种侵犯，甚至带来某种健康风险。因此，引出针对相关食品安全规范的功利主义和权利主张之间的伦理争辩。

需要强调的是，食品安全作为伦理问题，部分原因在于现代食品生产-运输-批发-零售产业链的延伸，完全可能让食品暴露在化学制剂或病原生物中，或者被不当处置。特别是，现代食品生产和供给体系不透明，消费者可能不知道或不可能被告知他们购买和吃的食品可能让他们罹患疾病或出现过敏反应。现代食品生产体系的复杂性及缺乏透明性需要类似食品和药品监管局、环境保护署那样的联邦政府监管机构和像地方公共卫生部门那样的机构来发挥作用，以确保食品安全。其次，偶然出现的食品安全事件彰显出食品监管体系的"缺位"或"不足"，也使社会公众质疑食品安全风险分析和评估的适当性和充分性，要求采用"预警性方法"（precautionary approach）进行食品安全评估（以及环境风险评估），主张风险分析应该详尽无遗（exhaustive），只有在被评估的产品能被确定在使用和消费没有风险时才能被认为是"安全"的。从一定意义上讲，要求对某些化学品和转基因食品实施更严格的评估、对食品加工厂和杂货店进行更严格的监管以及实施全面的产品标签的诉求，全都反映了公民社会以权利为基础的伦理主张，即消费者应当被保护免于暴露在真实的或想象的食品安全风险之中。

总体而言，西方社会对食品安全治理规范和相关伦理问题的讨论主要基于权利理论，强调政府在确保人体的人（或所有人）的安全食品获取权以及相关的知情权和选择权方面的责任和义务。事实上，西方围绕食品安全治理所提出的增加食品安全风险评价的透明度和公正性、提供食品利益相关者的社会参与机会、主张采取"预警性方法"来确保食品安全等等举措，都是基于这种以权利为基础的公共伦理分析和相应的伦理争辩。

第三节　构建现代食品安全治理体系

随着科学技术的迅猛发展、市场经济的主导和消费社会的形成，食品安全已成为食品生产、流通、监管和消费的最基本的价值诉求，并直接涉及人类的生产与发展、生命的权利与价值、社会的秩序与和谐，以及人类的现在和未来、代际关系的公正与正义[1]，以及食品利益相关者的社会责任等一系列亟须系统研究的重大伦理问题。食品生产经营者、食品安全监管者、食品消费者，均需要食品安全伦理作为一切活动的前提[2]。因此，有关食品安全的伦理评价（食品的价值、增强福利、人类健康、自然资源和自然）已写入联合国粮农组织宪章的前言之中[3]。从2001年开始，粮农组织发布一系列报告，致力于农业和食品中的伦理学探讨[4]。正如在第一部报告中所指出的那样："粮农组织受国际社会委托提供用于国际论坛的工具和机制，旨在保护并促进与农业和食品相关的全球公共产品的同时，讨论并采取行动平衡各种利益关系。此外，粮农组织有道德义务确保其行动是负责任的、透明的和可问责的，以及提供有关农业和食品相关的伦理学问题和不道德行为争辩和对话的论坛。这些工具和机制可用于打造一个解决上述问题和挑战的公平的、基于伦理的农业和食品体系。"[5]依照这一主张，伦理学在粮农组织中被确立为多学科行动的优先领域。世界粮农组织为此设立了农业和食品伦理学委员会（Committee on Ethics in Food and Agriculture），旨在为与粮农组织使命相关的伦理问题提供指导和决策服务。该委员会将食品安全置于一个综合性的优先研究领域，组织各领域的学者就转基因问题、粮食生态问题、消费者权益问题、食品伦理问题等进行广泛的讨论。

食品安全事关人民群众的身体健康和生命安全，是关系人民福祉、关乎民族未来的一项重要民生工作。随着农业和食品产业发展出现的变革，政府对食品安全生产和消费问题也高度关注。为保证食品安全，保障公众身体健康和生命安全，全国人民代表大会常务委员会于2009年2月28日发布《中华人民共和国食品安全法》。2015年4月24日，第十二届全国人民代表大会常务委员会第十四次会议公布新修订的《中华人民共和国食品安全法》。《中华人民共和国食品安全法》的颁布和修订，对规范食品生产经营活动，防范食品安全事故发生，强化食品安全监管，落实食品安全责任，保障公众身体健康和生命安全提供了重要的法律依据，有利于加强我国的食品安全监管能力建

---

[1] 唐凯麟.食品安全伦理引论：现状、范围、任务与意义[J].伦理学研究,2012(3):115-119.

[2] 蒲丽娟,王伟.食品安全伦理何以必要[J].求实,2016(12):26-32.

[3] FAO .Basic texts of the Food and Agriculture Organization of the United Nations[M]. Volumes I and II.2017:3.

[4] FAO. Ethics in food and agriculture: new publication series[EB/OL]. http://www.fao.org/News/2001/010406-e.htm

[5] FAO Ethics Series, "Ethical issues in food and agriculture", Food and Agriculture Organization of the United

Nations, Rome, 2001 http://www.fao.org/docrep/003/X9601E/X9601E00.HTM

设，推动农业和食品行业的健康发展。

近些年来，我国食品行业发展很快，产业结构不断优化，品种档次更加丰富，但食品行业整体的规模、水平还不是很高，规模化、集约化的生产方式在整个食品行业中所占比重不高，小作坊、小企业众多。颁布并修改《食品安全法》，可以更加严格地规范食品生产经营行为，促使食品生产经营者依据法律、法规和食品安全标准从事生产经营活动，在食品生产经营活动中重质量、重服务、重信誉、重自律，对社会和公众负责，以良好的质量、可靠的信誉推动食品产业规模不断扩大，市场不断发展，从而更好地促进我国食品行业的发展。一些专家在强调法律规范对食品安全治理意义的同时指出，"改革开放以来，我国食品产业的内涵与外延发生了历史性的变革，已从'加工业'扩展到了'大食品产业体系'时代，应该将企业社会责任与企业战略结合起来，以企业社会责任为出发点，讨论中国企业在经济全球化条件下，在经营管理活动中的企业社会责任等问题[1]"。

需要指出的是，在公共政策话语中，"食品安全"通常指能够减少世界营养不良人数的新食品体系，但受工业化和全球化食品生产体系的影响，与食品相关的健康与环境问题也包含其中。1996年，世界粮食首脑会议通过的《世界粮食安全罗马宣言》（Rome Declaration of World Food Security），表达了各国政府对世界粮食安全的关注和解决粮食问题的决心，重申人人享有免于饥饿、获得充足食物的基本权利。该宣言强调，当所有人在任何时候、在身体上和经济上获得充足、健康、营养的食品，并满足其过上一种积极健康的生活及日常需要和食品偏好时，粮食安全才会实现。用西方自由主义伦理学的话语讲，只有男人、女人和孩子，无论孤独还是与其他人生活在一个社区，在任何时候都能在物质上和经济上获得充足的食品，或有购买食品的方式和渠道时，拥有充分食品的权利才可能实现[2]，国家和政府对此负有首要的责任和义务[3]。不仅如此，像加拿大世界食品日联合会那样的非政府组织认为，食品安全还应涉及如下原则：食品生产和分配的方式和手段应尊重地球的自然过程，是可持续的；食品的生产和消费都建立在公正、平等以及道德等社会价值的基础之上，并受这些价值约束；食品本身富含营养，从个人和文化的

1 彭定光，桂梅主编.当代中国公民道德建设研究[M].长沙：湖南师范大学出版社，2013:64.
2 UN Committee on Economic, Social and Cultural Rights (CESCR), General Comment No. 12: The Right to Adequate Food (Art. 11 of the Covenant) [EB/OL].12 May 1999. http://www.refworld.org/docid/4538838c11.html
3 FAO.The right to food [EB/OL].http://www.fao.org/worldfoodsummit/english/fsheets/food.pdf

焦点都是可以接受的；食品的获取方式体现了人类的尊严，[1]等等。

食品安全关乎所有人的美好生活，需要从社会公共伦理层面考虑各种治理的规范和行动策略。米歇尔·科尔萨斯（Michiel Korthals）在《追问膳食：食品哲学与伦理学》（Before Dinner : Philosophy and Ethics of Food）中分析说："如果一种在常规情况下提供的食品是不安全的，那这种安全的缺乏就代表一种风险，其不仅针对明确选择消费这种食品的群体，而且针对那些偶然选择这种食品的人。如果一种食品或其生产危害环境，其他人也将受到影响。这些问题，如安全、健康、动物福利、环境……可纳入改善美好生活的原则中加以规范"，这些原则包括正义和公民参与社会治理等，涉及食品安全标准或规制的设置、公众对食品安全体系的信任、对食品选择的机会均等以及市场准入权、退出权和话语权等，应该对政府有关食品安全的决策和标准化政策产生影响[2]。在他看来，对食品安全和健康的认知本质上总是一种被价值驱动的过程，政府应该在尊重公民或消费者的个人隐私和社会参与权利的基础上发挥作用，如设置食品安全和质量标准、要求清晰标明食品标识和进行食品安全风险评估与检测，等等，而且应该关注公众对食品安全的伦理诉求和意见表达。政府有责任促进各种食品观点之间的和平竞争，创造各种条件鼓励消费者和生产者之间进行更多的沟通和交流，而不应该基于对卓越或完美的考虑而只提倡一种食品观点。

发展伦理学家德尼·古莱（Denis Goulet）认为："有三种价值观是所有个人和社会都在追求的目标：最大限度的生存、尊重与自由。这些目标是普遍性的，虽然其特定方式因时因地而异。它们涉及所有文化实体和所有时代都有表述的人类需要[3]"。其中最大限度的生存涉及人民对食物、居所、医疗或满足生存基本需要的一切事物，尊重涉及人们对自身受到尊重、他人不能违背自身意愿而用以达到其目的的感受，自由至少意味着各个社会及其成员更多的选择、以及其在追求美好事物时受到较少的限制。具体对食品安全之法而言，其一，政府和社会必须尽最大努力保障所有人，包括农业生产者、尤其是小农户能够通过自食其力或社会援助满足基本生计需要，这是任何国家和社会都必须履行的基本的道德义务和责任。其二，社会公众和消费者必须尊重农业生产者、尤其是小农户，不能仅仅贪求廉价农产品而不公平对待辛

1　[英]提姆·朗,[英]麦克·希斯曼;刘亚平译.食品战争：饮食、观念与市场的全球之战[M].北京:中央编译出版社,2011:82-83.
2　[荷]米歇尔·科尔萨斯;李建军、李苗译.追问膳食：食品哲学与伦理学[M].北京:北京大学出版社,2014:254.
3　[美]德尼·古莱.发展伦理学[M].北京:社会科学文献出版社,2003:49.

勤劳作的农业生产者，同时也必须尊重与食品生产相关的动植物等其他生命体，尤其是具有感知能力的动物，给予这些生命体以必要的道德关怀和基本的福利关照。其三，负责任的、富有人性关怀的食品生产体系一定是多样化的食品供给体系，而不是单一的转基因食品生产体系或完全商业化、标准化的食品供给体系，政府应该在食品安全治理中为传统饮食和文化预留必要的拓展空间，以满足社会公众多样化的食品需要和偏好。其四，可持续性和可持续农业作为一种规范性观念也可为食品安全治理提供一种合理参考，其中包括含混的道德直觉，如代价公平、资源的合理使用等，重要性源于避免对农业资源的掠夺性开发、以及人类生命和福祉有赖于农业和食品生产的基本信念。一般而言，界定可持续农业时可明确提出农业领域可持续性的具体目的或目标，可能提出实现农业可持续性的具体途径和方式。最无可争辩的可持续农业目标旨在保持食品、纤维和其他必须农产品生产的能力，以永续满足人口的基本需要和福利。不过，实现可持续农业的义务可能与其他义务相冲突，这就需要决策者及早甄别这些冲突，并通过适当机构协商解决这些冲突。

总之，食品安全的诉求和相关的社会治理亟须将价值和伦理引入农业发展决策之中，以使当代农业的技术进步和产业推进能够形塑一个负责任的、健康的、可持续的农业和食品生产体系。一种整合强调"食医合一"和"诚善于心"等重要理念的中国传统食品伦理智慧和西方权利主导的食品安全治理方法的、更富有包容性的食品伦理学框架，可能会为中国乃至世界的食品安全治理提供重要的道德基础和行动指南。

第六章　美丽乡村之法

中国美丽乡村建设的需求应时而出，是时代的必然。中国的城乡二元结构及其所衍生的农耕文明，在全球工业革命以前曾独领世界潮流数千年，将中国打造成名副其实的强国，但自西方工业革命以来，世界迅速走上工业化和后工业化道路，城乡二元结构和它所衍生的农耕文明已经破绽百出。洋垃圾的进口，农村生产的面源污染等，使农村变为新的污染源，成为我国现代化建设的障碍，与美丽乡村的建设宗旨背道而驰。即使在大国崛起的大好形势下，也发生了举国忧虑的"三农问题"。无法设想我们希望中的现代化国家，如何与这样破败污染的农村和贫穷的农民共同生存在同一国度。美丽乡村建设应该遵循何种发展之道或社会规范才可能持续推进，真正实现农业强、农村美、农民富的美好生活之梦？本章拟在分析旧耕地农业给乡村社会带来的负面影响的基础上，探索美丽乡村建设的伦理基础，寻找新时代美丽乡村建设的新理念和新道德，为乡村振兴战略的实施提供经验支持和伦理决策参考。

第一节　旧耕地农业给乡村社会带来的负面影响

游牧是人类早期的生存形态，开创了人类与自然和谐相处的黄金时期。牧民"逐水草而居"，在其长期的游牧实践中与其赖以生计的草地和畜群建立起耦合共生的草地-畜群-人群食物链和共生体[1]。然而，中国自周朝建国伊始，就在黄土高原大量开垦农田，随后经过秦汉两代全国性农业政策的锻造，基本奠定了以耕战为基础、以儒家为精神支柱的华夏文明的基本构架。以后经过历代补充和完善，直到中华人民共和国成立，尽管政治上发生了翻天覆地的重大变革，但其深厚的以耕战论传统为背景的思想基础不仅没有被触动，反而被赋予时代的特征，承担了新的历史使命而得到强化。当时迫于国内外的重重压力，把争取各地粮食封闭性自给定为农业最高目标。在这一战略要求下，新中国成立前后，通过土地改革，提出"以粮为纲"的国策，建立了严密的户籍制度和农村行政系统，空前强化了农民与土地之间的连属关系，于是形成"农村包围城市"，全民支援战争的壮阔图

---

[1]　任继周.草业科学论纲[M].南京:江苏科学技术出版社,2012:362-363,58.

景。八年抗日战争、三年解放战争和三年抗美援朝战争的巨大胜利，展现了传统耕战论的最后辉煌。进入和平时期后，国家提出国民经济以农业为基础的政策，农业的新命题从支援战争改为支援建设，为国家提供政权建设和工业发展的最初积累[1]。

受"以粮为纲"国策的影响，全国农业系统围绕粮食生产的需求，通过大力开垦草原、林地，围湖造田等，增加农田面积，排斥牧业和林业。在当时的社会语境中，养猪为了积肥，养牛为了耕田，豆科牧草不喂牲口而翻入地下作为"绿肥"，种植业被推向极致。这一畸形农业系统导致农业内部生态结构失调，农业整体停滞不前，尤其是应该担负农业半壁江山的畜牧业被排斥在主流农业之外，完全失去了作为一业而存在的地位。耕战所需要的农业生产的封闭性进一步得到巩固，不同地区之间的物资交流被作为"资本主义尾巴"而全然砍断。在各地粮食封闭性自给的要求下，土地开垦过度，全国"学大寨"，把农耕经验推广到极致，甚至提出"牧区不吃亏心粮"，不但要实现粮食自给，还要生产商品粮"贡献"国家。草原地区盲目"开荒"以亿亩计，除了在荒漠、半荒漠草原和高寒草原无效开荒后形成的弃耕地以外，将较为肥沃的草原开垦殆尽，至今仍保留为耕地的面积约2 500万亩。即使未能开垦的草原，也强力推行"牧业学大寨"，饲养家畜百万头以上者可获"牧业大寨县（旗）"称号。于是牧区草原普遍放牧过度，草原破坏达到史无前例的程度。这样是耕地农业的措施和耕地农业指导思想，达到登峰造极的程度，国土资源遭受空前灾难，不得不走上土、水、肥和动力等资源高投入的发展道路。土地资源遭受严重耗竭，农民也陷入贫困。特别需要指出的是，耕地农业的暂时成功让农民羁属于土地的户籍制度空前刚化，农民进入城镇寻找生活出路，长期被当作"盲流人口"强制回乡。直到21世纪初期，随着市场经济的发展，对农民管束极严的户籍制度才逐渐松动[2]。

这样的"历史惯性"或者"路径依赖"给我国农业和农村发展带来的负面影响不可低估。

（1）中国在近几十年农业发展过程中，面对耕地肥力不断减少的严峻现实，在土地利用方面一直强调提高土地生产率而忽视地力培养，过度依赖化肥而轻视甚至弃用有机肥，结果导致土壤生态恶化、土地肥力下降、农产品品质受到影响，并给农业的可持续发展带来严重威胁[3]。过量使用农药、化肥

[1]　任继周.草业科学论纲[M].南京:江苏科学技术出版社,2012:362-363, 58.
[2]　任继周.草业科学论纲[M].南京:江苏科学技术出版社,2012:59-60.
[3]　惠富平.中国传统农业生态文化[M].北京:中国农业科学技术出版社,2014:365.

和种植单一品种实现粮食增产，也对乡村的生态环境、生物多样性等造成不可轻视的破坏，之前草木茂密、人丁兴旺和河流清澈的美丽乡村如今变成土地荒芜、河流污染、人烟稀少、荒凉衰败的"空心村"。乡村的变化自然也会影响到农民和我们所有人的心理健康和生态家园的梦想。

（2）中国社会长期实施的封闭乡村、城乡二元的治理结构最终异化为产业和社会之间发展不平衡、不公平的自然机制和制度安排。著名"三农"问题专家温铁军多次分析说，"三农"之所以成为中国社会的核心问题，根本原因在于中国的工业做出进程是靠从"三农"提取剩余来完成原始积累的，"三农"在特殊的历史时期为国家的工业化做出了巨大的贡献。中国的工业化进程和"三农"问题之间本质相关，因为"三农"在为工业化做出巨大贡献的同时还承载了工业化历次危机的代价。城乡二元结构是中国工业化能够成功的比较制度优势。优势并不意味着好，只是没有这个优势，剩余就无从提取[1]。问题是，随着工业化和城市化进程的快速推进，这种城乡分割的二元结构已构成中国社会持续发展的重大威胁，危及中国社会的生存基础，不仅在破坏农业高质量发展的自然基础，而且在破坏大多数乡村居民赖以生计的生态家园。封闭乡村，实现城市和工业优先发展，不仅违背自然和科学规律，而且让城市和工业成为乡村贫瘠和农业失序的"抽水机"，加速了乡村社会的解体和衰落。事实上，这种单向度地追求耕作农业高产和城市繁荣的"现代化"模式，已经濒临自然生态所能承受的极限，造成了严重的环境污染、自然资源的透支和浪费，将以往能够消纳城市生活污染、长期具有正外部性的农业肆无忌惮地改造成为制造严重负外部性的产业，并使乡村社会出现前所未有的衰落与"空心化"。

乡村是人类的故乡和家园，是传统农耕文明的发源地，是现代中国转型发展的蓄水池、动力源和"救生艇"，是生活在农村这片土地上的居民世世代代无意识地、不自觉地、无休止地、耐心地适应环境和冲突的产物，是广大农民赖以为生的最重要的生产工作、居住地点和环境空间。乡村从自然环境中获取持续发展的动力，是人与自然和谐相处、健康共生的复合体。满足人民日益增长的美好生活需要，离不开美丽乡村建设。振兴乡村，建设生态宜居家园，关乎全国人民的幸福生活和绿色未来。要消解现代农业和新农村建设高效推进所引发的生态问题、社会排斥问题，让被工业化改造和边缘化的农业和乡村再度振兴，建设美丽乡村，必须系统思考和遵循美丽乡村之法，拓展新时代的伦理容量，重构城市和农村、农业和乡村耦合共生的伦理基础。

---

[1]　温铁军,杨海霞等.对话温铁军：三农问题与中国道路[J].中国投资,2013(11):25-35.

第二节 美丽乡村建设的社会文化和伦理基础

美丽乡村不仅体现在乡村景观方面，更体现在乡村所蕴含的生态文明智慧方面。中国的乡土文明，绵延不绝五千年，是世界上唯一没有中断过的悠久文明，其持续发展的深层原因在于其所形塑的养人的能力，包括涵养自然资源、维护环境生态的能力（图4-15）。1909年，美国农学家富兰克林·H·金（F.H.King）用5个月时间到中国和日本、朝鲜考察农业，回国后写成《四千年农夫：中国、朝鲜和日本的永续农业》(Farmers of Forty Centuries：Permanent Agriculture in China, Korea and

图4-15 山东海阳麦田
（闫岩摄）

Japan)，高度评价中国和东亚的农业传统为"永续农业"或"持续农业"，强调其"保存下了全部废物，无论来自农村和城市，还是其他被我们忽视的地方，收集有机肥料应用于自己的土地被视为神圣的农业活动[1]"，能够很好地利用粪肥保护土壤，避免破坏土壤肥力和污染环境。温铁军、程存旺和石嫣在该书中文版序言"理解中国的小农"中写道："在殖民者对美洲大陆进行开发的短短不到一百年的时间里，北美大草原的肥沃土壤大量流失，严重影响了美国农耕体系的可持续发展。也正是美国农业面临的严峻挑战，使得美国农业部土壤所所长、威斯康星州立大学土壤专家富兰克林·H·金萌生了探究东亚国家农耕方式的想法"，发现了东亚农业模式与美国的区别、两国的资源禀赋差异以及东亚模式的优越性："东亚传统小农经济从来就是'资源节约、环境友好'的，而且是可持续发展的。东亚三国农业生产的最大特点是，高效利用各种农业资源，甚至达到吝啬的程度，但唯一不惜投入的就是劳动力。"[2]"其中唯一不惜投入的就是劳动力"这一句话很关键，它点到了小农经

[1~2] [美]富兰克林·H·金.四千年农夫：中国、朝鲜和日本的永续农业[M].北京:东方出版社,2016:2,中文版序言15.

济的死穴。农业文明之所以为工业文明所取代，就是工业文明解放了大量劳动力，提高了劳动效率。历史唯物论告诉我们，这是历史发展的必然。

社会学家费孝通将中国文化称之为"五谷文化"，认为种庄稼的历史培植了中国的社会结构。其特点首先是人和土地之间存在着特有的亲缘关系，生于斯，长于斯，循环不已；其次是农民世代定居，过一种自给自足的生活，因为土地不能移动，使农民必须定居，结果形成了人口流动小、不善于处理而且回避新事物等特点；再者，农耕社会逐渐固化形成"以己为中心，社会关系层层外推"的"差序格局"，这与西方以个人契约为基础形成的"团体格局"不同；还有，农耕社会重农抑商，其由熟人社会而来，亲戚朋友之间是不屑于赚钱的。这种社会文化最根本的伦理基础是"安土重迁"，农民对土地和家园有深厚的感激之情和敬畏感，珍惜自然生命过程和自然资源的平衡使用。费孝通曾转述富兰克林·H·金的话对乡土中国问题的特性描述说：中国人像是整个生态系统里的一环，通过自然循环实现生态平衡，这个循环就是人和"土"的循环。人从土里出生，食物取自于土，泄物还之于土，一生结束，又回到土地。一代又一代，周而复始。靠着这个自然循环，人类在这块土地上生活了五千年，成为这个循环的一部分。他们的农业不是和土地对立的农业，而是和谐的农业。在亚洲这块土地将继续养育许多人，看不到终点。[1]依照费孝通和富兰克林·H·金的观点，再一次说明中国乡土社会是农耕文明的产物，不应该、也不可能存在于工业化以后的当下社会。

这种小农经济衍生的农耕文明持续发展的理念很快遭遇到工业化、城市化的冲击，这种相对封闭的农业生产体系和它富丽的农耕文明几乎在一夜之间解体。为费孝通所转述、富兰克林·金所赞赏的"看不到终点"的小农经济的耕地农业终于走到了历史的终点。"皮之不存毛将焉附"，历史是不可逆的，农业文明业必须重铸。我们能否找到一种既保留农耕文明永续发展的有效品质又满足现代人美好生活追求的新型文明形态？北京大学金经元教授在埃比尼泽·霍华德（Howard Ebenezer）《明日的田园城市》（Garden Cities of Tomorrow）译序中写道，"乡村的停滞、落后，和城市生活过度的两极分化、过度的消费资源和愈来愈脱离人类赖以生存的自然环境，这种代价不仅抑制了乡村的发展，也抑制了城市的发展，社会的固有潜力未能充分发挥出来，必须探求新的城乡结构形态"[2]。"霍华德把乡村和城市的改进作为一个统一的问题来处理，远远走在了时代的前列；他是一位比我们许多同时代人更高的

---

[1] 惠富平.中国传统农业生态文化[M].北京:中国农业科学技术出版社,2014:365.

[2~3] [英]埃比尼泽·霍华德.明日的田园城市[M].北京:商务印书馆,2010:译序10,15,16.

社会衰退问题诊断家。"[3] 按照他的观点，"这种该诅咒的社会和自然的畸形分隔再也不能继续下去了。城市和乡村必须成婚，这种愉快的结合将迸发出新的希望、新的生活、新的文明。"[1] 我国正在通过城乡统筹，实现城乡融合发展以开辟美丽乡村建设和健康城市发展的新空间。

相对而言，西方资本主义世界不存在中国农业社会这样明显的城乡二元结构，但也有乡村衰败现象，却是另有原因。这是工业革命伴随资本主义发展带来的恶果。芒福德（Mumford）在《城市发展史：起源、演变和前景》（the City in History: Its Origins, Its Transformation, and Its Prospects）中分析说："人类在资本主义体系中没有一个位子，或者毋宁说，资本主义承认的只有贪得无厌、傲慢以及对金钱和权力的迷恋。……为了发展，资本主义准备破坏最完善的社会平衡。……摧毁一切阻碍城市发展的旧建筑物，拆除游戏场地、菜园、果园和村庄，不论这些地方是多么有用，对城市自身的生存是多么有益，它们都得为快速交通或经济利益而牺牲"[2]。资本对效率和利润的贪婪追求让整个社会脱离了理性和人性的轨道，呈现出野蛮增长的无序发展。

因而历史必然走进后工业化社会。遏制这种资本增值加工业科技的无序发展的"现代化"造成的农村衰败，必需根除资本增殖加工业科技对农业和农村的掠夺，建立后工业化的农业伦理学的多维结构。

伊恩·伦诺克斯·麦克哈格（Ian Lennox McHarg）在《设计结合自然》（Design with Nature）中分析说，西方的傲慢与优越感是以牺牲自然为代价的，东方人与自然的和谐则以牺牲人的个性而取得。这都是不可取的。只有通过把人看作是在自然中的具有独特个性而非一般的物种，才能达到既尊重自然，又尊重人。英国自18世纪由一个忍受贫困、土地贫瘠的国度转变成为今天还可见到景色优美的乡村的国家，与当时流行的风景艺术传统和乡村诗人所倡导的人与自然相互和谐的观念高度相关。他认为生态学的观点要求我们观察世界，倾听它的呼声并了解它。世界是生物和人类过去到现在一直生存的地方，而且一直处在变化过程中。我们和它们是这个现象世界的共栖者，与这个现象世界的起源和命运是紧密相连的。[3] 伊恩·伦诺克斯·麦克哈格这番话已经是对后工业化文明思想的论述。

现代社会尽管城市的核心作用不可或缺，但乡村作为人类幸福生活的居留地和城市依存的大背景，以其独特的地理或文化方面的特征，使我们的生

1　[英]埃比尼泽·霍华德.明日的田园城市[M].北京：商务印书馆,2010：译序10, 15, 16.
2　[英]埃比尼泽·霍华德.明日的田园城市[M].北京：商务印书馆,2010：译序25.
3　[美]伊恩·伦诺克斯·麦克哈格.设计结合自然[M].天津：天津大学出版社,2006：35-37.

产生活都"与自然秩序相关联，甚至从某种意义上说，是其中的一部分。这意味着我们不得不花费时间、心思和精力来为自己提供庇护所、食物、衣物及某种程度的安全感。如果我们想要生存下去，就必须适应自然。如果我们想成为地球上真正的居民，就一定要理解自然，与自然和谐相处。"[1]换句话说，农业、乡村发展与自然是不可分割的，乡村居民的生存与健康取决于对自然及其进化过程的理解。有文化、有经验的心地善良的农民常常对此有敏锐的观察力和认知，他们常常对农田、庭院、古树及其周边的自然生态抱有深厚的情感和难以描述的敬畏。"因为人类属于地球，是自然秩序的一部分，与其他生命形式息息相关，遵循相似的法则，依赖健康和多样化的环境。身为自然的一部分，这一前提条件包含了许多责任和义务。破坏这个允许众多生命体共存的系统，亦即破坏我们无法取代的系统，不仅是不负责任的，而且会威胁到人类自身的生存。因此，我们的首要使命便是发现自然的法则，并遵循他们；然后我们才能得到安全和富于创造力的生活，为地球及其栖居者带来福利。为了展示我们的贡献，我们还会声明，我们如何节能、保护野生动物、培育有机蔬菜，以及如何传承手工艺、遵循传统精神律令"。[2]这是"道法自然"，从后工业化时代对工业化时代的中肯反思。

以上的论述，可概括为本书遵循的农业伦理学公理之一，即"法自然"。

第三节 美丽乡村建设的新时代和新理念

2005年的"一号文件"《中共中央、国务院关于进一步加强农村工作 提高农业综合生产能力若干政策的意见》，表现了对旧耕地农业思想的深刻反思。其中明确将"农村喂养城市"修改为"城市反哺农村"，并将农民从耕地上解禁，初步给予农民自由进入城镇寻觅各自生态位的可能。几千年来横亘在城乡之间的户籍壁垒开始崩塌，尤其具有里程碑意义的是延续几千年"种田纳粮"的农业税的豁免。[3]同年10月11日，党的十六届五中全会通过《中共中央关于制定国民经济和社会发展第十一个五年规划的建议》，明确了"十一五"期间我国经济社会发展的奋斗目标和行动纲领，提出了建设社会主义新农村的重大历史任务，其中包含"生产发展、生活宽裕、乡风文明、村容整洁、管理民主"等具体目标，为做好当前和今后一个时期的"三农"工作指明了方向。是

1　[美]约翰·布林克霍夫·杰克逊.发现乡土景观[M].北京:商务印书馆,2015:16.
2　[美]约翰·布林克霍夫·杰克逊.发现乡土景观[M].北京:商务印书馆,2015:57.
3　任继周.草业科学论纲[M].南京:江苏科学技术出版社,2012:61.

一项不但惠及亿万农民,而且关系国家长治久安的战略举措,是我们在当前社会主义现代化建设的关键时期必须担负和完成的一项重要使命。

2012年,党的十八大报告首次提出建设"美丽中国"的宏伟蓝图,对生态文明建设、美丽中国建设的思想理念、本质特征、国策方针、途径方法都有了总体的要求,强调要"把生态文明建设放在突出地位,融入经济建设、政治建设、文化建设、社会建设各方面和全过程","坚持节约优先、保护优先、自然恢复为主的方针","加强生态文明制度建设",明确指出要给自然留下更多修复空间,给农业留下更多沃土,给子孙后代留下天蓝、地绿、水净的美好家园。

2013年7月,习近平在湖北省鄂州市长港镇峒山村考察农村工作并同部分村民座谈时强调说,"农村绝不能成为荒芜的农村、留守的农村、记忆中的故园。城镇化要发展,农业现代化和新农村建设也要发展,同步发展才能相得益彰,要推进城乡一体化发展。我们既要有工业化、信息化、城镇化,也要有农业现代化和新农村建设,两个方面要同步发展。要破除城乡二元结构,推进城乡发展一体化,把广大农村建设成农民幸福生活的美好家园"。[1]他同时强调说,"实现城乡一体化,建设美丽乡村,是要给乡亲们造福,不要把钱花在不必要的事情上,比如说'涂脂抹粉',房子外面刷层白灰,一白遮百丑。不能大拆大建,特别是古村落要保护好"[2]。同年11月9日召开的党的十八届三中全会明确提出,要紧紧围绕建设美丽中国深化生态文明体制改革,加快建立生态文明制度,健全国土空间开发、资源节约利用、生态环境保护的体制机制,推动形成人与自然和谐发展的现代化建设新格局。

2017年,党的十九大报告明确提出要在全面建设小康社会的基础上分两步走,在本世纪中叶建成富强、民主、文明、和谐、美丽的社会主义现代化强国。报告强调"人与自然是生命共同体,人类必须尊重自然、顺应自然、保护自然。人类只有遵循自然规律才能有效防止在开发自然上走弯路,人类对大自然的伤害最终会伤及人类自身,这是无法抗拒的规律。""我们要建设的现代化是人与自然和谐共生的现代化,既要创造更多的物质财富和精神财富以满足人民日益增长的美好生活需要,也要提供更多优质生态产品以满足人民日益增长的优美生态环境需要。必须坚持节约优先、保护优先、自然恢复为主的方针,形成节约资源和保护环境的空间格局、产业结构、生产方式、生活方式,还自然以宁静、和谐、美丽。";"要坚持农业农村优先发展,按照

---

[1] 高长武.农村绝不能成为荒芜的农村、留守的农村、记忆中的故园——从习近平同志对农村的担忧和期望说来去[EB/OL]. http://dangshi.people.com.cn/n/2014/0526/c85037-25066224.html

[2] 习近平.建设美丽乡村不是"涂脂抹粉"[EB/OL]. http://politics.people.com.cn/n/2013/0722/c70731-22284043.html

产业兴旺、生态宜居、乡风文明、治理有效、生活富裕的总要求，建立健全城乡融合发展体制机制和政策体系，加快推进农业农村现代化"。

2018年的"中央一号"文件《中共中央、国务院关于实施乡村振兴战略的意见》提出要"走中国特色社会主义乡村振兴道路，让农业成为有奔头的产业，让农民成为有吸引力的职业，让农村成为安居乐业的美丽家园"；要"准确把握乡村振兴的科学内涵，挖掘乡村多种功能和价值，统筹谋划农村经济建设、政治建设、文化建设、社会建设、生态文明建设和党的建设，注重协同性、关联性，整体部署，协调推进"；"牢固树立和践行绿水青山就是金山银山的理念，落实节约优先、保护优先、自然恢复为主的方针，统筹山水林田湖草系统治理，严守生态保护红线，以绿色发展引领乡村振兴。""一号文件"不仅对实施乡村振兴战略提出了总体要求和原则规范，还从农业和乡村耦合共生的层面就乡村振兴和美丽乡村建设的重大战略任务做出了系统设计和总体规划，对乡村和产业、城市及自然的关系做了全新的规范。

我们站在生态文明的时代高地，回顾既往的农耕文明和工业文明的伦理学路程，强调美丽乡村建设必须以社会化的现代农业系统为发展基础。"乡村振兴，产业兴旺是重点。必须坚持质量兴农、绿色兴农，以供给侧结构性改革为主线，加快构建现代农业产业体系、生产体系、经营体系，提高农业创新力、竞争力和全要素生产率，加快实现由农业大国向农业强国转变"。这里用"产业兴旺"替代之前的"生产发展"，用"质量兴农""绿色兴农"替代之前的"粮食增产"和"效益优先"，预示着我国农业农村发展观的巨大转型，更多强调"提升农业发展质量，培育乡村发展新动能"，这开辟了未来农业农村优先发展的创新空间，要求相关的产业创新"大力开发农业多种功能"、"支持主产区农产品就地加工转化增值"、实现一二三产业融合发展以及"促进小农户和现代农业发展有机衔接"，等等。这些社会化的现代农业系统的构建和发展必然要求产业发展适应乡村生态承载量，产业发展和乡村自然生态耦合共生、和谐发展，进而为美丽乡村建设提供重要的发展基础。

美丽乡村必须"坚持城乡融合发展"，建设耦合共生的新型工农城乡关系。要"坚决破除体制机制弊端，使市场在资源配置中起决定性作用，更好地发挥政府作用，推动城乡要素自由流动、平等交换，推动新型工业化、信息化、城镇化、农业现代化同步发展，加快形成工农互促、城乡互补、全面融合、共同繁荣的新型工农城乡关系"，实现城乡公共服务均等化，从根本上解除"耕地农业"的局限，破除城乡二元结构的壁垒，彻底打破城乡发展不平衡、不公平的历史惯性。

明确美丽乡村必须强调生态宜居和绿色发展。"乡村振兴，生态宜居是关键。良好生态环境是农村的最大优势和宝贵财富，必须尊重自然、顺应自然、保护自然，推动乡村自然资本加快增值，实现百姓富、生态美的统一"；"推进乡村绿色发展，打造人与自然和谐共生发展新格局"。

毫无疑问，上述多项任务的落实，涉及社会系统的诸多亚系统，诸如文教、卫生、金融、信息、交通等诸多社会系统，都将乘城乡统筹的潮流，直击城乡二元结构的核心，进而沟通城市和乡村的生产和生活命脉，奠定中国美丽乡村的现代化平台，自然会促成城乡二元结构的崩溃和它所衍生的农耕文明的重铸，全新的农业文明的浴火新生。其中，社会化的现代农业创新和城乡统筹发展，为美丽乡村建设提供重要的物质基础和制度保障，乡村振兴如果没有"产业兴旺"和与之相应的社会系统的广泛发展做支撑，只能是"盆景"式装饰，不会成为现代人喜闻乐见的宜居乡村。生态宜居和绿色发展，是人民日益增长的美好生活需要的具体表述，其中蕴含着全新的发展理念和价值体系，必将随着美丽乡村建设的丰富实践突破农耕文明原有容量的局限，凝练出更富有未来指向的内涵宏富的现代中国农业伦理学。这样的农业伦理学不仅强调农业和乡村的耦合共生关系及其相应的伦理关联，要求我们重新确立城市和乡村之间以及我们与农业、乡村和自然之间的新道德关系，而且要求我们系统反思对未来的责任和义务，负责任地进行现代农业创新和美丽乡村建设。

现代农业创新和美丽乡村建设预示着全新的社会文明形态。这种新文明形态的诞生绝不可能只是农耕文明的复制，因为现代技术创新和社会文化转型已使我们进入后工业化时代。农耕文明、草原文明、工业文明以及历史久远的狩猎文明中积淀形成的生态智慧和丰富的文化遗产，将借助于乡村振兴战略实施和美丽乡村建设的强劲动力，共同熔铸出现代"中华文明"的新形态。社会文明是与时俱进的，如固守农耕文明的原本样式，难免重蹈许多古文明那样被历史淹没的厄运。我们必须深刻理解新农村"不是记忆中的故园"[1]。任继周院士在《草业科学论纲》中分析说，"当我们对自然生态系统加以'农业化'时，必须牢记生态系统的基本规律是不能违背的。必须保持能流、物流、信息流正常运行，才能得到正常的食物系统，尤其是植物生产与动物生产之间的系统耦合，是现代农业的基本要求。我国单一谷物生产的'耕地农业'，从商鞅的'垦草'务农，到汉代的'辟土殖谷曰农'，直到晚近的'以粮为纲'，形成了单一谷物生产的农业系统，绵延数千年。生态系统内部的食物系统被严重割裂，病态的食物系统必然导致病态的生存环境。两者相激相荡，酿成举国

---

[1] 高长武.农村绝不能成为荒芜的农村、留守的农村、记忆中的故园——从习近平同志对农村的担忧和期望说来去[EB/OL]. http://dangshi.people.cn/n/2014/0526/c85037-25066224.html

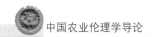

为之忧虑的'三农问题'"[1]。今天讨论美丽农村问题，农业生态系统的全面改造，也不能离开人类赖以栖息的乡村和地球生态。美丽乡村建设任重而道远，不仅需要生态观念和技术创新，而且需要生态智慧和道德关怀。

小　结

农业系统是人类与自然和社会交融共生的综合系统。生态系统是人类赖以生存的基础，尊重生态系统之法，关系到人类生死存亡，是我们建设生态文明的必要条件。

界面是生态系统功能的密集区和压力的敏感区，在农业生态系统中，以界面为基础，众多界面随着管理系统的分层化，形成了农业系统的层积化效应。农业界面及其层积化，使耕地农业所衍发的扁平"农耕结构"改变为"现代农业"的立体农业结构，因而其农业伦理学系统也必然会实现现代农业伦理系统的转型和升华。

自然界是人类社会产生、存在和发展的基础和前提，人类虽然可通过社会实践活动有目的地利用自然、改造自然，但归根到底是自然的一部分。人类不能凌驾于自然之上，人类的行为必须符合自然的规律。动植物种养殖生产是人与自然环境协同演化的重要环节，保护动植物资源、爱护环境和动植物是人类文明延续的根本。通过人类的智慧重建我们与动植物和其他生命存在之间的新道德关系，重建人类与自然之间的共生耦合关系和道德基础，才能促进农业文明的可持续发展。本篇特别提出保护动物之法，是鉴于当前野生和家畜的不幸处境而给予的必要的伦理学论述。

食品安全的诉求和相关的社会治理亟须将价值和伦理引入农业发展决策之中，这是我们理解和认识大农业系统不可忽视的一个领域。强调农业和乡村的耦合共生关系及其相应的伦理关联，重新确立城市和乡村之间、人类与农业、乡村和自然之间新的道德关系，系统反思我们对未来的责任和义务，负责任地进行现代农业创新和美丽乡村建设，是建设农业伦理学的内在要求，也是实现美丽乡村建设目标的必由之路。

人类将满怀信心地穿越农耕文明和工业文明的漫长旅途，到达后工业文明的美丽乡村这个幸福家园。

---

[1]　任继周.草业科学论纲[M].南京:江苏科学技术出版社,2012:399-400.

参考文献

阿诺德·汤因比[英],著;C. D. 萨默维尔,编;郭小凌等,译,2010.历史研究[M].上海:上海世纪出版集团.

奥尔多·利奥波德[美],著;侯文慧,译,2016.沙乡年鉴[M].北京:商务印书馆.

边沁[英],著,2012.道德与理发原理导论[M].北京:商务印书馆.

陈旉,撰;万国鼎,校注,1965.陈旉农书校注[M].北京:农业出版社.

陈鼓应,2009.老子注译及评介(修订增补版)[M].北京:中华书局.

陈跃文,1993.论中道——中庸思想的起源[J].孔子研究(3): 41-49.

管子,2006.诸子集成(卷五)[M].北京:中华书局.

郭彧,译注,2010.周易[M].北京:中华书局.

赫·乔·威尔斯[英],著;吴文藻,谢冰心,费孝通,等译,2001.世界史纲·上卷[M].桂林:广西师范大学出版社.

赫胥黎[英],著;宋启林,等译.2010.进化论与伦理学(全译本)[M].北京:北京大学出版社.

胡火金,2002."尚中"观与中国传统农业的生态选择[J].南京农业大学学报(社会科学版)(3): 71-78.

惠富平,2014.中国传统农业生态文化[M].北京:中国农业科学技术出版社.

霍华德,2013.农业圣典[M].北京:中国农业大学出版社.

贾思勰著;缪启愉,缪桂龙,译注,2009.齐民要术译注[M].上海:上海古籍出版社.

金鉴明,等编著,2011.生态农业——21世纪的阳光产业[M].北京:清华大学.

金少英,集释,1986.汉书食货志集释[M].北京:中华书局.

蕾切尔·卡森[美],著;吕瑞兰,李长生,译,2007.寂静的春天[M].上海:上海译文出版社.

黎翔凤,2004.管子校注[M].北京:中华书局.

刘文典,1989.淮南鸿烈集解[M].北京:中华书局.

卢梭[法],著;高修娟,译,2009.论人类不平等的起源[M].上海:上海三联出版社.

罗尔斯顿[美],著;杨通进,译,2000.环境伦理学[M].北京:中国社会科学出版社.

罗国杰,2014.伦理学[M].北京:人民出版社.

马克思·韦伯[德],著;马奇炎,陈婧,译.2012.新教伦理与资本主义精神[M].北京:北京大学出版社.

乔治·爱德华·摩尔[英],著;长河,译,2003.伦理学原理[M].上海:上海世纪出版社.

任继愈,2006.老子绎读[M].北京:北京图书馆出版社.

任继周, 1992. 草地农业生态系统 [M]. 北京: 中国农业出版社.

任继周, 2012. 草业科学论纲 [M]. 南京: 江苏科学技术出版社.

任继周, 2015. 农业系统发展史 [M]. 南京: 江苏凤凰科学技术出版社.

任继周, 2015. 中国农业伦理学史料汇编 [M]. 南京: 江苏科学技术出版社.

任继周, 方锡良, 2017. 中国城乡二元社会结构的生成、发展和消亡的农业伦理学诠释 [J]. 中国农史 (4): 83-92.

任继周, 方锡良, 林慧龙, 2017. 伦理学容量与农业文明发展的史学启示 [J]. 中国农史 (5): 3-11.

任建涛, 2002. 中庸作为普世伦理的考量 [J]. 厦门大学学报 (哲学社会科学版)(1): 33-42.

史蒂芬·霍金 [英], 著; 许明贤, 吴仲超, 译, 2015. 时间简史 [M]. 长沙: 湖南科学技术出版社.

斯宾诺莎 [荷], 著; 贺麟, 译, 2014. 伦理学 [M]. 北京: 商务印书馆.

王海鸣, 2009. 伦理学原理 [M]. 北京: 北京大学出版社.

王思明, 陈少华, 2005. 万国鼎文集 [M]. 北京: 中国农业科技出版社.

王先谦, 1988. 荀子集解 [M]. 北京: 中华书局.

邬焜, 1990. 自然的逻辑 [M]. 西安: 西北大学出版社.

休谟 [英], 著; 关文运, 译. 2014. 人性论 [M]. 北京: 商务印书馆.

休谟 [英], 著; 王江伟, 译, 2012. 人类励志研究 [M]. 北京: 北京出版社.

徐光启, 著; 石声汉, 点校, 2011. 农政全书 [M]. 上海: 上海古籍出版社.

许维遹, 2009. 吕氏春秋集释 [M]. 北京: 中华书局.

亚里士多德, 著; 苗力田, 译, 2003. 尼各马科伦理学 [M]. 北京: 中国人民大学出版社.

杨伯峻. 论语译注 [M]. 北京: 中华书局, 2006.

杨孔章, 等, 1989. 界面与膜及其应用 [M]. 北京: 科学出版社.

尤瓦尔·赫拉利 [以色列], 著; 林俊宏, 译, 2014. 人类简史 [M]. 北京: 中信出版社.

喻博文, 1989. 论《周易》的中道思想 [J]. 孔子研究 (4): 13-19.

袁玉立, 2014. 尚中、中道、中庸: 自古就有的普遍观念 [J]. 学术界 (12): 152-161.

约翰·W·郎沃斯, 等, 1994. 中国牧区发展的人口制约因素 [J]. 中国农村经济 (8): 56-62.

约翰·罗尔斯 [美], 著; 何怀宏等, 译, 2009. 正义论 [M]. 北京: 中国社会科学出版社.

湛垦华, 沈小峰, 1982. 普理戈金与耗散结构理论 [M]. 西安: 陕西科学技术出版社.

张凤荣, 等, 2002. 伊金霍洛旗土地利用变化与可持续利用 [J]. 中国沙漠 (2): 166-171.

郑玄 (汉) 注, 贾公彦 (唐) 疏, 赵伯雄整理, 2000. 周礼注疏 [M]. 北京: 北京大学出版社.

朱珤瑶, 赵振国, 1996. 界面化学基础 [M]. 北京: 化学工业出版社.

诸子集成 一、二、三、四、五卷 [M]. 北京: 中华书局, 1954.

A. R. Raju, H. N. Aiyer, C. N. R. Rao. Solid-Solid Interfaces in the Epitaxial Fims of Complex Oxides Deposited by Chemical Methods[J]. Interfaceial Science , 1996: 1-19.

Robert L[美]. 2006. Zimdahl. Agriculture's Ethical Horison[M]. Academic Press.

Speeding C. R. W. 1979. An Introduction to Agricultural Systems[M]. London : Applied Science, 12.

W. C. R. Sedding, 1978. The Introduction of Grassland Ecosystem.

农业伦理，这个概念在我国不论是政府决策机构还是学术界，及至普通民众，都不具有高认知度，尽管有关农业伦理的研究在国外已经走过半个世纪的风雨路程。

本世纪初，中国工程院院士、兰州大学草地农业科技学院名誉院长任继周先生基于数十年农业生态系统科学的研究和生产实践的观察，对农业生态系统与人类社会和自然社会两大系统界面交融发展中出现的问题，产生"正义"与"非正义""善"与"恶"的追问与思考。为此，先生以古稀之年开始近二十年的求索。草地与人类文明、华夏农耕文化、农耕文明伦理观、中国农业伦理学系统，从人类文明大视野的探究到原创性的提出以"时""地""度""法"为四维的整体性农业伦理学体系，从以人类道德研究为对象的普通伦理学公理到明确阐述农业伦理学的八大公理，先生为我们搭建起中国农业伦理学的"四梁八柱"，成为我国农业伦理学探究的思想者和理论开拓者。

其后，先生于2014年又率先在兰州大学开设"农业伦理学"系列讲座，邀请国内相关领域的学者开展深入讨论。2017年6月13日，先生在国家图书馆主持召开《中国农业伦理学导论》（以下简称《导论》）编委会第一次会议，《导论》撰写工作正式启动。2017年9月23日，"中国草学会农业伦理学研究会"成立大会暨"农业伦理学与农业可持续发展"学术研讨会在南京召开，先生在会上所提出的我国农业发展中的问题，被冠以"任继周之问"，先生有关"缺乏伦理关怀的农业注定要误入歧途"的醒世之言，引起全体与会人员的强烈反响，而有关《中国农业伦理学导论》撰写计划的披露，更是得到农业伦理学界同仁的热情关注和期待。

时隔一年，我们欣喜收获在先生率领下集各方之力而完成的《导论》，这既是中国农业伦理学的一部"试水之作"，又是其开山之作。

首先，我们要说的是，《导论》是一部现实之作。成就《导论》之源，是我国的国情和中国农业发展的现实需要。中国是农业大国，李建军教授曾经这样概括我国现代化进程中的农民问题："在20世纪中国现代化的总体进程中，农民不仅是主要的推进者和贡献者，而且在一定意义上也是现代化建设的主要先驱者和创造者。但由于现代化的主流趋向是工业化和城市化，因而在现代化进程每一个特定阶段，农民问题都是无法回避的现实难题。可以这样预言，中国现代化的总体进程是一个不断求解农民问题的过程"。如果把这一论述的外延扩展为"中国现代化的总体进程是一个不断求解农村农业问题的过程"也是不为过的。这就是中国农业发展的现实。而更为复杂的是，中国的农村农业问题已经随着中国现代化进程的加快，转向农业生态系统与自然生态系统和人文生态系统不同界面深度交融、互相影响、矛盾叠加的局面，出现的种种问题令人担忧。《导论》凝聚了对这些现实问题的思考。

其次，《导论》是一部对话之作。我们可以从《导论》的逻辑框架和层层递进的内容发展脉络看到，《导论》源于现实，却不割裂历史。它既是中国现代学人对中国传统文化"人法地，地法天，天法道，道法自然""物我一体""天人合一"的农业伦理思想的继承和现代解析，同时也是基于共建人类命运共同体的国际语境，系统梳理从西方工业文明到生态文明发展转型过程中的得失，充分吸纳欧美学者在环境哲学、生态哲学、农业伦理学领域的研究成果，探索自康德以来的"自然秩序"和"人间秩序"由二分走向合一的内在必然性，这种基于思想界面的古今交流和中外对话，凸显了《导论》一书的历史感和国际视野。

第三，《导论》是一部融合之作。正如任继周院士所讲"农业伦理学探讨的是人类农业行为中人与人、人与社会、人与生存环境发生的功能关联的道德认知，并进而探索农业行为对自然生态系统与社会生态系统这两大生态系统的道德关联的科学。"研究农业伦理学，必是对人类农业行为与自然生态系统和社会生态系统之间的道德伦理关联的研究，农业伦理学的研究对象，内在地将自然科学与人文学科、自然科学与伦理学结合在一起。《导论》集哲学、伦理学、环境学、农业科学、法律和图书馆信息学等多学科背景专业研究学者为一体，他们的结合，是不同学科领域和不同专业界面思想的深度融合，《导论》因其经过多学科的"化学反应"而更加成就了其新的学术品质。

人类社会诞生发展的历史，也是人类与自然的关系史。现代工业文明在展示出其巨大成就的同时，也酝酿了文明与自然之间的冲突，这种冲突愈演愈烈，时至今日成为人类生死攸关的大事。解决这种冲突非走建设生态文明之路而无解。卢风教授强调"建设生态文明不可不发展生态农业，发展生态农业不可没有农业伦理。"在这一语境下，《导论》是来自以任继周院士为代表的学者们对这一冲突和解决之道的集体反思。这种反思是从后工业文明的视角对传统农耕文明和现代工业文明的反思。我们不妨说，这是站在历史发展的新高地的历史回顾，应是中国学术界对世界农业伦理学的原创性贡献。《导论》因中国农业现实发展需求而催生，当为实现"两个一百年"的中国梦而助力。

党的十九大报告中将"坚持人与自然和谐共生"定位为"构成新时代坚持和发展中国特色社会主义的基本方略"之一，明确"建设生态文明是中华民族永续发展的千年大计"。我们期待，《导论》的出版，能为各级政府和政策制定者在贯彻落实这一基本方略过程中，提供决策参考。《导论》所探究的农业伦理问题，能够为更多的哲学、伦理学、生态学、环境科学的研究者，包括农业研究者及生产经营者所共同认知，并在未来的农业可持续发展中躬身实践。《导论》所倡导的农业伦理思想，能够在启迪民众、广泛提升农业伦理的社会传播度、进而促进全社会对农业发展的伦理思考，发挥更大的作用。

《导论》的问世，既是对中华传统农业伦理思想的超越，也是生态文明之声唱响的新时代的深沉回声，我们期盼这回声越来越响，早日响彻中国大地。

主题词

绪论

伦理学、农业伦理学、农业伦理观、应用伦理学、农耕文明、中华文化、伦理学容量、中华民族、农业结构改革、供给测改革、功利论、道义论、美德论、目的论、后果论、动机论、义务论、杰里米·边沁（Jeremy Bentham）、约翰·斯图尔特·米尔（John Stuart Mill）、亚里斯提卜（Aristippus）、伊壁鸠鲁（Epicurus）、墨子、丛林法则、达尔文主义、社会实用主义、孟子、康德（Immanuel Kant）、神诚论、管子、世界大同、人类命运共同体、宗法社会、圣人、三皇五帝、造神论、神造论、城乡二元结构、阴阳历法、月令、汉武帝、秦始皇、三纲、董仲舒、春秋繁露、农业合作化、辟土植谷曰农、以粮为纲、系统耦合、城镇化、离土不离乡、耕地农业、农耕文明、现代农业文明、氏族社会、奴隶社会、封建社会、皇权社会、现代社会、三农、城市反哺农村、自然生态系统、社会生态系统、系统协同进化、天、荀子、天人感应、五行、三才、四大、自然、多维结构、系统相悖、界面、相阵群集、东南季风区、巢氏、燧人氏、伏羲氏、女娲氏、神农、黄帝、神谱、萨满教、基督教、恩斯特·迈尔、时、地、度、法、时序、时段、时宜、际会、蕾切尔·卡森（Rachel Carson）、寂静的春天（Silent Spring）、奥尔多·利奥波德、《沙乡年鉴》、联合国气候变化框架公约（United Nations Framework Convention on Climate Change）、深生态学、人类命运共同体

第一篇 时之维

协变、时的农业伦理观协变、王祯农书、二十八宿、十二辰、二十四气、七十二、不违农时、时序、人居－草地－畜群放牧单元、前封建时期伦理观、原始氏族社会的伦理观、长生天、成吉思汗、大可汗、萨满教、宗主权、礼乐时期、印第安人、库科奇人、奴隶社会、公、侯、伯、子、男、礼乐时代、诗经时代、日中为市、春秋时期、周平王、周郝王、镐京、金属货币、初税亩、鲁宣公、鲁成公、作丘甲、百家争鸣、附庸、礼崩乐坏、礼仪之兵、周元王、齐桓公、管仲、耕战论、士、法家、儒家、户籍制度、皇权社会、秦始皇、汉武帝、阿房宫、始皇陵墓、族诛、连坐、贾谊、董仲舒、以吏为师、焚书坑儒、汉高祖约法三章、孙叔通、罢黜百家、独尊儒术、更化改制、天人三策、辟土殖谷曰农、农业工业化、顺天时、时间性

第二篇 地之维

景观农业、适应性利用、大气因素、土地因素、天地、自然、荀子、周易、五岳五

镇、地带性、生物圈、"四大"、"天地人"三才、武丁、土训、土方氏、冢人、墓大夫、非生物因子、生物因子、地理地带性、周礼、土会之法、土宜之法、管子、黄土高原、春秋、土地类型学、类型维、土地分类系统、高山冻原草地、斯泰普草地、温带湿润草地、冷荒漠草地、热荒漠草地、半荒漠草地、萨王纳草地、温带森林草地、亚热带森林草地、热带森林草地、综合顺序分类法（CSCS）、土地类型指数、有序度、量地利、空间性

第三篇　度之维

　　度、黑格尔（G. W. F. Hegel）、《逻辑学》（Wissenschaft der Logik）、唯物辩证法、量变质变规律、阈值、临界值、熵、序、蕾切尔·卡森（Rachel Carson）、《寂静的春天》（Silent Spring）、戈尔（Al Gore）、增长的极限（The limits to growth）、人类环境宣言（United Nations declaration of the human environment）、布伦特兰夫人（G.H. Brundtland）、世界环境与发展委员会（WCED, The United Nations World Commission on Environment and Development）、我们共同的未来（Our Common Future）、里约环境与发展宣言（Rio Declaration）、21世纪议程（Agenda 21）、巴比尔（Edward B. Barbier）、生态哲学、奥尔多·利奥波德（Aldo Leopold）、大地伦理、克里考特（J. Baird Callicott）、阿恩·奈斯（Arne Dekke Eide Naess）、深生态学（Deep Ecology）、浅生态学、塞申斯（George Sessions）、奈斯-塞申斯八点纲领、国际自然资源保护联盟（IUCN）、联合国环境规划署（UNEP）、世界野生动物基金会（WWF）、伦理学容量、有序度、中度原则、测度、农业伦理观、中度原则、因法因序为度、因时因地为度、事势相应、种植业之度、养殖业之度、渔业之度、时宜性、地宜性、尽地利

第四篇　法之维

　　自然规律、科学规律、物理科学（physical science）、生态学、生态学规律、霍华德·奥德姆（Howard T. Odum）、还原论（reductionism）、斯蒂芬·罗斯曼（Stephen Rothman）、S.温伯格（Steven Weinberg）、层创属性（emergent properties）、尤根·奥德姆（E. P. Odum）、宏观系统思维方法、复杂性科学、《系统生态学导论》、生态系统的14条定律、熵、生态熵、巴里·康芒纳（Barry Commoner）、生态学的四条法则、大地伦理、生态伦理、环境正义、生态补偿、和谐共生、天人合一、植物生产层、动物生产层、前植物生产层、后生物生产层、初级生产、第一性生产、次级生产、第二性生产、三性生产、生产劳动因素、生物因素、草坪、食物当量、草食动物、嗜食性、适口性、八字宪法、界面、相聚阵、自由能、系统耦合、系统相悖、系统进化、序参量、系统升级、催化潜势、正向催化、负向催化、位差潜势、管理潜势、稳定潜势、转化阶、序参量泛化、动物保护、道德地位、动物福利、动物权利、伦理容量、动物伦理、生命关怀、食品安全、法律规范、食品伦理、食品安全治理、安全风险、美丽乡村、城乡二元结构、持续农业、生态文明、绿色发展

图书在版编目（CIP）数据

中国农业伦理学导论 / 任继周主编. —北京：中
国农业出版社，2018.12
ISBN 978-7-109-24476-4

Ⅰ．①中… Ⅱ．①任… Ⅲ．①农业科学-科学技术-
伦理学-研究-中国 Ⅳ．①S-02

中国版本图书馆CIP数据核字（2018）第186592号

中国农业出版社出版
（北京市朝阳区麦子店街18号楼）
（邮政编码 100125）
责任编辑 郭永立 周晓艳
————————————
北京通州皇家印刷厂印刷 新华书店北京发行所发行
2018年12月第1版 2018年12月北京第1次印刷
————————————
开本：700mm×1000mm 1/16 印张：21
字数：360千字
定价：160.00元
（凡本版图书出现印刷、装订错误，请向出版社发行部调换）